NOUVELLES ARCHIVES

DES

MISSIONS SCIENTIFIQUES

ET LITTÉRAIRES

CHOIX DE RAPPORTS ET INSTRUCTIONS

PUBLIÉ SOUS LES AUSPICES

DU MINISTÈRE DE L'INSTRUCTION PUBLIQUE ET DES BEAUX-ARTS

TOME XIII

Fascicule 3

IMPRIMERIE NATIONALE

MDCCCCVI

NOUVELLES ARCHIVES

DES

MISSIONS SCIENTIFIQUES

ET LITTÉRAIRES

NOUVELLES ARCHIVES

DES

MISSIONS SCIENTIFIQUES

ET LITTÉRAIRES

CHOIX DE RAPPORTS ET INSTRUCTIONS

PUBLIÉ SOUS LES AUSPICES

DU MINISTÈRE DE L'INSTRUCTION PUBLIQUE ET DES BEAUX-ARTS

TOME XIII

Fascicule 3

PARIS

IMPRIMERIE NATIONALE

MDCCCCVI

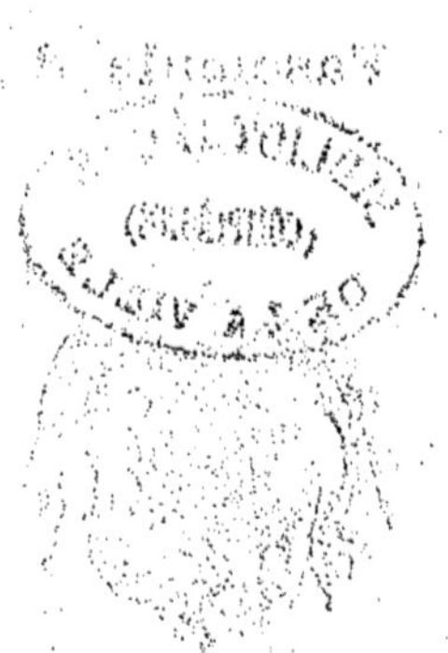

PARIS

IMPRIMERIE NATIONALE

LES

INSCRIPTIONS DE THUGGA

PAR M. LOUIS POINSSOT,

ÉLÈVE DIPLÔMÉ DE L'ÉCOLE PRATIQUE DES HAUTES ÉTUDES,
CHARGÉ DE MISSION DU MINISTÈRE DE L'INSTRUCTION PUBLIQUE.

———⊷◉⊶———

TEXTES PUBLICS.

Les découvertes des dernières années ont augmenté dans de telles proportions les richesses épigraphiques de Thugga, qu'avant de faire paraître une histoire de la ville et une étude de sa constitution à tant d'égards si curieuse [1], il a paru nécessaire de publier un recueil de ses inscriptions latines et grecques. Au cours des trois missions que M. le Ministre de l'Instruction publique a bien voulu me confier en 1901, en 1903 et en 1905, j'ai pu réviser minutieusement les fragments découverts par mes prédécesseurs; les fouilles que le Service des antiquités de Tunisie m'a chargé de diriger m'ont permis d'y ajouter un grand nombre de textes nouveaux [2]. Les uns et les autres ont été répartis en trois catégories : *a.* Inscriptions publiques (votives ou honorifiques) trouvées dans ce qu'on pourrait appeler le territoire urbain de la cité. *b.* Inscriptions privées du même territoire. *c.* Inscriptions publiques ou privées trouvées dans les *vicinia Thuggae*, classées par lieux dits. — Seules les inscriptions de la première catégorie seront décrites dans le présent rapport [3].

[1] Dans cette histoire on trouvera une bibliographie générale du sujet et un exposé des recherches faites à Dougga depuis le xviiᵉ siècle. On a cru dès lors qu'une introduction au présent rapport, forcément incomplète, ferait double emploi. On a renoncé pour la même raison à commenter au point de vue des institutions municipales les inscriptions ici reproduites.

[2] Ce rapport contient, en dehors des textes par nous découverts, tous ceux qui ont été publiés antérieurement au 1ᵉʳ juillet 1906. — Nos lectures sont indiquées par les initiales L. P. suivies de l'indication de l'année dans laquelle elles ont été faites.

[3] Le présent rapport était en cours d'impression quand, en avril 1906, j'ai commencé de nouvelles fouilles. Quelques-uns des textes qui y ont été découverts n'ont pu être insérés dans le corps même du rapport; on les trouvera, ainsi que les corrections nécessitées par de nouvelles lectures, dans l'*Appendice*.

I

LES DIEUX.

JUPITER, JUNON ET MINERVE.

1. *Capitole.* — Au-dessous du fronton, décoré d'une figure demi-nue enlevée sur les ailes d'un aigle (sans doute la *consecratio* d'un empereur), une frise portant l'inscription suivante :

IOVI · OPTIMO · MAXIMO · iuNONI *reginae* MINERVAE · AVG · SACRVM
PRO SALVTE IMP *caes. m. aureli* ANTONINI·AVG·ET·L·VERI·AVG·ARMENIACOR
MED·PART·MA*x. l. marcius* SIM*plex et l.* MARCIVS SIMPLEX REGILLIANVS·SVA·P·F·

Date. — La dédicace est postérieure à mars 166, époque à laquelle M. Aurèle prend les titres de *Parthicus Maximus* et de *Medicus,* antérieure à la mort de L. Vérus (hiver 169). Si le relief du fronton représente, comme on peut le supposer, la *consecratio* de L. Vérus, il est probable que le texte, qui, selon toute vraisemblance, lui est peu antérieur, n'a été gravé qu'en 169 [1].

Voir l'*Appendice.*

C. I. L., VIII, 15513 (= 1471 *a*); cf. addit., p. 938. — L. Poinssot, *Les ruines de Thugga et de Thignica au xviie siècle* (*Mém. des Antiquaires de France,* LXII, 1903, p. 167 et 180). — Revu par moi en 1901.

2. *Capitole.* — Sur le linteau de la porte de la *cella* :

L·MARCIVS SIMPLEX ET L MAR
CIVS SIMPLEX REGILLIANVS S·P·F

[1] Mais les habitants de Dougga ont-ils voulu réellement représenter la *consecratio* d'un empereur déterminé ? On pourrait peut-être voir dans la figure, d'une façon plus générale, l'apothéose des empereurs ; ce serait une sorte de symbole du culte impérial, qui, joint aux figures des dieux capitolins, aurait à peu près la même signification «loyaliste» que le culte abstrait de Rome et d'Auguste. Dans le Capitole de Dougga s'accuserait, dans cette hypothèse, encore plus nettement qu'ailleurs, le caractère plus politique que religieux des Capitoles provinciaux. — Cf. J. Toutain, *Étude sur les Capitoles provinciaux dans l'empire romain,* 1899, p. 28.

Des bases honorifiques, qui avaient été érigées dans le théâtre, font connaître la carrière et la famille de l'un des constructeurs du Capitole, L. Marcius Simplex (cf. n°ˢ **130, 131, 132**).

Il avait pour père Q. Marcius Maximus, de la tribu Quirina; pour frère C. Marcius Clemens, qui comme lui était inscrit dans la tribu Arnensis; l'un et l'autre sont morts avant lui. Lui-même fut patron du *pagus* et de la *civitas* de Thugga; *flamen perpetuus; flamen divi Augusti* à Carthage; *aedilis*. Il avait été *in quinque decurias adlectus* par Antonin le Pieux.

Nous ne croyons point que L. Marcius Simplex Regillianus fût le frère de L. Marcius Simplex. Dans les bases à Q. Marcius et à C. Marcius, il est question de la générosité de « leur fils », de « leur frère », et non de « leurs fils » ou de « leurs frères »...; du reste, il est rare que deux frères portent le même prénom. — Ils étaient sans doute parents. Avaient-ils quelque lien de parenté avec P. Marcius Quadratus qui à la même époque élevait le théâtre? C'est fort probable.

Date. — Mars 166-hiver 169 (voir n° 1).

C. I. L., VIII, 15514 (= 1471 *b*)[1]. — L. Poinssot, *Les ruines de Thugga et de Thignica au xvii° siècle* (*Mém. des Antiquaires de France*, LXII, 1903, p. 167 et 180). — Revu par moi en 1901.

3. *Temple de Minerve.* — Dans un mur en pierres sèches séparant les oliviers des champs labourés et près d'importantes substructions situées entre ce mur et l'un des regards de l'aqueduc, à 100 mètres environ au nord-est du temple de Caelestis, quatre blocs de pierre qui paraissent complets, hauts de 0 m. 47, épais de 0 m. 57-0 m. 50.

a	b	c	d
MI	NERVA	E A V G	S A C
VLALA	NAIIA	NA FLAM	IN·IKPI

a. Larg. 0 m. 80. — *b.* Larg. 0 m. 80. — *c.* Larg. 0 m. 75. — *d.* Larg. 0 m. 80. — Les lettres ont 0 m. 165 à la *ligne 1;* 0 m. 155 à la *ligne 2.*

[1] Une copie de ce texte, prise en 1744 par G. Dupont (cf. *Revue de l'Afrique française*, VI, 1888, p. 366), n'a pas été signalée par le *Corpus*.

Ligne 1. La seconde lettre I endommagée, la huitième E très usée. — *Ligne 2.* Lecture douteuse. Avant et après VLALA un blanc très fruste où il peut y avoir eu une lettre. Après NA, deux hastes droites, peut-être LI ou TI, mais non point, semble-t-il, H. Après NAIIA, le premier jambage très usé d'un N, le second jambage existait peut-être sur le bloc *c.* Dans FLAM, L a perdu sa barre horizontale; l'M, presque illisible, était à cheval sur les blocs *c* et *d.* Après FLAMIN, une *hedera.* Ensuite quatre lettres, une haste droite, un ᴋ à barres minuscules, un P et une haste droite; il ne semble pas qu'on puisse lire, comme on serait tenté de le faire, PERP. Cette *ligne 2* est lue par G. Wilmanns et par le Dʳ Carton, qui ne connaissaient pas le bloc *a* de la façon suivante : NAHANι NAHANIANI PE (*Corpus*), NALLAEAEIAMINᴋPI (Carton). Après une nouvelle revision du texte dont il veut bien nous faire profiter, M. Merlin se demande si l'on ne pourrait pas lire à la fin de la ligne FLAMINIᴋ · PP c'est-à-dire *flaminic(a) p(er)p(etua).*

M. Carton donne, en même temps que les fragments *b, c, d,* le fragment suivant, que nous n'avons pu retrouver, et qui peut-être se confond avec *d,* l'usure de l'inscription rendant bien explicables les différences de lectures :

e

| A O |
| N I I P I I |

Comme on est ici très loin du mur byzantin et de toutes constructions arabes, il est bien probable que la dédicace est en place ou peu s'en faut. Aussi proposerons-nous de reconnaître le temple de Minerve dans les ruines d'une importante construction de bonne époque situées à quelques pas du mur où elle est actuellement encastrée.

Au temple de Minerve ou à ses dépendances se rapportait sans doute également une longue inscription (n° 4) en l'honneur d'Antonin, qui a été trouvée dans la même muraille. Les blocs, qui ont à peu près même hauteur et même épaisseur que ceux de la dédicace à Minerve, sont taillés dans la même pierre, trop sensible aux intempéries; les caractères, d'un aspect assez particulier, sont identiques dans l'un et l'autre textes. En outre un fragment (*k*) de l'inscription d'Antonin se rapporte sans doute à la *flaminica* mentionnée ici; sa lecture est malheureusement aussi incertaine que celle du présent texte. M. Merlin a proposé sous réserves d'y lire VLALAINATIA; il nous a semblé voir VLALAENALIA.

Date. — Vraisemblablement du règne d'Antonin (138-161), comme la longue dédicace trouvée au même endroit et qui est reproduite sous le numéro suivant.

C. I. L., VIII, 1472. — Dr CARTON, *Découvertes épig. et arch. en Tunisie*, 1895, p. 166-167, n° 303. — A. MERLIN, *Les fouilles de Dougga en 1902 (Nouv. archives des miss.*, XI, 1903, p. 84-85). — L. P., 1901 et 1903. Nouvelles lectures.

4. *Temple de Minerve.* — A l'ouest du village arabe, à 100 mètres environ au nord-ouest du temple de Caelestis, on a retrouvé divers fragments de frise, les uns dans une muraille qui sépare les champs du bois d'oliviers, les autres dans les ruines d'un édifice considérable voisin de l'aqueduc. Il faut en rapprocher le fragment *c,* qui était à 10 mètres et au nord du temple de Caelestis, et le fragment *l,* qui était encastré dans le mur byzantin, à l'ouest de la *cella* du Capitole et près de la poterne.

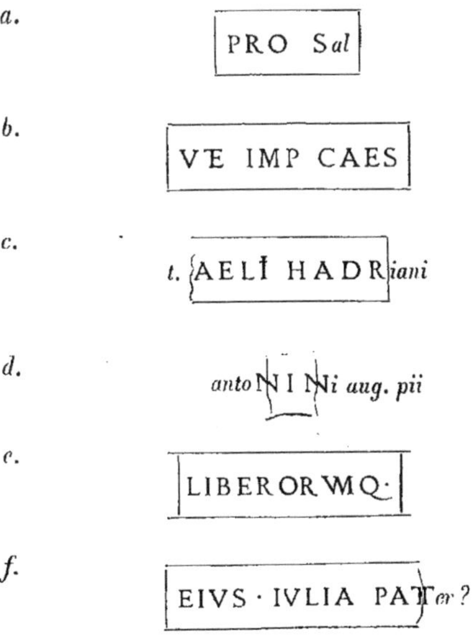

g.

h.

i.

j.

k.

l.

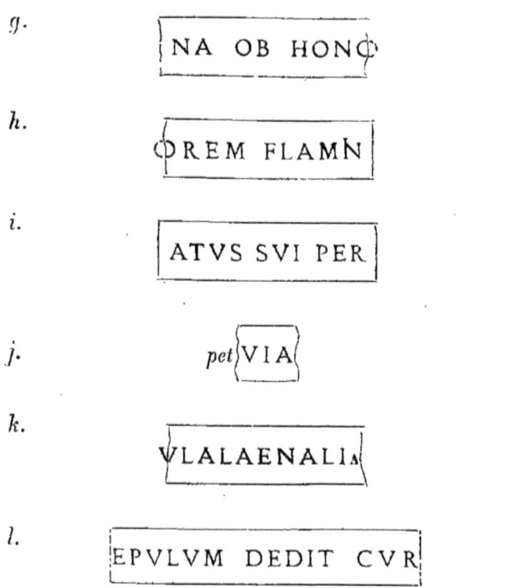

Haut. des blocs de pierre o m. 585; épaiss. o m. 42-o m. 40. —
Lettres o m. 15; blanc au-dessus des lettres o m. 195; au-dessous
o m. 24.

a. Larg. 1 m. 46. — Avant PRO, un blanc de o m. 70. Une
partie de cette surface anépigraphe à peine dégrossie n'était sans
doute pas apparente. — Le bloc est complet; mais à la surface antérieure un éclat a fait disparaître les deux dernières lettres *al.*

b. Larg. 1 m. 40. — Complet, sauf éclat à gauche. — T et E
liés.

c. Larg. 1 m. 25. — Brisé à gauche. — Le nom de l'empereur est écrit en lettres d'environ o m. 155, à l'exception de Ɨ, qui
a o m. 20. Ɨ = II liés.

d. Larg. o m. 32; haut. o m. 33; épaiss. o m. 42. — Brisé de
partout; les deux N sont endommagés; il manque le premier jambage du premier, le dernier du second.

e. Larg. 1 m. 30. — Complet. — V et M liés.

f. Larg. 1 m. 30, haut. o m. 50. — Brisé en bas, en haut,
et à droite. — Il ne reste du T qu'une partie de la haste horizontale. La première lettre de *Julia* dépasse les autres lettres.

g. Larg. 1 m. 33. — Brisé à droite et à gauche. — L'O final est à cheval sur les fragments *g* et *h;*

h. Larg. 1 m. 28. — Une partie de l'O manque; à la fin, I et N liés : N̂.

i. Larg. 1 m. 28. — Complet.

j. Non retrouvé. Ce fragment se confondrait-il avec celui que nous reproduisons sous la lettre *d,* VIA ressemblant assez à VIN ?

k. Larg. 1 m. 28. — Le bloc est complet, mais des éclats ont fait disparaître à gauche et à droite quelques centimètres de la surface épigraphe. — Les lettres sont extrêmement frustes; il est, en particulier, à peu près impossible de différencier les lettres à hastes droites; M. Merlin lit :

VLALAINATIA

Il s'agit bien probablement dans ce fragment du personnage cité dans la dédicace à Minerve qui paraît se rattacher au même édifice que la présente inscription. Malheureusement, dans l'un comme dans l'autre texte, la lecture est tout à fait incertaine. — C'est le même fragment, selon toute probabilité, que M. Carton a lu ILALAINA et ailleurs VIAENATIA.

l. Larg. 1 m. 97. — Le bloc est brisé à droite et à gauche; un fragment du bloc est encore encastré dans le mur, mais la partie épigraphe de ce fragment est invisible.

La lecture suivante n'utilise pas le fragment *k* :

« *Pro s[al]ute imper(atoris) Caes(aris) [T.] Aelii Hadr[iani Anto]-nin[i Aug(usti) Pii] liberorumq(ue) ejus, Julia Pat[er]na, ob honorem flaminatus sui per[pet]ai a[mpliata pecunia ?]. . . [et ?] epulum dedit cur[iis ?. . .].* »

Faut-il essayer de classer *k* entre *f* et *g* ? on aurait par exemple « *Julia Pat[erna] Ulala Nahania* »[1]; ou bien *k* se rapporte-t-il à un second personnage, « *Ulala Nahania* », également « *flaminica perpetua* » ? On verra dans les textes **118** et **119** une *flaminica perpetua* accabler la cité de ses libéralités en l'honneur du *flamonium*

---

[1] Cette restitution entraînerait, on le voit, l'adoption de lectures différentes de celles qui ont été plus haut reproduites. On lirait *k* VLANA NAHA, et d'autre part on supposerait qu'au début de G, un I, joint à N, a passé inaperçu : N̂A.

perpetuum de sa fille; on peut supposer ici quelque chose d'analogue.

Date. — Règne d'Antonin (138-161). — Il est possible que les dédicaces assez nombreuses « *pro salute T. Aeli Hadriani Antonini aug. pii liberorumq. ejus* » se rapportent à un événement qui nous échappe, et qu'elles soient toutes de la même date.

Parmi les textes africains « *pro salute. . . Antonini liberorumque* » il est à remarquer que trois proviennent de cités administrées à cette date par des suffètes, Thaca, (*C.I.L.*, VIII, 11.193), Thibica (*C.I.L.*, VIII, 12.228 = 765) et Biracsaccar [1] (*C.I.L.*, VIII, 12.286).

Les cités africaines à constitution non romaine auraient-elles des motifs particuliers de reconnaissance envers Antonin? aurait-il étendu ou simplement confirmé leurs privilèges?

C.I.L., VIII, 1491. — D‍r CARTON, *Découvertes épig. et arch. en Tunisie*, 1895, p. 166-167, n° 303. — L. POINSSOT, *Inscriptions de Dougga* (*Bull. arch. du Comité*, 1902, p. 394, n°2). — A. MERLIN, *Les fouilles de Dougga en 1902* (*Nouv. archives des miss.*, XI, 1903, p. 86-88). — P. GAUCKLER, *Rapport épigraphique sur les fouilles de Dougga en 1904* (*Bull. arch. du Comité*, 1905, p. 295). — L. P., 1901-1903-1905. Révision des divers fragments.

CAELESTIS.

5. *Temple de Caelestis.* — La *cella* du temple se dresse au milieu d'une grande cour entourée d'un portique demi-circulaire, terminé à l'est et à l'ouest par deux gros piliers. Une longue inscription régnait sur la frise de ce portique. Depuis la publication par le *Corpus* de quelques fragments qui gisaient à fleur de terre, les fouilles de M. Pradère en 1894 [2] en 1899 et en 1900, de M. Pradère et du lieutenant Hilaire en 1896-1897, ont mis au jour presque toute la dédicace. Nous n'avons pu ajouter que six fragments inédits peu importants (*c′, v, w, z, α, ζ*) aux textes déjà connus.

[1] Cf. P. GAUCKLER, *Inscriptions du Fahs et du Bou-Arada* (*Bull. arch. du Comité*, 1903, p. 556), et *Castellum Biracsaccarensium* (*Mélanges Boissier*, 1903, p. 212).

[2] Communication de M. de la Blanchère (*Comptes rendus de l'Acad. des Inscr.*, 1895, p. 7).

L'inscription était gravée sur un certain nombre de blocs de
pierre, vingt-cinq, croyons-nous, légèrement incurvés et bien reconnaissables à leurs dimensions, o m. 55 de haut et o m. 43
d'épaisseur, au style des lettres, fort bien gravées, qui ont presque
toutes o m. 12 de haut, enfin aux moulures (la frise et l'architrave
sont taillées dans le même bloc). Malheureusement il est peu de
ces blocs qui aient été retrouvés intacts, ou qu'il ait été possible
de reconstituer d'après la forme de leurs cassures; ils offrent à
leurs extrémités des cavités en queue d'aronde destinées aux
scellements, et généralement ils ont 2 m. 55 (9 blocs complets,
d, e?, g, j, k, l, n, p; 6 reconstitués, *a, b, c, f, h, m*); l'un (*i*)
cependant a 1 m. 30. Il est difficile de les classer d'une façon
satisfaisante.

A défaut d'autres indications et malgré leur absence de précision, voici les renseignements que peuvent donner, soit les dimensions toutes spéciales de quelques lettres, soit la comparaison des
entrecolonnements avec les blocs complets, soit enfin l'aspect particulier d'un des fragments.

On a remarqué que, dans certaines parties de l'inscription (*m,
n, o, p, q, η*), le T et l'Y dépassant la ligne et mesurant o m. 16,
l'O réduit à o m. 10-o m. 08, et quelques ligatures permettaient
au graveur de gagner un peu de place. Si on pouvait en conclure,
qu'ayant mal pris ses mesures ou pour toute autre raison,
l'artisan, dans la dernière partie de l'inscription, aurait en quelque
sorte économisé la pierre, il y aurait là un moyen de classer un
certain nombre de fragments. L'emplacement où ont été trouvés
la plupart des blocs offrant des lettres de cette sorte confirme dans
une certaine mesure cette hypothèse, puisque la partie orientale
du portique, où ils gisaient, contenait évidemment la fin de l'inscription.

La mesure des entrecolonnements aurait sans doute fourni une
base plus certaine aux restitutions, s'il était resté un plus grand
nombre de bases en place; mais, seule, la partie occidentale du
temple n'a point été bouleversée par les remaniements postérieurs.
Les entrecolonnements qu'il a été possible de calculer ont pour la
plupart 2 m. 55, ce qui est, nous l'avons vu, la mesure habituelle
des blocs.

En partant du pilier occidental qui commence la colonnade, on
trouve ainsi 2 m. 55 pour le second, le troisième, le quatrième, le

sixième, le septième, le huitième, le neuvième et le dixième entrecolonnements; le cinquième entrecolonnement mesure exceptionnellement 3 mètres; on ne peut évaluer la place occupée par le
premier bloc dont on ignore l'emprise sur le pilier initial; le pilier,
à 1 mètre du sol, a 1 m. 60 de large dans le sens S.-N., entre son
extrémité Nord et le milieu de la première colonne il y a environ
1 m. 80. — De la dixième base au centre de la colonnade il y a
environ 5 m. 75. En supposant deux entrecolonnements normaux
de 2 m. 55, il resterait 0 m. 65. Si l'on considère les deux parties
du portique comme symétriques, l'entrecolonnement aurait
0 m. 65 $\times$ 2 = 1 m. 30. Or c'est précisément la mesure du bloc i,
dont la place serait ainsi déterminée ainsi que celle de h, dont, au
point de vue du sens, il est le complément [1].

Enfin le bloc q présente à sa partie antérieure et sur toute sa
longueur une encoche qu'on ne rencontre pas ailleurs. On est assez
tenté d'y voir ce qui lui donnait prise sur le pilier oriental de la
colonnade; ainsi se confirmerait la place que lui avaient donnée
d'après le sens général du texte M. Cagnat et M. Gauckler.

C'est en tenant compte des indications qui précèdent que nous
avons groupé les fragments dans l'ordre suivant.

a.

a' a'' a''' a''''

IS · QQ · REIP · THV GG ENSIVM ANTE

Quatre fragments, a' large de 0 m. 85, $a'' + a'''$ de 0 m. 65, a'''' de
1 m. 10, qui forment un bloc complet de 2 m. 55. — Trous de
scellement à droite et à gauche.

b.

b' b''

̶I̶S̶L̶X̶ ̶M̶I̶L̶ N COEPTVM EST INLAT

Deux fragments, b' large de 1 m. 50, b'' large de 1 m. 05, formant
un bloc complet, de 2 m. 55. — Trou de scellement à droite. —

---

[1] Dans *Les temples païens*, p. 29, MM. Cagnat et Gauckler ont admis que
le portique se composait de 23 colonnes et non, comme nous le supposons, de
24. Vingt-trois est en effet à peu près le chiffre qu'on obtiendrait en supposant
partout l'entrecolonnement normal de 2 m. 55. Mais il deviendrait difficile
d'expliquer la présence de i, bloc complet de 1 m. 30, portant à ses extrémités
des trous de scellement.

A gauche, le fragment est brisé à la partie supérieure, le haut des sept premières lettres manque.

c' c''

c.   (DIE DED) *i*   CATIONIS · REIP · NVME

Les deux fragments ne peuvent être juxtaposés; l'un et l'autre ont beaucoup souffert et contiennent un certain nombre de lettres frustes. Nous croyons cependant que c' large de o m. 73 et c'' large de 1 m. 80 faisaient partie d'un même bloc de 2 m. 55 de large. — Trou de scellement à droite.

d.   RATIS EX TESTAMENTO AVILLI

Bloc complet de 2 m. 55 de large. — Trous de scellement à gauche et à droite. — Après *Avilli* un blanc de o m. 16 a remplacé un A, gravé sans doute par erreur, et martelé avec beaucoup de soin.

e.   ALA▩▩VRNIVS AVILLIVS FE

Fragment disparu dès 1897.

f f''

f.   LIX TESTAM|ENTO SVO AB HERE

Deux fragments, f' large de 1 mètre, f'' large de 1 m. 55, formant un bloc de 2 m. 55. — Trous de scellement à droite et à gauche.

g.   DIBVS SVIS PRAESTARI VOLVIT

Larg. 2 m. 55. — Trous de scellement à droite et à gauche.

h.   AT DEAS CAELESTES ARGENTE

Larg. 2 m. 55. — Trous de scellement à droite et à gauche.

i.

> AS FABRICANDA

Bloc complet de 1 m. 3o qui était sans doute placé au centre du portique. — Trous de scellement à droite et à gauche.

j.

> VENVSTAE EX QVORVM RED

Bloc complet de 2 m. 55. — Trou de scellement à droite. — Le haut des deux premières lettres manque.

k.

> TV·SPORTVLAE ET LVDI PRAEST

Bloc complet de 2 m. 55. — Trous de scellement à droite et à gauche.

l.

> NTVR Q GABINIVS RVFVS FELIX B

Bloc complet de 2 m. 55. — Trous de scellement à droite et à gauche. — Le T = o m. 16.

m.

m′   m″

> EATIANVS MVL│TIPLICATA A SE PEC

Deux fragments formant un bloc complet de 2 m. 55. — Trous de scellement à droite et à gauche. — Le T de *Beatianus* a o m. 16.

n.

> PERFECIT EXCOLVIT ET CVM STATVIS CETE

Bloc complet de 2 m. 55. — Les T = o m. 16. V et M liés.

o.

> RISQ·SoLo PRIVATo DEDICATO

Larg. 1 m. 92. — Brisé à droite. — Trou de scellement à gauche.

— Les O de *solo* et de *privato* = o m. 10. Les T = o m. 16. V et A liés. La dernière lettre très fruste et incomplète.

p   ⎡AE SVA LIBERALITATE CoNSTITVTIS⎤

Bloc complet, sauf un éclat à gauche. — Trou de scellement à droite. — Les T = o m. 16. O = o m. 10. La première lettre, A, incomplète.

q.   ⎡TIS SPoRTVLIS ET EPVLo ET GYMNASIO⎤

Bloc de 2 m. 55. — Trous de scellement à gauche et à droite. — L'O dans *sportulis* et dans *epulo* = o m. o8. Les T et l'Y = o m. 16. — Blanc de o m. 16 de large, après *gymnasio*.

r.   ⎡EAE CA⎤

Larg. o m. 70. — Brisé à gauche. — Trou de scellement à droite. — Le D est incomplet.

s.   VLIAL GAB

Larg. 1 mètre. — Brisé de tous côtés.

t.   ⎡TAE MAT⎤

Larg. o m. 75. — Brisé à droite et à gauche.

u.   ⎡RIS EX⎤

Larg. o m. 55. — Brisé à gauche. — Trou de scellement.

v.   ⎡MIN⎤

Larg. o m. 5o. — Brisé de tous côtés.

w.

ꓘONO

Larg. o m. 53. — Trou de scellement à droite. — H en partie brisé.

x.

ATEMQ·I

Larg. o m. 75. — Trou de scellement à droite.

γ.

IS HS XXXMIL

Larg. 1 mètre. — Trou de scellement à droite.

z.

ABIN

Larg. o m. 5o. — Brisé de tous côtés. — Lettres frustes.

α.

VNIA OB HON

Larg. o m. 65. — Complet à gauche. — La seconde haste du dernier N manque.

β.

ORE

Fragment non retrouvé.

γ.

LAM

Larg. o m. 55. — Brisé en haut, à droite, à gauche. — Il n'y a que le bas des lettres.

δ.

NII PERP

Larg. o m. 70.

ε.

POLLICITAT

Larg. 1 m.o5. — Trou de scellement à droite.

ζ.

$$\boxed{\text{PTVM · I}}$$

Larg. o m. 5o. — Paraît être le même fragment que celui
publié au *Corpus*, t. VIII, sous le n° 15oo avec la lecture $\boxed{\text{PIVM·L}}$.
— Lettres frustes.

η.

$$\boxed{\text{ᴧᴧARENTVM SV}}$$

Larg. 1 m. 3o. — Trou de scellement à droite. — Le T =
o m. 16. V et M liés. De la lettre qui précède le P, il reste un fragment vertical très minime et une haste inclinée; au P il manque la
boucle supérieure.

θ.

$$\boxed{\text{DIEM DEDICATION}}$$

Deux morceaux se raccordant: le premier, large de o m. 9o, le
second de o m. 6o. — Le C est sur l'un et l'autre fragments.

ϰ.   DED

Fragment non retrouvé.

λ. $\boxed{\text{M⊢}}$

Fragment non retrouvé.
Malgré le nombre des fragments que nous venons de décrire,
il nous a été impossible de reconstituer la dédicace d'une manière
certaine. La restitution suivante renferme trop d'hypothèses pour
qu'on en doive tirer autre chose que des indications générales;
certaines lignes même, les premières en particulier, ne sont données qu'*exempli causa* et n'ont en aucune façon la prétention de
reproduire le texte original. Un fragment (*r*) « *deae ca(elesti)* » n'a
pu trouver place dans la restitution.

1ᵉʳ entrecolonnement ?? (2 m. 55?) :

> [*Liberalitate templu*]*m parentum su* |

2ᵉ entrecolonnement ? ? (2 m. 55) :

    [orum ince]ptum [quod sumptu Avilli fla]min

3ᵉ entrecolonnement (2 m. 55) :

    | *is, qq., reipublicae Thuggensium ante* |

4ᵉ entrecolonnement (2 m. 55) :

    | *sest. $\overline{lx}$ mil. n. coeptum est, in lat* |

5ᵉ entrecolonnement ? (3 mètres) :

    [*is sest. . . . mil. n. J]uliae Gab[iniae] matris ex* |

6ᵉ entrecolonnement ? (2 m. 55) :

    [*summa*] *hono*[*raria, et sest. . . . . mil. n.*]

7ᵉ entrecolonnement (2 m. 55) :

    | *die ded[i]cationis reip. nume* |

8ᵉ entrecolonnement (2 m. 55) :

    | *ratis ex testamento Avilli* |

9ᵉ entrecolonnement (2 m. 55) :

    [*qu]a[e] A.* (?) [*Sat?]urnius Avillius Fe* |

10ᵉ entrecolonnement (2 m. 55) :

    | *lix testamento suo ab here* |

11ᵉ entrecolonnement (2 m. 55 ?) :

    | *dibus suis praestari voluit* |

12ᵉ entrecolonnement (2 m. 55 ?) :

    | *at deas caelestes argente* |

13° entrecolonnement (1 m. 30) :

    | *as fabricanda* |

14ᵉ entrecolonnement ? (2 m. 55 ?) :

> [s] *itemq(ue) i[nlat]is sest. x̄x̄x̄ mil.*|

15ᵉ entrecolonnement ? ? :

> [*n. testamento ? Juliae G*]*abin*[*iae*]

16ᵉ entrecolonnement (2 m. 55) :

> | *Venustae ex quorum red* |

17ᵉ entrecolonnement (2 m. 55) :

> | [*i*]*tu sportulae et ludi praest* |

18ᵉ entrecolonnement (2 m. 55) :

> | [*e*]*ntur; Q. Gabinius Rufus Felix B* |

19ᵉ entrecolonnement (2 m. 55) :

> | *eatianus, multiplicata a se pec* |

20ᵉ entrecolonnement ?

> | *unia ob honore*[*m f*]*lamonii perp. pollicitat(a)*|

21ᵉ entrecolonnement (2 m. 55) :

> | *perfecit, excoluit et cum statuis cete*

22ᵉ entrecolonnement :

> | *risque, solo privato dedicato* [? ? *de*|

23ᵉ entrecolonnement (2 m. 55) :

> | *ae, sua liberalitate constitutis,* |

24ᵉ entrecolonnement ? ? :

> *ded*[*icavit, ob*]*diem dedication*[*is da*]|

25ᵉ entrecolonnement :

> | *tis sportulis et epulo et gymnasio.*|

On remarquera à propos des noms cités dans cette inscription qu'on retrouve les noms de Gabinius, de Julius et de Venustufs associés dans la dédicace à Claude qui nous donne des mentions si curieuses concernant les suffètes (n° 64). Peut-être que Julia Gabinia Venusta est une descendante de Julius Venustus, mari de Gabinia Felicula, père et frère de suffètes ou de personnages honorés des *ornamenta sufetis*. — Dans une exploitation agricole, voisine de la nécropole qui entoure le temple de Caelestis, M. Carton a trouvé une inscription, dont le début manque : « *Gabinius Felix et Gabinia Beata fratri bene mere. v. a. xxv. h. s. e.* ». (*Découvertes épig. et arch. en Tunisie*, 1895, p. 233, n° 414.)

Date. — La dédicace du portique, de même que les textes **7, 8, 9** et **10**, qui comme elle se rapportent à l'achèvement du temple par Q. Gabinius Rufus Felix Beatianus, présente, au point de vue paléographique, de très grandes ressemblances avec le n° **11** : « *..pro salute.., M. Aureli Severi Alexandri..* » qui occupait sans doute un fronton au-dessus d'une des portes de l'enceinte extérieure du temple. On peut avec assez de vraisemblance la supposer contemporaine d'Alexandre Sévère [1].

C. I. L., VIII, 1500, 15509 (= 1501), 1502. — Dr CARTON, *Découvertes épig. et arch. en Tunisie*, 1895, p. 164, n° 298. — P. GAUCKLER, *Rapport épigraphique sur les découvertes faites en Tunisie* (*Bull. arch. du Comité*, 1897, p. 402-404). — R. CAGNAT et P. GAUCKLER, *Les temples païens*, 1898, p. 26. — L. POINSSOT, *Inscriptions de Dougga* (*Bull. arch. du Comité*, 1902, p. 397 et 398), et, *Les ruines de Thugga et de Thignica au XVIIe siècle* (*Mém. des Antiquaires de France*, LXII, 1903, p. 168 et 182).

6. *Temple de Caelestis*. — Au-dessus de la frise sur laquelle était gravée la dédicace, régnait une corniche dentelée dont on a retrouvé de nombreux fragments (fouilles de MM. Pradère et Hilaire, 1894, 1896-1897, 1900).

Sur un certain nombre d'entre eux sont gravés en caractères un peu grêles, variant de o m. o35 à o m. o5 de hauteur, des noms de provinces et de villes. — La frise est haute de o m. 27.

a.   DALMATIA

Larg. du fragment o m. 4o. — Lettres o m. o4.

---

[1] Sur l'histoire du culte de Caelestis à Rome, et la forme nouvelle de ce culte à partir d'Elagabal, cf. A. AUDOLLENT, *Le culte de Caelestis à Rome*. Paris, 1901, in-8°.

b.   IVDAEA

Larg. du fragment 1 m. 3o. — Lettres o m. o5.

c.   mesOPOTAMIA

Larg. du fragment o m. 45. — Lettres o m. o35.

d.   SYRIA

Lettres o m. o4. — (Non retrouvé.)

e.   kARTHAGO

Larg. du fragment o m. 35. — Lettres o m. o5.

f.   lAODICIA

Larg. du fragment o m. 85. — Lettres o m. o4.

g.   THVGGA

Larg. du fragment o m. 6o. — Lettres o m. o4.

Ces différents noms sont gravés sur des fragments trop peu consi-
dérables pour qu'on puisse donner une mesure même approximative
de l'écartement des mots. Il était selon toute probabilité supérieur
à 1 mètre, puisque l'on constate sur le mieux conservé des fragments, celui de IVDAEA, un blanc de 1 mètre après le nom de
province.

M. Gauckler a supposé avec assez de vraisemblance que les
noms gravés ici désignaient des statues ou des bustes de villes et
de provinces décorant la partie supérieure du portique. Il est possible qu'il y ait eu des représentations de toutes les provinces dont,
au iie et au iiie siècle, le chiffre fut toujours légèrement inférieur à cinquante. Pour les villes, il fallait au contraire procéder
à un choix. La présence simultanée de Thugga « *municipium liberum* », c'est-à-dire, croyons-nous, municipe pourvu de privilèges
particuliers, de Laodicée et de Carthage, faites toutes deux colonies italiques par Septime-Sévère et n'offrant, semble-t-il, de commun que ce caractère, peut faire supposer qu'on avait choisi parmi
les « cités de citoyens romains » celles qui devaient aux empereurs
africains et syriens une constitution exceptionnellement privilégiée.

Peut-être aussi peut-on songer à des représentations des villes ayant un culte pour Caelestis et les divinités assimilées à Caelestis.

Date. — L'inscription n'est pas antérieure à 116 et elle est plus vraisemblablement postérieure à 165 : en effet la Mésopotamie, après avoir été organisée pour la première fois, semble-t-il, en 116, fut abandonnée en 117 pour n'être reconquise qu'en 165. — Si on admet que la grande inscription de la frise du portique est du temps d'Alexandre Sévère, il s'en suit que notre inscription, lue à la partie supérieure de la frise, est de la même époque, c'est-à-dire de 222-235.

La présence de « *Judaea* » et de « *Syria* » ne suffit pas, croyons-nous, pour faire rejeter cette date.

Si « *Judaea* » est habituellement remplacé par « *Syria Palaestina* » à partir d'Hadrien, on trouve encore toutefois vers 170 un « ἡγεμὼν Ἰουδαίας ἀντιστράτηγος τοῦ κυρίου αὐτοκράτορος M. Αὐρηλίου Ἀντωνείνου » (Inscr. d'Éphèse : WADDINGTON, n° 1482[a]), et le vocable « *Judaea* » a pu exister dans le langage administratif même postérieurement à cette date. De même pour *Syria,* si la Syrie était divisée en plusieurs provinces dès 198, on trouve postérieurement à cette date le vocable *Syria,* sans qualificatif, même dans des constitutions de Dioclétien. (*Cod. Just.* IX, 41. — VII, 33. — II, 13)[1].

R. CAGNAT, *Chronique d'épigraphie africaine* (*Bull. arch. du Comité,* 1894, p. 353). — P. GAUCKLER, *Rapport épigraphique sur les découvertes faites en Tunisie* (*ibid.,* 1897, p. 404). — L. P., 1901. Revu.

7. *Temple de Caelestis.*

	a	*b*	*c*
	CAELESTI	AV G SACR	
q. gabin	IVS RVFVS FE	LIX BEATIANVS LIBERALI	
tates p	ARENTVM M	VLT (i) PLICAVIT EXCOLVIT DED	

a. Larg. o m. 90; haut. o m. 50; épaiss. o m. 45. — Trouvé auprès de la porte sud-est du temple.

[1] Cf. J. MARQUARDT, *Organisation de l'empire romain,* II, p. 371-376 et *passim* (trad. Lucas-Weiss).

b. Haut. o m. 48; épaiss. o m. 40. — Non retrouvé. — **M.** Carton a lu à la troisième ligne VIT, mais L offre dans cette inscription de grandes ressemblances avec I.

c. Larg. 1 m. 40; haut. o m. 5o; épaiss. (incomplète) o m. 23.

Les lettres ont o m. 10 à l'exception du T final des mots *multiplicavit* et *excoluit* qui a o m. 12.

Le rapprochement de ces trois fragments fournit le texte le plus complet que l'on ait d'une dédicace, dont il y avait en divers endroits du temple un certain nombre d'exemplaires peu différents les uns des autres (n^{os} **7, 8, 9, 10**).

Cette dédicace était en quelque sorte le résumé de la grande inscription du portique.

C. I. L., VIII, 15502 (1474). — R. CAGNAT, *Chronique d'épigraphie africaine* (*Bull. arch. du Comité,* 1894, p. 354: sixième fragment du n° 54). — Dr CARTON, *Découvertes épig. et arch. en Tunisie,* 1895, p. 165, n° 301. — R. CAGNAT et P. GAUCKLER, *Les temples païens,* 1898, p. 28. — L. POINSSOT, *Inscriptions de Dougga* (*Bull. arch. du Comité,* 1902, p. 398, n° 8). — A. MERLIN, *Les fouilles de Dougga en octobre-novembre 1901* (*ibid.,* 1902, p. 383-384).

8. *Temple de Caelestis.*

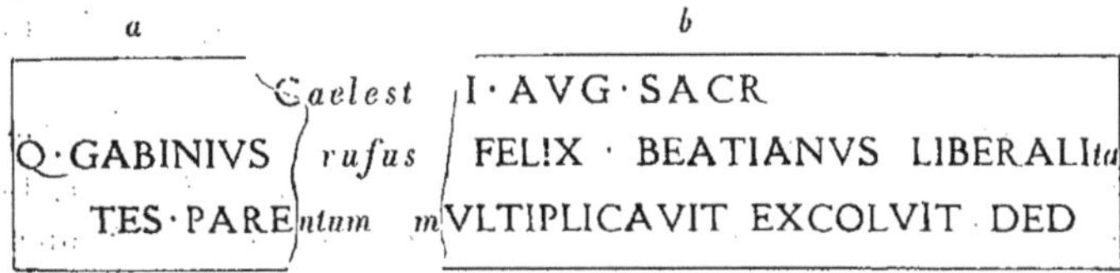

a. Haut. o m. 51; larg. o m. 87; épaiss. o m. 35 au minimum. — Lettres o m. 10. — A gauche, à la partie postérieure du bloc, une entaille de o m. 15×o m. 25. — Actuellement dans un mur en pierres sèches, à l'ouest du village arabe, au sud-est du temple de Caelestis, au sud du chemin qui va de Dougga vers Lbouïa.

b. Haut. o m. 48; larg. 2 m. 08; épaiss. o m. 5o. — Lettres o m. 10. — Fragment non retrouvé. La copie de M. Carton porte, à la *ligne 1,* IS au lieu de I; à la fin de la *ligne 2.* LIS au lieu de

LI*ta*. — Les deux corrections ont été inspirées par les précédentes inscriptions.

En comparant les dimensions des fragments des inscriptions **7** et **8** qui sont deux exemplaires identiques d'un même texte, M. Merlin a évalué à environ 3 m. 3o la longueur de chaque inscription. Les deux inscriptions étaient selon toute vraisemblance destinées à être placées l'une en face l'autre.

C. I. L., VIII, 15o4. — Dr Carton, *Découvertes épig. et arch. en Tunisie*, 1895, p. 165, n° 3oo. — L. P., 1901. Revu. — A. Merlin, *Les fouilles de Dougga en octobre-novembre 1901 (Bull. arch. du Comité*, 1902, p. 383-385, n° 29).

9. *Temple de Caelestis.*

Deux fragments se raccordant, trouvés au sud-ouest de l'enceinte demi-circulaire.

Q·GABINIVS · RVFVS · FELIX · BEA*t ianus liberali*

TATES · PArENTVM · MVLTIPLICA *vit excoluit ded .*

Haut. o m. 5o; épaiss. o m. 42. — Blanc au-dessus de l'inscription, o m. 11, au-dessous, o m. 13. — Lettres o m. 105. — Le fragment de gauche a o m. 78 de large, celui de droite 1 m. 6o.

Le fragment de gauche, complet à gauche, présente à sa face postérieure une encoche de o m. 20 × o m. 22. — *Ligne 1.* Le premier V est partagé entre les deux fragments. Après l'A final, une lettre tout à fait fruste. — *Ligne 2.* Il reste une partie seulement de l'A de *parentum*.

Dr Carton, *Découvertes épig. et arch. en Tunisie*, 1895, p. 164-165, n° 299. — L. P., 1901 et 1905. Lecture nouvelle et fragment inédit. — A. Merlin, *Les fouilles de Dougga en octobre-novembre 1901 (Bull. arch. du Comité*, 1902, p. 384, note 3).

10. *Temple de Caelestis.* — *a.* A l'est du Capitole, au sud de la place de la Rose-des-Vents. — *b.* A quelques mètres de l'entrée sud-est du temple de Caelestis.

a   *b*

*q. gabi*NIV*us rufus* f|ELIX   BEATIANVS   LIBERALI

tates |PAR *entum mu*|LTIPLICAVIT   EXCOLVIT   DED

a. Larg. o m. 3o; haut. o m 38 (incomplète); épaiss. o m. 16 (incomplète).

b. Larg. 1 m. 78; haut. o m. 4o. — Lettres o m. 1o, le T = o m. 12.

A droite, à la face postérieure du bloc *b*, une encoche de o m. 15 × o m. 25. Il manque donc très peu de chose de la face épigraphe.

On a rattaché *a* à *b*, à cause des dimensions semblables des lettres et du blanc au-dessous des lettres, et de la couleur rosée commune à la pierre des deux fragments.

Les deux textes **9** et **10** sont, on le voit, fort analogues aux deux textes **7** et **8**, et ils devaient avoir la même longueur, 3 m. 3o environ, mais ils sont gravés seulement sur deux lignes et ne contiennent pas le nom de la déesse. Les quatre inscriptions étaient sans doute réparties entre les deux extrémités du portique de telle manière qu'il y eût de chaque côté une inscription de trois lignes et une de deux lignes.

A la partie postérieure de ces quatre inscriptions, on avait pratiqué à chaque extrémité des entailles (en moyenne o m. 15 d'épaisseur sur o m. 25 de largeur) qui avaient pour but de faciliter le scellement des blocs de pierre à la place qu'ils occupaient.

C.I.L., VIII, 1553o — L. P., 19o1. Révision; et, 19o5. Fragment inédit.

11. *Temple de Caelestis.*

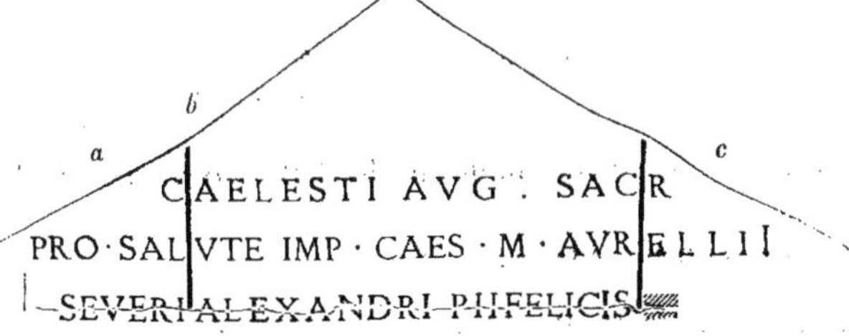

a et *c*. (fouilles de M. Pradère 1899). — Larg. de chaque fragment, o m. 85; haut. o m. 45

b. Larg. 1 m. 60; haut. o m. 75.

Lettres : *ligne 1,* o m. 12; *ligne 2,* o m. 11, à l'exception de l'I final = o m. 12. — La partie inférieure des trois fragments est brisée, en sorte qu'il ne reste que la moitié supérieure des lettres de la dernière ligne.

Le fragment *c* porte à la *ligne 3* les traces de quelques lettres (5 ou 6) très usées, peut-être martelées; il reste de l'une d'elles une haste horizontale plus élevée que la ligne (un T sans doute). Il y avait peut-être *Augusti.*

L'inscription se lit :« *Caelesti Aug(ustae) sacr(um); pro salute imp(eratoris) Caes(aris) M. Aurellii Severi Alexandri pii felicis [Augusti?].* »

Les fragments *a* et *c* ont été trouvés auprès de la porte nord-est. Sans doute, comme l'ont supposé MM. Cagnat et Gauckler (*Les temples païens,* p. 28), notre inscription occupait le tympan du fronton triangulaire qui couronnait l'entrée. — Peut-être une inscription semblable occupait-elle le fronton de la porte sud-ouest?

Date. — Postérieure à mars 222, antérieure à mars 235.

C. I. L., VIII, 15512. — Dr Carton, *Découvertes épig. et arch. en Tunisie,* 1895, p. 165-166, n° 302. — P. Gauckler (*Bull. arch. du Comité,* 1900, p. cxix). — Idem, *Notes d'épigraphie latine* (*ibid.,* 1901, p. 148-149). — L. P., 1901. Nouvelle lecture.

12. *Temple de Caelestis.*

Un fragment a comme l'inscription du portique o m. 55 de haut et des lettres de o m. 12. Il ne peut cependant en avoir fait partie, car il a o m. 80 d'épaisseur.

deae caelesti aug. s AC

Larg. o m. 20; blanc au-dessus des lettres o m. 17; au-dessous o m. 26.

Restitution très douteuse.

L. P., 1901. Fragment inédit.

13. *Temple de Caelestis* (partie orientale).

CAELESTI ✧

∂IVS ✧ RVSTICVS ✧ P

NI ✧ F ✧ SVI ✧ QVOD ✧ EI ✧

G ✧ STATVAM ✧ P ✧ P ✧ P

D I C ✧ C V R ✧ M ✧ N

Larg. o m. 85; haut. o m. 67; épaiss. o m. 3o. — Lettres
o m. o9; à l'exception de l'I de *Caelesti* et des trois I de la *ligne 3*
qui dépassent les autres lettres. — Complet en haut et en bas seulement.

Ligne 2. Au début, la boucle d'un D; à la fin, haste droite et
début d'une haste inclinée qui paraissent appartenir à un M. —
Ligne 3. Le premier G est incomplet. — *Ligne 4.* Le premier
D, le dernier N, incomplets.

A la *ligne 2*, on peut restituer *Maedius* ou *Modius*. Un C. Modius
Rusticus figure dans des bases contemporaines des Simplex, constructeurs du Capitole.

« *Caelesti* [*Aug*(*ustae*) *sacr*(*um*)] ‖ [*Mo*]*dius Rusticus* [. . . . ‖ . .]
ni f(*ilii*) *sui quod ei* [. . .] ‖ [. . .] *g. statuam p*(*ecunia*) *p*(*ropria*)
p(*osuit*). [. . .] ‖ [*de*]*dic*(*avit*), *cur*(*atoribus*) *M*(*arco*) *N*[. . .*et*. . .]. ‖. »

Date. — Au point de vue paléographique, cette inscription
présente de grandes analogies avec le texte **11** contemporain
d'Alexandre Sévère.

L. Poinssot (*Bull. arch. du Comité*, 19o1, p. CCXVIII-CCXIX).

13 *bis*. Voir l'*Appendice*.

CÉRÈS.

14. *Théâtre.* — Au *vomitorium* sud-est, au pied d'une porte,
on a déposé quatre fragments d'un même texte.

    ❧ CE R ER I · *aug · sacru* M·

M·LICINIVS·M·ℤ·*t*YRANN *us et licinia* (?) M·ℤ PRISCA

VOTO·SVSC*ep*TO·PRO *salute m. licin* I·RVF I·PATRONI

CELLAM·CVM·P*o*RTICIB *us et columnas lapi* [1] DEAS·POSVERVNT

    a   *b*   *c*   *d*

L'inscription encadrée d'une bordure est gravée sur un grand
bloc, actuellement brisé, épais de o m. 5o, haut de o m. 5o. —
Lettres : *ligne 1,* o m. o7 ; *autres lignes,* o m. o6.

a. Complet en haut, en bas et à gauche. Large à sa partie supérieure de o m. 75. — *Ligne 1.* Avant *Cereri,* une petite feuille de
lierre, le fragment comprend les lettres CE et la partie supérieure
de l'R ; la partie inférieure de l'R se trouve au fragment *b* qui en
cet endroit se raccorde exactement au fragment *a.* — *Ligne 2.* Le
fragment comprend M·LICINIVS·M· et la haste droite de L, dont
la partie inférieure a disparu comme le *t* qui suit. — *Lignes 3 et 4.*
Le fragment est brisé après SVSC et après CVM·P.

Ce fragment a été trouvé, ainsi que *b* et *d,* près de la porte
qui, au nord-est du théâtre, fait communiquer la scène avec l'un
des vastes couloirs dont les issues donnent sur le portique méri-
dional du temple.

b. Brisé de tous côtés ; en haut et en bas la bordure manque.
Larg. : o m. 24. Haut. : o m. 35. — *Ligne 1.* Après *Cereri,* un
point. — *Ligne 2.* De l'Y, il n'existe qu'une partie insignifiante
de la boucle droite et du pied. La haste finale de la seconde N de
[*T*]*yrann*[*us*] est détruite.

c. Trouvé dans la *cavea.* M. Carton ne le rattache pas à l'inscription de Cérès et le publie comme indéterminé. Cependant
ses brisures coïncident avec celles du fragment *d.* —Larg. o m. 15,
haut. o m. 20, brisé de tous côtés. — *Ligne 2.* La partie supérieure de M manque, la partie supérieure de L se retrouve sur
le fragment *d.* — *Ligne 4.* Toutes les lettres sont brisées à leur
partie inférieure.

d. Complet en haut, en bas, et à droite. Large à sa partie supé-

---

[1] Nous devons à l'obligeance de M. Cagnat cette restitution de la *ligne 4.*

rieure de 0 m. 65. — *Ligne 3*. La dernière lettre de PATRONI
dépasse de 0 m. 02 les autres lettres. — *Ligne 4*. Il ne reste du P
qu'une partie de la boucle, de l'O que la partie supérieure.

On fera remarquer que, tandis qu'au début de la *ligne 2* le V de
voto est au-dessous de LI de *Licinius* et au-dessus de LL de *cellam*, on
trouve sous le dernier A de la *ligne 2* RO de *patroni* (*ligne 3*) et E de
posuerunt (*ligne 4*). Le lapicide a donc réparti assez mal son texte.

L'inscription, d'après les ouvriers qui l'ont découverte, a été
trouvée brisée. Si le dessin qui en est donné dans « *Le théâtre de
Dougga* » paraît indiquer le contraire, c'est sans doute parce que
le graveur a omis l'indication de la brisure. Mais il semble bien
que des fragments aient disparu depuis la découverte; voici en effet
comment **M.** Carton lisait le texte :

CERERI·AVG·SACRVM ‖ M·LICINIVS·M·L·TYRANNVS ET LICINIA
PRISCA‖VOTO SVSCEPTO PRO *sal*VTE·M·LICINI·PATRONI‖CELLAM
CVM PORTICIBV*s*.......*p*OSVERVNT

Date. — L'inscription paraît contemporaine d'une dédicace à Tibère (n° **63**) contenant également le nom de **M.** Licinius Tyrannus et gravée en caractères identiques.

Dr **Carton**, *Le théâtre romain de Dougga*, p. 119, n° 10, et p. 122
(*Mém. présentés par divers savants à l'Acad. des Inscr.*, XI, 2° partie,
1904). — L. P., 1901. Nouvelles lectures.

15. *Théâtre.* — Inscription trouvée sur la plate-forme située en
avant de la façade.

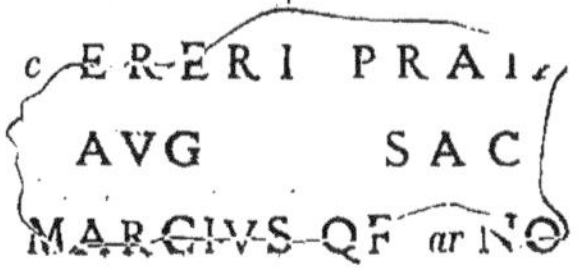

Larg. 0 m. 60; haut. 0 m. 35; épaiss. 0 m. 27. —Lettres, 0 m. 09.
— Entre *aug* et *sac*, blanc de 0 m. 20. — Brisé de tous côtés.

Ligne 1. Il ne reste que le bas de ERE; après PRA, le bas
d'une haste droite, puis une queue de lettre identique à l'extrémité arrondie de l'A précédent. — *Ligne 3.* Il n'existe plus que le
haut de quelques lettres MARCIVS QF et NQ.

« [C]ereri Prata? [. . . . .] Aug(ustae) sac(rum) [P] Marcius Q(uinti) f(ilius) [Ar]n(ensi) Q[uadratus]. »

Date. — S'il s'agit bien dans le texte de P. Marcius Quadratus comme nous l'avons supposé dans la restitution, le texte est à peu près contemporain de la construction du théâtre (166-169 ap. J.-C.).

Dr CARTON, *Le théâtre romain de Dougga,* p. 177, n° 21 (*Mém. présentés par divers savants à l'Acad. des Inscr.,* XI, 2ᵉ partie, 1904). — L. P., 1901. Nouvelle lecture.

CONCORDIA,

FRUGIFER, LIBER PATER, LIBERA.

16. Au sud-est de Dougga et au-dessous du Capitole, quatre blocs, *a, b, c, d,* appartiennent à une même dédicace. Nous n'avons retrouvé que *b, c* et *d; b,* à mi-côte, dans les cactus au-dessus du chemin qui passe près de la fontaine demi-circulaire et au-dessous de l'ensemble de constructions à arcades qui est considéré par M. Carton d'après ce fragment comme ayant fait partie des « *templa Concordiae, Frugiferi et Liberi patris* »; *c* et *d* beaucoup plus bas, à 200 mètres de là environ, au-dessous du chemin, dans les oliviers, non loin de la maison où les fouilles de M. Merlin et de M. Bruel ont mis au jour la mosaïque des Cyclopes.

Haut. des quatre blocs, o m. 5o; épaiss., o m. 55-o m.5o, larg. de *a*, o m. 97; de *b*, o m.75; de *c*, 1 mètre; de *d*, o m. 8o. — Lettres o m. o8-o m. o6.

Ligne 1. Le haut de QVIR manque. — *Ligne 5.* L'angle sur lequel était gravée la dernière lettre est brisé. — *Ligne 6.* Avant *Fortunato*, il y avait un blanc de plus de 1 mètre. Il ne reste que le haut des mots *Fortunato et Gemello In*...

L'inscription se composait d'au moins cinq blocs; le texte 17 permet de restituer en partie la lacune. Nous proposons à la *ligne 3* *exemplis* sous toutes réserves, en l'expliquant par *statues*.

Pro salute imp(eratoris) Caesaris Traiani Hadriani [Aug(usti), A(ulus) Gabinius] Quir(ina) Datus, patronus pagi et civitatis, M(arcus) Gabinius Quir(ina) Bass[us........., p]atronus pagi et civitatis, templa Concordiae, Frugiferi, Liberi Patr[is et Liberae [1] *cum cxe?]mplis et xystis, solo suo a fundamentis sua pecunia struxerunt, inqu[e.........quo?]t promisissent, multiplicata pec(unia) consummaverunt, itemque ded(icaverunt); cura[toribus.....F]ortunato, L. Instani[o] Fortunato, et Gemello In.....*

Frugifer désigne en Afrique tantôt Saturne, tantôt Pluton.

Date. — Règne d'Hadrien, août 117-juillet 138.

C. I. L., VIII, 155o. — Dr CARTON, *Découvertes épig. et arch.* en *Tunisie,* 1895, p. 177, n° 32o. — L. POINSSOT, *Inscriptions de Dougga* (*Bull. arch. du Comité,* 1902, p. 395, n° 1).

17. A quelques mètres du fragment *b* du n° **16.**

A·GABINIVS	*quir. datus patronus pagi et civitatis*
M·GABINIVS	*quir. bassus patronus pagi et civitatis*
TEMPLA·CONC	*ordiae, frugiferi, liberi patris, et liberae?*
SOLO SVO A FVND	*amentis sua pecunia struxerunt inque... promi*
SISSEN	*t multiplicata pec. consummaverunt itemque dedic.*

Larg. o m. 8o; haut. o m. 47; épaiss. o m. 45. — Bloc complet. — Lettres o. m. 07. — En avant de la *ligne 5*, un blanc, auquel correspondait selon toute vraisemblance un autre blanc à la fin de l'inscription.

[1] Cf. Texte **20.**

Ce fragment faisait partie d'un texte, qui était en quelque sorte une réplique du précédent. Ce second texte, rédigé un peu plus brièvement, ne contenait point la mention impériale, ni sans doute l'indication des statues (?) et des portiques qui décoraient le temple, ni enfin les noms des curateurs.

Date. — Règne d'Hadrien, août 117-juillet 138.

D' Carton et lieut. Denis, *Quelques inscriptions latines de Dougga* (*Bull. arch. du Comité*, 1892, p. 174). — L. P., 1901. Nouvelle lecture.

18. Base de statue trouvée entre l'exèdre et le Dar el-Acheb :

con C O R D I A E Aug
S A C R V M
PAGVS ET CIVITAS THVgg
P P

Haut. 0 m. 75; larg. 0 m. 43; épaiss. 0 m. 38. — Lettres : *ligne 1*, 0 m. 055; *lignes 2 et 3*, 0 m. 05; *ligne 4*, 0 m. 04.

La base est brisée à sa partie inférieure. En haut elle est ornée, sur le devant, à droite et à gauche, d'une moulure; l'angle gauche de la partie antérieure est cassé. — A la *ligne 1*, le C est incomplet. A la *ligne 3*, il ne reste qu'une partie de la boucle du P., et le premier jambage de l'V de *Thugg*.

Date. — Antérieure à la conversion de Thugga en municipe, qui eut lieu, semble-t-il, entre 195 et 211.

A. Merlin, *Les fouilles de Dougga en 1902* (*Nouv. archives des miss.*, XI, 1903, p. 43-44). — L. P., 1903. Revu.

19. Au voisinage du mur byzantin, au sud du Capitole.

LIBERO PA
RI A V G

L'inscription était entourée d'une moulure qui a subsisté en haut, en bas et à droite. Elle est brisée à gauche, complète en haut, en bas, à peu près à droite. — Haut. 0 m. 36; larg. 0 m. 80 (primitivement 1 mètre environ); épaiss. 0 m. 50. La partie postérieure est endommagée, il est vrai. — Lettres : *ligne 1*, 0 m. 07; *ligne 2*, 0 m. 065-0 m. 07.

L'inscription vient sans doute du sanctuaire construit sous Hadrien par les *Gabinii* (cf. texte **16**).

A. MERLIN, *Les fouilles de Dougga en 1902* (*Nouv. archives des miss.,* XI, 1903, p. 44). — L. P., 1903. Revu.

20. A l'est du Capitole, dans la partie septentrionale de la place Rose-des-Vents.

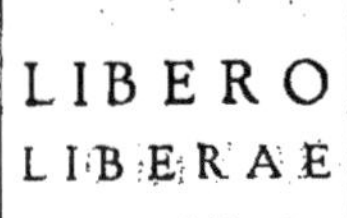

Haut. o m. 55; larg. o m. 33; épaiss. o m. 21. — Lettres : *ligne 1,* o m. 07; *ligne 2,* o m. o45. — Au-dessus et au-dessous du texte, blancs de o m. 20.

Peut-être, comme le texte précédent, l'ex-voto vient-il du temple construit par les Gabinii? Dans ce cas on pourrait supposer que la divinité dont le nom manque dans la dédicace du temple des Gabinii (texte **16**) est *Libera.*

P. GAUCKLER, *Rapport épigraphique sur les fouilles de Dougga en 1904* (*Bull. arch. du Comité,* 1905, p. 292). — L. P., 1905. Revu.

ESCULAPE.

20 bis. Voir l'*Appendice.*

FORTUNA AUG. — VÉNUS — CONCORDIA — MERCURIUS AUG. — AEQUITAS AUG.

21. A l'est du Capitole, trois blocs faisant partie de la même dédicace, le premier trouvé par M. Merlin dans une maison arabe accolée au mur byzantin, les deux autres découverts par M. Sadoux en déblayant la partie septentrionale de la place de la Rose-des-Vents. — Haut. o m. 55; épaiss. o m. 5o. — Lettres : *ligne 1,* o m. 1o; *ligne 2,* o m. 07; *ligne 3,* o m. o5; *ligne 4,* o m. o55.

L'ensemble de l'inscription présente un aspect maniéré qui est fréquent dans les textes de l'époque d'Hadrien. Les caractères sont grêles; les blancs ont répartis très arbitrairement, puisque certains mots comme *civitatis* et *ampliata* sont coupés en deux parties.

FORTVNAE AVG   VENERI   CONCordia
PRO SALVTE IMP CAESARIS TRAIANI·   HADriani
Q·MAEDIVS·SEVERVS·PATRONVS·PAGI·ET CIVIT ATIS·NOMine
AMP LIATA · PECVNIA · A · FVNDAMEN tis

Brisé à droite . — Larg. 1 m. 44.

E   MERCVRIO   AVG
AVG· PONT· MAX TRIB POTEST COS III P·P
mAEDIAE LENTVLAE·FILIAE SVAE·FLAM·PERP·TEMPLVM·QVOD·EX·HS LXX
OPE RE · EXORNAVIT·   IDEMQVE·DEDICAVIT   CVR A'tore

Brisé à droite et à gauche. — Larg. 1 m. 60. — A la *ligne 3*, après LX, amorce d'un chiffre qui paraît être plutôt X que V. A la *ligne 4*, au début, haut de trois lettres, O (?), P ou R et E.

·SACRVM·

faCTVRVM·SE·PROMISERAT
mAGNIO·PRIMO·SEIANO

Brisé à gauche. — Larg. 1 m. 10.

« *Fortunae Aug(ustae), Veneri, Conc[ordia]e, Mercurio Aug(usto) sacrum. Pro salute Imp(eratoris) Caesaris Trajani Had[riani] Aug(usti), pont(ificis) max(imi), trib(unicia) potest(ate), co(n)s(ulis) III, p(atris) p(atriae), Q(uintus) Maedius Severus, patronus pagi et civitatis nom[ine suo et M]aediae Lentulae, filiae suae, flam(inicae) perp(etuae), templum quod ex sestertiis LXX [....mil(libus) fa]cturum se promiserat, ampliata pecunia, a fundamen[tis ....] opere exornavit, idemque dedicavit, cura[tore M]agnio Primo Sejano.* »

Parmi les divinités invoquées, on remarquera « *Mercurius Aug(ustus)* ». Il y avait donc dès Hadrien un temple où Mercure était vénéré, et auquel peuvent se rapporter, aussi bien qu'au temple construit plus tard auprès du Capitole, les divers ex-voto à ce dieu découverts à Dougga.

Dans le même ordre d'idées, il convient de noter que la *Concordia* se voyait construire sous Hadrien des sanctuaires à la fois par Q. Maedius Severus et par les Gabinii, les uns et les autres patrons du *pagus* et de la *civitas*. Dans l'un et l'autre cas, le culte de la Concordia était associé au culte d'autres dieux assez singulièrement assemblés, ici *Fortuna Aug.*, *Vénus* et *Mercure*, là *Frugifer*, *Liber Pater*, et une divinité dont le nom ne nous a pas été conservé.

Il convient de noter l'absence d'indication numérique à la suite de *tribunicia potestas*. On pourrait être tenté d'interpréter la fin de la *ligne 2* par *trib. pot. (III) cos III* en appliquant le chiffre qui suit *cos* aux deux titres. C'est ce qu'a fait par exemple Orelli pour une inscription d'Helvétie tout à fait analogue [1]. Il n'y a pas lieu pourtant de s'arrêter à cette hypothèse, qui n'explique pas l'absence de chiffres après *tribunicia potestas* dans des textes qui sont postérieurs au 10 décembre 119, comme l'inscription de Rouached, datée de septembre 120 et portant « *tr. p. p. m. cos. III* » (*C. I. L.*, VIII, 8.239). La numismatique d'Hadrien prouve qu'il ne faut pas voir dans cette suppression du chiffre d'itération [2], ni une sorte d'abréviation, ni une erreur, mais bien l'application d'un nouvel usage de la chancellerie impériale. Parmi les nombreuses monnaies d'Hadrien, aucune ne fait suivre d'un chiffre la *tribunicia potestas* [3], quoiqu'il soit de toute évidence que le plus grand nombre de ces monnaies date de la période 10 décembre 119-10 juillet 138, pour laquelle l'explication d'Orelli est inadmissible. Que les lapicides, qui ne sont pas des agents du pouvoir central, n'aient pas toujours appliqué la règle adoptée par des monnayeurs soumis à une même discipline, et aient bien souvent suivi les anciennes coutumes, il n'est rien là que de très naturel. Ce qu'il importe de noter, c'est qu'ils l'ont quelquefois suivie et que dès lors on ne doit pas préciser la date des textes analogues à celui ici étudié en restituant après la *tribunicia potestas* le chiffre qui suit l'indication du consulat.

[1] ORELLI, 342 (= *Inscr. Helveticae*, 331).
[2] Cf. MOMMSEN, *Le droit public romain* (trad. P.-F. Girard), V, p. 65-66.
[3] COHEN (*Monnaies de l'empire romain*) n'a pas cru devoir décrire une monnaie signalée par VAILLANT (*Num. praest.*, III, p. 113) qui porte « *liberalitas Aug. pont. max. tr. p. II* », et qui est apparemment fausse ou mal lue.

La présence de *pater patriae* parmi les titres d'Hadrien ne doit pas faire rejeter le texte après avril 128, date où, croit-on, il accepta ce titre. Beaucoup de textes certainement antérieurs à 128 contiennent *p. p.*; à Thugga même le titre se trouve dans une base datant du second consulat d'Hadrien (n° 67). Les lapicides, en particulier ceux d'Afrique, ne paraissent avoir tenu aucun compte des refus que l'empereur opposa à l'origine à l'offre du titre. On admet généralement que les monnayeurs furent plus respectueux de la volonté impériale, et c'est pourquoi l'on classe après avril 128 toutes les monnaies portant *p. p.* Il nous est impossible de discuter ici si ce système, qui a l'inconvénient d'attribuer à des dates très postérieures à certains voyages de l'empereur les monnaies qui les rappellent [1] et de leur enlever ainsi le caractère de « médailles de circonstance », est absolument fondé.

On a trouvé dans les déblais du temple de Caelestis la belle inscription funéraire de Q. Maedius Severus; il mourut à l'âge de 85 ans [2].

La restitution de la *ligne 4* reste douteuse. On peut supposer avant *opere* un qualificatif ou encore un génitif (on a dans une inscription africaine *opere albari exornata*).

Le temple auquel se rapporte l'inscription ne serait-il pas le bel édifice rectangulaire à bossages, situé à l'est de la place de la Rose-des-Vents, à côté du temple de la Piété Auguste?

Date. — Entre le 1er janvier 119, date à laquelle Hadrien devint *consul III*, et le 10 juillet 138.

A. Merlin, *Les fouilles de Dougga en 1902* (*Nouv. archives des miss.*, XI, 1903, p. 42-43). — L. P., 1903 et 1905. Nouvelles lectures. — P. Gauckler, *Rapport épigraphique sur les fouilles de Dougga en 1904* (*Bull. arch. du Comité*, 1905, p. 290-291).

22. *Temple de Mercure.* — Divers fragments de frise architravée ont été retrouvés à l'est du Capitole, les uns dans le mur byzantin, les autres dans les déblais qui couvraient les parties septentrionale et orientale de la place de la Rose-des-Vents. Un autre fragment (partie de *f*) est encastré dans un des murs intérieurs de la maison

[1] Eckhel, *Doctrina numorum*, VI, p. 487.

[2] R. Cagnat, *Chronique d'épigraphie africaine* (*Bull. arch. du Comité*, 1894, p. 352).

arabe située à l'ouest du Capitole. — La frise qui porte la dédicace
est haute de o m. 35 ; l'architrave, comportant sept moulures, mesure
o m. 29. L'épaisseur des linteaux est de o m. 35 au sommet et de
o m. 42 à la base, où la saillie des moulures s'ajoute à l'épaisseur de la
frise. La hauteur habituelle des lettres est de o m. 10, à l'exception de la plupart des T, qui ont o m. 12; elles offrent des traces
de peinture rouge et sont un peu moins larges à la *ligne 2* qu'à la
ligne 1. Au-dessus des lettres, et au-dessous jusqu'à la moulure,
un blanc de o m. 05; entre les lignes, o m. 045.

La comparaison des fragments de frise et des entrecolonnements
de l'édifice à trois *cellae* situé au nord de la place de la Rose-des-
Vents permet d'attribuer le texte d'une façon certaine au portique
de cet édifice : ce portique se composait de dix colonnes corin-
thiennes soutenant neuf linteaux monolithes mesurant chacun de
2 m. 05 à 2 m. 08 de largeur, les deux extrêmes étant plus longs
d'une trentaine de centimètres, parce qu'ils recouvraient entière-
ment le premier et le dernier chapiteau de la colonnade.

a.

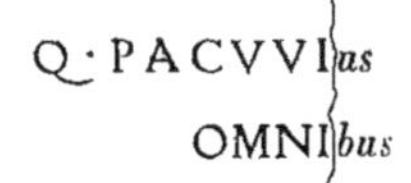

Larg. o m. 65. — Brisé à droite. — Avant OMNI, blanc de
o m. 30, où l'on voit des traces de lettres martelées.

b.

Larg. 2 m. 05. — Bloc complet. — *Ligne 1.* Après A, une
partie minime du C, gravé également sur le bloc *c.* — *Ligne 2.*
L'A final est incomplet, l'extrémité de son second jambage se retrouve sur le bloc *c.* — A la *ligne 1,* les lettres 2, 14, 18, à la
ligne 2, les lettres 5, 13, 26, 28, 35, dépassent les autres lettres.

c.

Larg. 2 m. 08. — Bloc complet. — *Ligne 1*. L'R final est à cheval sur les blocs *c* et *d*. — *Ligne 2*. Au début, fin de l'A de *Civita*. — Les lettres 7, 15, 23 de la *ligne 1*, les lettres 1, 3, 26 de la *ligne 2* dépassent les autres lettres.

d.

```
VM CODICILLIS SVIS EX HS L MIL FIERI
L·PERP·DATVRVM SE POLLICITVS EST EX CVIVS SV
```

Larg. 2 m. 05. — Bloc complet. — *Ligne 1*. L'V du début est un peu effacé. — *Ligne 2*. L'V final déborde sur le bloc *e*. — Les lettres 3 et 24 de la *ligne 1*, les lettres 8, 22, 27 de la *ligne 2* dépassent les autres lettres.

e.

```
IVSSIT AMPLIVS IPSI OB HONOREM F
MMAE REDITV QVOT ANNIS DECVRIONIBV
```

Larg. 2 m. 05. — Bloc complet. — La première et la dernière lettre de la *ligne 1*, les lettres 9 et 14 de la *ligne 2* dépassent les autres lettres.

f.

```
l. perp. ex HS LXX MIl. POLLICITIS      sum
  s  sport VLAE DARENTVR ET OB DIEM  dedicati
```

Le fragment de gauche, large de 0 m. 52, est brisé à droite et à gauche. — L'extrémité du fragment de droite, soit à la *ligne 1* ITIS, et à la *ligne 2* EM, est actuellement cachée par un mur perpendiculaire à celui où le fragment est encastré. La partie supérieure est très mutilée et peu lisible.

g.

```
MIS TEMPLVM   MERCVRI ET CELLAS D
on IS·L VDOS SCAENICOS ET SPORTV las DECVRI
```

Le premier fragment brisé à droite et à gauche. — Le second fragment, brisé à droite et à gauche, a 0 m. 64 de larg. — Le

troisième fragment, brisé à droite à gauche et en bas (partie architravée), a o m. 65 de largeur. — Le quatrième fragment, brisé
à droite, à gauche et en bas, a o m. 35 de largeur. — A la *ligne 1*,
il ne reste à peu près rien de l'E de *Mercuri,* et l'I du même mot
dépasse les autres lettres. — A la *ligne 2,* l'S initial de *scaenicos*
est peu visible, et le C est à cheval sur les deux fragments.

h.

VAS CVM STATVIS ET POR *ticibus et ornamentis*
ONIBVS VTRIVSQVE ORDINIS ETVNIVER *so populo dedit*

Je n'ai vu que le premier fragment qui a 1 m. 3o de large, est
brisé à droite et légèrement endommagé à gauche. — A la *ligne 1*,
l'V initial est peu visible, et un éclat a enlevé une partie du premier S de *statuis*. — A la *ligne 2,* l'O initial est peu visible, et l'I
d'*utriusque* a à peu près disparu.

Les textes **23** et **24** se rapportant au même édifice permettent de
combler certaines lacunes de la dédicace.

« *Q(uintus) Pacuvi[us Saturus, fl(amen) perp(etuus), augur c(oloniae) J(uliae) K(arthaginis), et Nahania Victoria uxor ejus fl(aminica)
perp(etua) opu]s templi Mercuri(i) quot M(arcus) Pacuvius Felix Victorianus, filius eorum, codicillis suis ex sestertiis l̄ mil(libus) fieri jus-
sit, amplius ipsi, ob honorem f[l(amonii) perp(etui) ex] sestertiis lxx
mi[l(libus)] pollicitis [sum]mis, templum Mercuri(i) et cellas duas cum
statuis et por[ticibus et ornamentis] omni[bus. . . . .]
ae extruxerunt et excoluerunt, item civitati Thugg(ensi) sestertium
x̄x̄v mil(lia) Q. Pacuvius Saturus fl(amen) perp(etuus) daturum se pol-
licitus est, ex cujus summae reditu quotannis decurionibu[s sport]ulae
praestarentur, et ob diem [dedication]is ludos scaenicos et sportu[las]
decurionibus utriusque ordinis et univer[so populo dedit]*. »

Date. — Si l'on considère la mouluration du temple de Mercure,
elle apparaît comme assez analogue à celle des édifices de Dougga
élevés sous Marc-Aurèle et sous les empereurs africains, sensiblement différente de celle des constructions du temps d'Alexandre Sévère. Ce serait donc entre 16o et 22o qu'il y aurait lieu de chercher
la date de ce sanctuaire et de la place de la Rose-des-Vents qui en
est le complément assez harmonieux et évidemment contemporain.
De l'aspect des lieux il nous a paru nettement ressortir que l'un et

l'autre étaient postérieurs aux monuments qui les entourent, en particulier au Capitole auquel le temple est bien maladroitement accolé et à l'exèdre dont il a fallu pour l'établissement de la place masquer en partie les beaux bossages, rappel heureux de la décoration des édifices voisins. Le Capitole datant de 166-169, l'exèdre n'étant pas antérieure à 183 ni postérieure à 192, il ne conviendrait pas d'attribuer au temple de Mercure une date antérieure à 185. La dédicace plus haut reproduite permettrait de préciser davantage si l'on pouvait donner avec certitude au mot *civitas* son sens précis de cité de non-citoyens romains[1]. La présence des *decuriones utriusque ordinis*, qui, non mentionnés dans les nombreuses inscriptions érigées par « *pagus et civitas thugg.* », figurent à plusieurs reprises dans les textes postérieurs à l'érection de Thugga en municipe, autorise quelque hésitation. Ce n'est donc qu'avec des réserves que nous attribuons le n° **22** à une date postérieure à 185 et antérieure à la constitution de Thugga en municipe, fixée avec assez de vraisemblance à la période 195-211.

C. I. L., VIII, 1503 et 15532. — L. Homo, *Le forum de Thugga* (*Mélanges de Rome*, 1901, p. 18-19). — L. P., 1901-1903-1905, Rapprochements et nouvelles lectures. — A. Merlin, *Les fouilles de Dougga en 1902* (*Nouv. archives des miss.*, XI, 1903, p. 44-47 et 115-116). — P. Gauckler, *Rapport épigraphique sur les fouilles de Dougga en 1904* (*Bull. arch. du Comité*, 1905, p. 282-286).

23. *Temple de Mercure.* — A l'est du Capitole. Sur la place de la Rose-des-Vents. Presque au pied du mur byzantin, dans les déblais.

Q·PACVVIVS SATVRVS FL. *perp. augur c. i. k.*
ET NAHANIA VICTORIA *ejus fl. perp. s. p. f.*

Complet à droite, en haut et en bas. — Haut. o m. 44; larg. 1 m. 90; épaiss. o m. 35. — Lettres o m. 06. — Blanc avant la

[1] Dans une inscription de Chemtou, du 27 nov. 185 (*C. I. L.*, VIII, 14683), il est question du « *natale civitatis* », et il se pourrait que la mention se réfère non à la fondation de la ville, mais à sa conversion en « *colonia* »; ce serait un exemple de *civitas* employé dans un sens plus général. (Cf. J. Toutain, *Les cités romaines de la Tunisie*, 1896, p. 282.) — Un texte du IVᵉ siècle désigne de même Thugga sous le nom de *civitas* (cf. n° **109**).

première ligne o m. 115, avant la seconde o m. 28. — L'L final
de la première ligne et l'A final de la seconde sont incomplets. —
Sur la face opposée à l'inscription, dans la partie correspondant au
début du texte, est taillée une encoche de o m. 3o de large environ.

L'inscription se restitue facilement par comparaison avec le
texte **24** résumé lui aussi de la grande inscription du temple. On a
à Dougga d'autres exemples de plusieurs dédicaces pour le même
édifice, les unes plus développées, les autres plus sommaires
(Temple de Caelestis, Capitole).

On a tenté de calculer malgré les lacunes de leurs épigraphes la
longueur du bloc dont on vient de décrire le début et celle du bloc
dont divers fragments sont reproduits sous le numéro suivant. Le
premier paraît avoir eu environ 3 m. 10, tandis que le second
n'avait que 2 m. 83. L'inscription (n° **24**) conviendrait assez à la
cella centrale dont l'ouverture est moins large que celle des autres
cellae (2 m. 35 au lieu de 3 m. 25), l'inscription (n° **23**) a une
des *cellae* latérales.

L. Poinssot (*Bull. arch. du Comité*, 1905, p. clxxviii).

24. *Temple de Mercure.* —Trois fragments de frise, qui ont été
comme les précédents trouvés très près du Capitole, proviennent
d'une dédicace du temple.

a et *b*. Dans la partie du mur byzantin démolie en 1900, entre
le Capitole et l'exèdre.

c. Dans un mur d'une maison arabe actuellement détruite qui
était adossée au mur byzantin qui est au sud du Capitole.

q. pa CVVIVS SATVRVS · FL · PERP · AVGVR · C·I·K	
et NAHANIA VICtORIA · EIVS · FL· PERP · S · P · F	

Les trois fragments, d'une pierre de couleur rosée peu fréquente
dans les ruines de Dougga, appartenaient à un même bloc de
pierre. Ce bloc est complet, mais à gauche une partie de la surface épigraphe a disparu.

Haut. o m. 51; épaiss. o m. 37; larg. *a*, o m. 73, *b*, o m. 47,
c, 1 m. 63. — Blanc au-dessus de l'inscription o m. o55, au-des-

sous o m. 12. — A la fin de la *ligne 1*, blanc de o m. 23, de la *ligne 2*, blanc de o m. 27. — Lettres, *ligne 1*, o m. 15, *ligne 2*, o m. 13. — A la *ligne 1*, il manque la queue de l'R de *Saturus*, à la *ligne 2*, le T de *Victoria*. On remarquera que la barre inférieure de L, dans *fl.*, descend au-dessous des autres lettres.

Le cippe funéraire de Q. Pacuvius Saturus figure au *C. I. L.*, VIII, 1532 (cf. p. 1494).

C.I.L., VIII, 15508 (= 1497). — P. Gauckler (*Bull. arch. du Comité*, 1901, p. cxlvii). — L. Poinssot, *Les ruines de Thugga et de Thignica au xvii*^e *siècle* (*Mém. des Antiquaires dè France*, LXII, 1903, p. 167 et 180-181), et en 1901, nouvelles lectures. — A. Merlin, *Les fouilles de Dougga en 1902* (*Nouv. archives des miss.*, XI, 1903, p. 115-116).

25. *Près du Capitole.* — Dans le mur byzantin adossé au mur occidental de la *cella* du temple, M. Sadoux a trouvé deux fragments qui paraissent se rapporter au temple de Mercure.

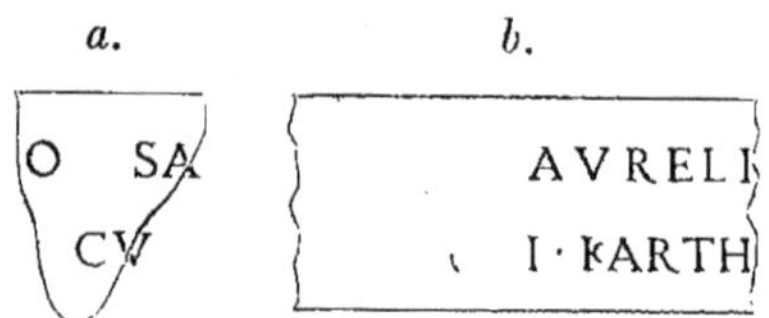

a. Complet seulement à la partie supérieure. — Haut. o m. 35; larg. o m. 60. — Lettres, environ o m. 13.

b. Brisé à droite et à gauche. — Larg. 1 m. 70, mais à gauche, sur une largeur de o m. 80, la surface épigraphe est pelée; haut. o m. 65. — Au-dessous du texte, partie architravée de o m. 30 environ. — Lettres : *ligne 1*, o m. 125; *ligne 2*, o m. 105.

On propose de lire : [*Pr*]o *sa*[*lute Imp. Caes...*] *Aureli.....* [*Q. Pa*]*cu*[*vius Saturus fl. perp. augur C.*] *I. Karth*(*aginis*)... — L'empereur dont il s'agit peut être aussi bien Commode ou même Caracalla que Marc-Aurèle. Dans son état actuel le texte ne peut donc nous aider à dater le temple de Mercure.

P. Gauckler, *Rapport épigraphique sur les fouilles de Dougga en 1904* (*Bull. arch. du Comité*, 1905, p. 286-287). — L. P., 1905. Revu.

26. *Temple de Mercure.* — Sur la face intérieure du montant de

gauche de la porte qui donne accès à la *cella* centrale du temple
de Mercure était gravée une inscription. La partie inférieure du
montant est encore en place (*b*); la partie supérieure est brisée,
mais c'est à elle, plutôt qu'au montant de droite qui fait vis-à-vis,
que paraît se rapporter le fragment *a*.

a.
                SENATVS CONSVLT QVOD F*Actum*
                EST·X·KALENDAS FEBRV*arias*
        S   D V ✤ M·VINICIVS HES\

b.   ▨DEC
              S̸AEL▨▨▨▨▨▨*v*OVERVNT

a. Au-dessus du texte, partie anépigraphe de o m. 52. —
Lettres : *ligne 1*, o m. o3; *lignes 2 et 3*, o m. o24. — A gauche
de l'inscription un signe qui ressemble à un S.

b. Les lignes déchiffrées sont la fin du texte; au-dessous, jusqu'au sol, partie anépigraphe d'environ 1 m. 4o. — Comme dans
a, la partie épigraphe a o m. 58 de large. — Lettres : *ligne 1*,
o m. o22; *ligne 2*, o m. o15.

a. Ligne 1. Q douteux. Après F presque rien du haut de l'A.
— *Ligne 2.* V incomplet. — *Ligne 3.* Après DV (*duoviri?*), soit
une *hedera*, soit une haste droite entre deux hederae. Après H le
haut de deux lettres de lecture très incertaine.

b. Ligne 2. Après L, trace de lettre arrondie.

P. Gauckler, *Rapport épigraphique sur les fouilles de Dougga en 1904.*
(*Bull. arch. du Comité*, 1905, p. 287-288.) — L. P., 1905. Nouvelles
lectures. — A. Merlin, 1906. Nouvelles lectures qu'il a bien voulu
nous communiquer.

27. *Temple de Mercure.* — Dans la *cella* occidentale du temple,
M. Sadoux a découvert une base assez soignée qui peut avoir été
placée dans la niche de fond de la *cella*. L'inscription qui y
est gravée est en fort mauvais état, la pierre ayant été après coup
repiquée pour recevoir un enduit.

M E R C V R I O · S I L V I O

SACRVM

Haut. o m. 42; larg. o m. 87 et o m. 75; épaiss. o m. 85 et o m. 70. — Lettres o m. o6. — Le premier M est incomplet à gauche.

Une inscription de Thiges est dédiée *Silvano Mercurio* (*C.I.L.*, VIII, 87).

P. Gauckler, *Rapport épigraphique sur les fouilles de Dougga en 1904* (*Bull. arch. du Comité*, 1905, p. 288-289). — L. P., 1905. Revu.

28. Dans la partie septentrionale de la place de la Rose-des-Vents, à l'angle du bastion nord du mur byzantin, dans les déblais.

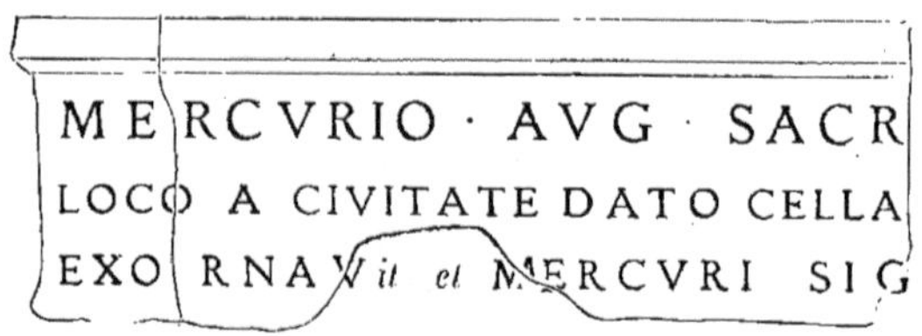

Deux fragments se raccordant, incomplets à droite et en bas. — Larg. o m. 40; haut. o m. 31; en haut moulure de o m. 10. — Lettres : *ligne 1*, o m. o6; *lignes 2 et 3*, o m. o4.

Ligne 3. V de *ornavit*, ME et G incomplets.

L'épaisseur totale de la table est de o m. 63; sur la table, empreinte circulaire de la statue qu'elle portait.

Mercurio Aug(usto) sacr[um]. Loco a civitate dato, cella [*s ou m?*] *exornav[it et] Mercuri(i) sig[num... posuit].*

Date. — Antérieure à la transformation de Thugga en municipe. On sait qu'on trouve également *civitas* dans la dédicace du portique du temple de Mercure, mais le texte **28** peut aussi provenir du temple plus ancien dont il est question dans le texte **21**.

P. Gauckler, *Rapport épigraphique sur les fouilles de Dougga en 1904* (*Bull. arch. du Comité*, 1905, p. 289). — L. P., 1905. Revu.

29. A l'est du Capitole, dans les démolitions des maisons accolées au mur byzantin. Déposé au Dar el-Acheb.

> mercu RIO AVG Sacrum
> pro saLVTE · IMP · C aes: m. aure
> li antoNINI · AVG... et to
> tius dOMVS DIVinae......
> .... mERCVRi

Haut. o m. 4o; larg. o m. 35; épaiss. o m. 13. — Lettres o m. o55. — Brisé de partout, sauf en haut.

Ligne 1. Il ne reste que le bas des lettres. — *Ligne 2.* Le C final brisé. — *Ligne 3.* De l'N du début on ne voit que le haut du second jambage. — *Ligne 4.* Au début, fragment minime de l'O; le V final est incomplet. — *Ligne 5.* De l'E du début et de l'R final il ne reste que la partie supérieure.

La restitution des noms impériaux est très problématique.

Cette dédicace provient sans doute du temple de Mercure.

Date. — Dès le milieu du 1er siècle, une inscription de Bretagne mentionne la *domus divina*. Cependant il n'est guère d'exemples antérieurs à Marc-Aurèle de *domus divina* joint à un nom d'empereur après la formule *pro salute*. Il y avait sans doute dans notre texte, soit le nom de Marc-Aurèle, soit celui de Caracalla, mais on peut songer également à l'attribuer à Commode ou à Elagabal.

A. Merlin, *Les fouilles de Dougga en 1902* (*Nouv. archives des miss.,* XI, 1903, p. 47-48). — L. P., 1903. Revu.

30. On a trouvé dans le pavage d'une maison arabe, située entre le Dar el-Acheb et les oliviers de Caelestis, une dédicace encadrée d'une moulure; elle a été déposée au Dar el-Acheb.

Haut. o m. 56; larg. o m. 23; épaiss. o m. 12. — Lettres o m. o35-o m. o4.

L. P., 1905. Inédit.

> MERCVR
> AVG · SAC
> L ⚜ BALLEN
> IVS · SEC
> VDVLVS
> CVM
> SVIS
> VOTVM
> S; L · A ·

31. Petit cippe votif trouvé au sud de la ville, auprès d'un abreuvoir. Il est brisé en trois morceaux qui se raccordent à peu près exactement.

MAS
C.PLVTICIVS
DELICIA
NVS·V·S
MEND
ACIO
RVM

Haut. o m. 59; larg. o m. 23. — Lettres o m. 015.

Ligne 1. M(arti), ou M(ercurio), ou M(inervae) — A(ugusto) ou A(ugustae) — S(acrum). — *Mercurio* semble la restitution la plus vraisemblable. On remarquera du reste que les dimensions exceptionnelles de l'ex-voto sont presque identiques à celles de la dédicace « *Mercurio Aug. sac. L. Ballenius Secudulus...* » (n° **30**). — *Ligne 5.* La lettre D est très fruste.

M. Merlin s'est demandé si le génitif *Mendaciorum* ne désignait pas les propriétaires du domaine sur lequel cet autel votif était élevé. Il rapproche du cippe la stèle funéraire d'un « *procurator sacrarum cognitionum* », trouvée à Rome, où le génitif BRECETIORVM est placé à la fin du texte (*Notizie degli scavi*, 1898, p. 164). Quoiqu'il en soit, « *Mendaciorum* » a l'apparence d'un sobriquet, et on peut rapprocher le texte d'autres finissant par un sobriquet au génitif pluriel. Cf. R. Cagnat, *Cours d'épigraphie latine, Supplément*, 1904, p. 475-476.

A. MERLIN, *Les fouilles de Dougga en octobre-novembre 1901* (*Bull. arch. du Comité*, 1902, p. 385, n° 30). — L. P., 1903. Revu.

32. Trouvé à l'est du Capitole, auprès de l'angle sud-est du mur byzantin.

M · A · S
PIO

Haut. o m. 12, larg. o m. 20. — Lettres o m. 045. — Brisé de partout, sauf en haut.

A la *ligne 2*, avant P, une autre lettre indistincte, de forme arrondie.

Sans doute, il faut lire à la *ligne 1* « *M(ercurio) A(ugusto) s(a-
crum)* ». Cf. n° **31**. — Voir l'*Appendice.*

A. Merlin, *Les fouilles de Dougga en 1902 (Nouv. archives des miss.,*
XI, 1903, p. 49). — L. P., 1903. Revu.

33. A l'est du Capitole, dans les démolitions des maisons accolées au mur byzantin. Un petit autel avec une moulure en haut,
complet à sa partie supérieure, brisé en bas, endommagé sur les
côtés; sur la face postérieure de cet autel, il n'y a pas de moulure.

```
MERCVRIO
  AVG·SAC
.\LICINIVS...
.. TOLIVS·F...
..s ALL Vstius?
.... S P .....
```

Haut. o m. 39; larg. o m. 41 (avec la moulure, qui est de
o m. 18); épaiss. o m. 16. — Lettres: *ligne 1,* o m. o4; *lignes 2-
6,* o m. o25.
Ligne 4. Lecture incertaine. — *Ligne 5.* Au début, A ou M;
à la fin, premier jambage d'un V. — *Ligne 6.* s(ua)· p(ecunia)
[*f(ecit)* ou *f(ecerunt)*] ?
Cet autel provient sans doute du temple de Mercure.

A. Merlin, *Les fouilles de Dougga en 1902 (Nouv. archives des miss.,*
XI, 1903, p. 48). — L. P., 1903. Revu.

34. Au voisinage du mur byzantin, au sud du Capitole. Déposé
au Dar el-Acheb.

```
MERCVRI·O
AEQVITATI AVG
P · SELICIVs
```

Brisé à droite; peut-être complet en bas.
Haut. o m. 27; larg. o m. 19; épaiss. o m. 20. — Lettres
o m. o4.
Ligne 3. IV, brisés à leur partie inférieure.

Nous ne connaissons pas d'autre inscription africaine dédiée à
l'Aequitas, divinité souvent reproduite sur les monnaies impériales.

A. Merlin, *Les fouilles de Dougga en 1902 (Nouv. archives des miss.,*
XI, 1903, p. 48). — L. P., 1903. Revu.

35. *Temple de Mercure* (?). — Entablement d'un petit édicule,
en deux fragments se raccordant : le premier provient des gourbis qui étaient accolés à l'est au Capitole, le second a été trouvé
dans le déblaiement du temple de Mercure. Cet entablement
provient sans doute du temple de Mercure, il se compose d'une corniche faisant retour sur les faces latérales de la pierre, et surmon-
tant un bandeau plat sur lequel est gravée la dédicace. La face
inférieure présente au centre un soffite avec guirlandes de laurier
et, à droite et à gauche, deux mortaises qui recevaient les chapi-
teaux des colonnettes soutenant l'entablement. La partie postérieure de celui-ci est à peine dégrossie; elle s'encastrait dans un
mur.

P·SABIDIVS EXOR⎸ATVS cVM·SVIS·VOTVM·SOLVIT

Haut. o m. 12; larg. du premier fragment o m. 39, du second
o m. 55. — Haut. des lettres o m. 04 à o m. 045, d'une jolie
facture. — Les lettres 17, 19, 23, 24, 25, 27, 28, 29 sont très
endommagées à la partie inférieure.

A. Merlin, *Les fouilles de Dougga en 1902 (Nouv. archives des miss.,*
XI, 1903, p. 64). — L. P., 1903 et 1905. Revu. — P. Gauckler, *Rap-*
port épigraphique sur les fouilles de Dougga en 1904 (Bull. arch. du Co-
mité, 1905, p. 289-290).

36. *Temple de Mercure* (?). — En déblayant l'édifice, M. Sadoux
a trouvé un fragment d'une dédicace analogue à la précédente :

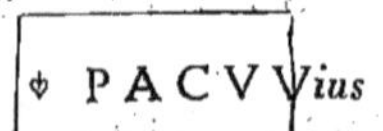

Lettres o m. 042. — Il s'agit peut-être de Q. Pacuvius Saturus,
le fondateur du temple de Mercure.

On pourrait sé demander si les édicules qu'ornaient ce texte et le texte précédent n'occupaient pas une position symétrique à l'une et à l'autre extrémités du portique du temple de Mercure, qui étaient, comme l'ont montré nos fouilles de 1905, fermées par des murailles arrondies.

P. GAUCKLER, *Rapport épigraphique sur les fouilles de Dougga en 1904* (*Bull. arch. du Comité*, 1905, p. 290).

GENIUS PATRIAE.

37. Dans la région du Dar el-Acheb, M. Merlin a découvert une grande inscription provenant d'un temple du Génie de la Patrie. Elle était gravée sur deux blocs, *a* et *b* :

a. Dans la seconde cour d'une maison située à l'est du Dar el-Acheb et contiguë à l'édifice. Placé près d'un four, il a beaucoup souffert, et il est brisé en nombreux morceaux. — Larg. 1 m. 40.

b. A 75 mètres à l'ouest de l'angle sud-ouest des citernes situées au-dessous du Dar el-Acheb dans les oliviers. — Larg. o m. 85.

Les deux blocs, complets en haut et en bas, ont une épaisseur d'au moins o m. 32, et une hauteur de o m. 50; leur longueur totale était de 2 m. 25. — Les lettres des *lignes 1-2* ont o m. 075, des *lignes 3-6* o m. 06.

a

```
PRO SALVTE IMPP CAESS C AVRELI VALERI DIOCLETIANi
RI MAXIMIANI PII FELICIS INVICTI AVG ET FLAVI VALERI CONSt
NOBILISS CAESS.................VS.AP DO.O..CVRATVS MV....
rM CVM M................RVM CETEROQVE CVLTV ADORNAVIt
rutus?............LXI INTVLIT DATIS ETIAM SPORT CONDEC SV
................A OMNI PECVNIA EADEM RESP CVRANTe octa
```

b

```
PII FEL INVICTI AVG ET M AVRELI VALE
ANTI ET GALERI VALERI MXIMINI
CV TEMPLVM GENI PARIAE AD PVLCHRIOREM FACI
.AD QVOD ETIAM PAPIRiVS BALBIVS HONO
IS·IT·H·H·SERGI FIRMI IVNIANI OB SVMM
VIO·SRATONIANO CV CVR REIP DEDICAVIT
```

Ligne 1. La partie supérieure des lettres VRELI VALERI DIOCLE n'existe plus.

Ligne 2. Le bas des lettres ANI PII FELICIS INV est endommagé.

Ligne 3. Le nom du personnage est très mutilé. Après CVRATVS M, il y a un V ou un I; VS de CVRATVS est douteux. AP, est-ce [p]*ap.*; ce serait une bien tardive mention de la tribu; on notera cependant qu'à Dougga des inscriptions contemporaines de Gallien mentionnent la tribu.

Ligne 4. Lecture des premières lettres très douteuse; peut-être M est le début de *marmoribus* (??). La partie supérieure de l'I d'ADORNAVIT manque.

Ligne 5. Le second jambage de l'V de *condec suis* manque. LXI est peut-être le chiffre de sesterces.

Ligne 6. Le bas des lettres NI PECVNA et CVRANTE est endommagé.

« *Pro salute imp(eratorum) caes(arum) C(aii) Aureli(i) Valeri(i) Diocletian[i] pii fel(icis) invicti aug(usti), et M(arci) Aureli(i) Valeri(i) Maximiani pii felicis invicti aug(usti), et Flavi(i) Valeri(i) Constanti(i), et Galeri(i) Valeri(i) Maximiani, nobiliss(imorum) caes(arum),* . . . .*us,* [p]*ap(iria)* (?)*, Do.o.. curatus* (?)*, mu*(?)*. . . . ., c(larissimus) v(ir) templum geni(i) patriae ad pulchriorem faci[e]m cum m[armoribus?. . . .]rum ceteroque cultu adornavi[t]; ad quod etiam Papirius Balbius Hono[ratus?. . . . . .sestertios?]* l̄x̄ī *intulit, datis etiam sport(ulis) condec(urionibus) suis; it(em?) h(eredibus) Sergi(i) Firmi Juniani, ob summ[um erga remp(ublicam) amorem remiss]a omni pecunia eadem; resp(ublica), curant[e Octa]vio Stratoniano c(larissimo) v(iro) cur(atore) reip(ublicae), dedicavit.* »

Ce texte nous montre que sous la Tétrarchie le temple du Génie de la Patrie [1] fut orné, grâce aux libéralités d'un *clarissimus vir* dont le nom est illisible, et de *Papirius Balbius Hono[ratus]*. Le *curator reipublicae* était alors un *[Octa]vius Stratonianus, clarissimus vir*, qui faisait probablement partie de la même famille que *Q. Octavius Fortunatus Erucianus Stella Stratonianus, clarissimus juvenis*, dont deux inscriptions du Kef nous ont gardé le souvenir [2].

---

[1] Cf. dédicaces au *Genius Patriae Augustae*, *C. I. L.*, VIII, 4188 à 4192 (Verecunda) et au *deus Hercules Genius Patriae*, *C. I. L.*, VIII, 11430 = 262 (Sufes) et 15476, 15477 (Henchir-Chett); une statue du *Genius Patriae*, *C. I. L.*, VIII, 7960.

[2] *C. I. L.*, VIII, 1646 et 15885.

Date. — Règne simultané de Dioclétien, Maximien, Constance et Galère (292-305).

A. Merlin, *Les fouilles de Dougga en octobre-novembre 1901* (*Bull. arch. du Comité*, 1902, p. 386-387, n° 31). Cf. *Bull. arch. du Comité*, 1901, p. ccxxxiii - ccxxxiv. — Idem, *Les fouilles de Dougga en 1902* (*Nouv. archives des miss.*, XI, 1903, 92-93). — L. P., 1903. Revu.

NEPTUNE.

38. A quelques mètres à l'est du temple de Saturne, sur le versant de la crête qui le domine, « une console en forme de toit à la partie supérieure et présentant une rosace sur sa face inférieure. Sur le fronton est une rosace entre deux fleurs de lotus. Sur une plinthe en dessous de la corniche, on lit en caractères très élégants : »

NEPTVNO ✿ AVG ✿ SACR ✿

Lettres o m. o65. — La face épigraphe de la console a o m. 56 de large. — La console a à sa partie inférieure o m. 94 d'épaisseur (non compris les moulures).

L'édifice en ruines qui est à l'est du temple de Saturne est sans doute le sanctuaire auquel se rapportent les textes **38** et **39**.

Dr Carton, *Découvertes épig. et arch. en Tunisie*, 1895, p. 159, n° 289. — L. P., 1905. Nouvelle lecture.

39. A quelques mètres à l'est du temple de Saturne, à côté du texte précédent :

C·He*l*VIVS ✿ SVAVIS ✿ ET CA*s*
SIA FAVSTINA CONIVNX EIVS
VOTVM ✿ SOLVERVNT
HELVIVS HAEC VOTO SVSCEPI MVNERA DIVI
ᴆCONSTITVIQVE LAREM·SEDIBVS· IN PATRIS
HAEC EADEM CONIVNX MECVM FAVST*N*A LOCA*vit*
VNDARVM DOMINO NEREID*V*M Q·VE PATRI

Gros bloc calcaire. — Larg. o m. 63; haut. o m. 55; épaiss. o m. 95. — Lettres : *ligne 1,* o m. o4; *lignes 2 et 3,* o m. o3;

lignes 4, 5, 6, 7, o m. 025. — Éclat en haut et à gauche; à droite, le bord est légèrement endommagé.

Ligne 1. Très peu de chose du C initial. Le V qui précède IVS incomplet. Dans CA, le haut de A est fruste. Il peut manquer une ou deux lettres à la fin de la ligne. La restitution *ca[s]sia* reste douteuse. M. Carton lit *cr[i]s[e]ia.* — *Ligne 2.* Après le premier S une haste droite, le haut de la haste est assez difficile à déterminer; y a-t-il une lettre liée, ou est-on simplement en présence d'un accident de la pierre? — *Ligne 5.* La lettre finale paraît un S mais est peu distincte (*patris* pour *patriis*). — *Ligne 6.* VM liés, AV liés, IN liés. — *Ligne 7.* NE liés, VM liés.

Les deux distiques qui finissent l'inscription sont en caractères très serrés qui ne paraissent pas de bonne époque. — M. Carton suppose que le texte était gravé sur la paroi d'un édifice où étaient suspendus les ex-voto dont il est question dans l'inscription.

D‍ʳ CARTON. *Découvertes épig. et arch. en Tunisie,* 1895, p. 159-160, n° 290. — L. P., 1905. Nouvelles lectures.

PIETAS AUGUSTA (OU AUGUSTI).

40. *Temple de la Pietas Augusta.*

L'inscription suivante était sans doute complète en 1631. Thomas d'Arcos la vit alors sur « une pierre comme une architrave soutenue sur quatre piliers, laquelle est de 24 pieds de longueur et de 2 de quadrature »; il la lut ainsi : PIETATI AVG SA-CRVM ‖ .....ROGATVS TESTAMENTO C POMPEI NA..... ‖ FRATRIS SVI LXIIX̄X̄X̄ MISO.... SVO.... DEDICAVIT ‖ ....MATOR. Il n'en reste plus que des fragments dont l'un même, vu encore en 1860 par V. Guérin, n'a pas été retrouvé. Ils ont tous été trouvés à quelques mètres d'un édicule de forme demi-circulaire dont la façade était formée de deux piliers encore debout et de deux colonnes. Cet édicule déblayé par nous en 1903 est le sanctuaire de la *Pietas Augusta.*

Voici la description de ces fragments.

a. « Sur un bloc encastré dans le mur d'enceinte de la mosquée » (V. Guérin). Des remaniements postérieurs de la mosquée qui est située à quelques mètres du sanctuaire de la Piété Auguste ont fait disparaître ce fragment.

PIETATI AVG

TESTAMENTO C·POMPEI NAI

E DEDICAVIt CVRATORIBVS MM

« Haut. des lettres o m. 15 » (Guérin). — Nous avons restitué le
t de la *ligne 3*, d'après la copie de d'Arcos.

b. A quelques mètres à l'ouest du sanctuaire de la Piété.

SACRVM

HANI FRATRIS SVI EX

ORASIo DoNATO C POMPE

Brisé à droite et à gauche, complet en haut et en bas. — Haut.
o m. 60; larg. 1 m. 50; épaiss. o m. 45. — Lettres : *ligne 1*,
o m. 12; *ligne 2*, o m. 115, à l'exception de EX = o m. 11;
ligne 3, o m. 11 à l'exception de l'O final de [*M*]*orasio* et du
premier O de *Donato*, qui n'ont que o m. 06.

A la *ligne 1*, blanc de o m. 45 après *sacrum*. A la *ligne 2* il ne
reste que le bord de la seconde haste droite de l'H initial. A la
ligne 3, il ne reste que la seconde moitié de l'O initial et la haste
droite de l'E final dont on retrouve sur le fragment *c* la barre
horizontale supérieure.

c. A côté de *b*.

HS XXXM

EIo CoSSV

Complet en bas; brisé ailleurs. — Haut. o m. 60 à la partie
postérieure, o m. 49 à la partie antérieure, épigraphe; larg.
en bas o m. 45, au milieu o m. 59. — Lettres o m 11, sauf les
O = o m. 06.

Ligne 1. Le haut du dernier **X** et de l'M manque. — *Ligne 2.* Peu de chose de l'E.

d. Trouvé au pied du sanctuaire de la Piété,

A peu près complet en haut, en bas et à droite; brisé à gauche. — Haut. o m. 60; larg. 1 m. 82; épaiss. o m. 45, — Blanc au-dessus des lettres o m. 21, au-dessous o m. 29. — Les lettres V, haute de o m. 11, brisée à gauche, et O, haute de o m. 06, appartiennent à la seconde ligne de la dédicace qui était donc la plus longue des trois lignes. — Après l'inscription, blanc de 1 m. 66.

En comparant ces fragments avec la copie de Thomas d'Arcos on peut restituer :

PIETATI·AVG·SACRVM ‖ *.pompeius?* ROGATVS TESTAMENTO C·POMPEI NAHANI FRATRIS SVI EX H̶S̶ XXX M*n* SO*lo* SVO ‖ *extraxit itemquE* DEDICAVIT CVRATORIBVS M·MORASIO DONATO C·POMPEIO COSSVTO.

Le culte de la *Pietas Augusta* ou *Augusti* paraît avoir été peu répandu en Tunisie, puisque, en dehors de Dougga nous ne trouvons qu'au Kef une dédicace à la déesse (*C. I. L.,* VIII, 15849); encore le temple du Kef a-t-il totalement disparu, ses débris ayant été utilisés, sans doute au début du v⁰ siècle, pour la construction de la basilique Saint-Pierre.

Date. — L'inscription est difficile à dater. La petitesse des O n'est pas, comme on pourrait le croire, un signe de basse époque; on retrouve la même disproportion entre l'O et les autres lettres dans une dédicace de Dougga contemporaine d'Hadrien (n° **67**). Quant à l'architecture de l'édifice, elle ne nous paraît pas devoir être attribuée à une époque postérieure aux Antonins.

C. I. L., VIII, 1473, 15246 *e* (attribué par erreur à Thignica), 15522, et 15543. — L. POINSSOT, *Les ruines de Thugga et de Thignica au* XVIIe *siècle* (*Mém. des Antiquaires de France,* LXII, 1903,

p. 167-168 et 181-182), et, *Les fouilles de Dougga en 1903* (*Nouv. archives des miss.*, XII, 1904, p. 409-413). — A. MERLIN, *Les fouilles de Dougga en 1902* (*Nouv. archives des miss.*, XI, 1903, p. 49-51).

PLUTON.

41. A l'est du Capitole, en déblayant la partie septentrionale de la place de la Rose-des-Vents.

PLVTONI AVg
F̄ IO THVGGA

Larg. o m. 54; haut. o m. 35. — En haut, moulure. — Brisée seulement en bas. — Lettres o m o85.

Ligne 1. Un éclat de pierre a enlevé le *g*. — *Ligne 2.* Au début le haut d'une haste droite avec amorce d'une barre (E, F, P, ou R), puis une lacune d'une ou deux lettres, une haste droite, O ou Q , enfin le haut de THVGGA.

P. GAUCKLER, *Rapport épigraphique sur les fouilles de Dougga en 1904* (*Bull. arch. du Comité*, 1905, p. 292). — L. P., 1905. Nouvelle lecture.

41 *bis.* Voir l'*Appendice*.

SATURNE.

42. *Temple de Saturne.* — La cour du temple était entourée sur trois faces par un portique corinthien. L'architrave et la frise de ce portique, taillées dans le même bloc, mesuraient o m. 66 de hauteur. La frise portait une inscription, dont les caractères de o m. 16 de haut en moyenne portent parfois des traces de coloration rouge. Quelques blocs présentent une surface si usée qu'on ne peut voir s'ils étaient épigraphes ou anépigraphes. Voici la description des blocs qui ont pu être lus.

a.

PRO·SALVTE·IMP·CAESARIS·L·SE

Bloc complet. — Larg. 2 m. 47.

b.

P̤TIMI · SEVERI · PERTINACIS

Bloc complet. — Larg. 2 m. 43.

c.

AUG · PARTHICI · ARABIC

Deux parties d'un bloc complet se raccordant exactement. —
Larg. 2 m. 48.

d.

i · PARTHICI ADIABEN

Bloc complet. — Larg. 2 m. 40. — Partie fruste au début.

c.

T R I *b.po*

Fragment non retrouvé.

f.

*te*ST · III · COS II P̤ · P · ET

Deux fragments se raccordant ayant ensemble 2 m. 20. — Le
bloc est complet à droite. Il ne manque presque rien à gauche,
les blocs ayant en moyenne 2 m. 40.

Après *cos II*, il ne reste presque rien du P. A la fin *et* a été
martelé.

g.

D · CLODII · SEPTIMI

Bloc complet. — Larg. 2 m. 55. — Toutes les lettres ont été
martelées.

h.

ALBINI CAES ET IVLIAE

Bloc complet. — Larg 2 m. 40. — *Albini Caes* martelé. — Le
T = 0 m. 17.

i.

aug. matris castr | ORVM |

Larg. 2 m. 40. — L'extrémité gauche manque. — La surface épigraphe n'est conservée que sur 1 m. 70; encore est-elle si rongée par les lichens qu'on n'y distingue que les quatre dernières lettres, elles-mêmes très frustes.

j.

| OPVS TEMPLI SATVRNI |

Bloc complet. — Larg. 2 m. 26 à la partie antérieure, 2 m. 75 à la partie postérieure. — L'extrémité droite est taillée en biseau, *k* est donc le bloc final d'un côté du portique.

k.

| QVOD L·OCTAVIVS |

Bloc complet. — Larg. 2 m. 53. — A gauche l'encoche correspondant à l'extrémité en biseau de *j*.

l.

| VICTOR ROSCIANVS |

Bloc complet. — Larg. 2 mètres. — Le C de *Victor* a o m. 20.

m.

| EX SVMMA HONORIS |

Bloc complet. — Larg. 2 m. 55.

n.

| TAXATIS HS |

Bloc complet. — Larg. 2 m. 85, dont o m. 55 en biseau à gauche. C'est donc le bloc initial du troisième côté du portique.

o.

| QVINQVAGINTA·MILIB·N·M√ |

Bloc complet. — Larg. 2 m. 44. — La dernière lettre est fruste et la lecture en est douteuse.

p.

RVLIS SVIS AD

Bloc complet à droite, brisé à gauche. — Larg. 1 m. 77. — Au début, le reste d'une boucle (P, R ou B).

q.

PERFICIENDVM ID OPV

Bloc complet. — Larg. 2 m. 42.

r.

S·HS·CENTVM·MILIB.N·LEGAV

Bloc complet. — Larg. 2 m. 48.

s.

IT·QVA·SVMMA·AB HERED

Bloc complet. — Larg. 2 m. 48.

t.

IBVS·INDVTA·ET·PVBLIC

Bloc complet. — Larg. 2 m. 44. — La lecture des 14 dernières lettres est extrêmement douteuse.

u.

E·INLATA PAGVS ET CIVIT

Bloc complet. — Larg. 2 m. 46. — Le C et le T de *civit* = o m. 20.

v.

AS·THVGGENSIS DD DEDICAVT

Bloc complet. — Larg 2 m. 45. — Le T de *thuggensis* et le C de *dedicavit* ont o m. 20. — A la fin IT liés.

La position des tronçons dans l'entablement ressort à la fois de la syntaxe de l'inscription et de la place occupée par les fragments sur le sol.

On propose la lecture suivante :

« *Pro salute imp(eratoris) Caesaris L(ucii) Septimi(i) Severi, Pertinacis, Aug(usti), Parthici Arabic[i], Parthici Adiaben[ici* [1], *pont(ificis) max(imi)] tri[b(uniciae) pote]st(atis) III, co(n)s(ulis) II, p(atris)
p(atriae), et, D(ecimi) Clodii Septimi Albini Caes(aris), et Juliae [Au-
g(ustae), matris castr]orum, opus templi Saturni, quod L(ucius) Octavius
Victor Roscianus... .... ex summa honoris [legitima ses-
t(ertium).. (?) mil(le) n(ummum)... (?) faciendum promiserat ?], taxatis
sest(ertiis) quinquaginta milib(us) n(ummum), mu[........] pulis
suis, ad perficiendum id opus, sest(ertium) centum milib(us) n(ummum)
legavit, qua summa ab heredibus induta et publice inlata, pagus et civitas Thuggensis d(ecreto) d(ecurionum) dedicavit.* »

L'inscription nous paraît avoir été gravée sur vingt-sept blocs.
D'après notre restitution les blocs 13, 15, 16, 17, 20 auraient totalement disparu, les blocs 5 et 9, en grande partie. La partie du
texte s'arrêtant à *quod L. Octavius* était gravée sur le côté sud
du portique, la partie du texte comprise entre *quod L. Octavius* et
taxatis sur le côté ouest, enfin la partie du texte comprise entre
taxatis sest(ertiis) et *dedicavit* sur le côté nord.

Date. — La *tribunicia potestas III* de Septime Sévère est de la période 10 déc. 194-10 déc. 195. Ce n'est d'autre part qu'en 195
que Septime Sévère reçut les surnoms d'*Arabicus* et d'*Adiabenicus*.
Le texte est de 195.

C. I. L., VIII, 15504 (= 1482). — Dr Carton et lieut. Denis, *Notice
sur les fouilles exécutées à Dougga* (*Bull. d'Oran*, 1893, p. 69-71). —
Dr Carton, *Le sanctuaire de Baal-Saturne* (*Nouv. archives des miss.*, VII,
1897, p. 379-382). — L. P., 1901. Nouvelles lectures.

43. *Temple de Saturne.* — Sur une des bases de colonne en
marbre blanc du vestibule, marque de tailleur de pierre, en caractères hauts de 0 m. 05, gravés à la pointe :

FOλ

foa, ou *for* (?). — M. Gauckler lit FOS.

Dr Carton, *Le sanctuaire de Baal-Saturne* (*Nouv. archives des miss.*,

---

[1] Sur les surnoms *Parthicus Arabicus* et *Parthicus Adiabenicus*, voir Th. Mommsen, *Histoire romaine*, X, p. 251, note 1 (trad. Cagnat et Toutain).

VII, 1897, p. 376). — P. GAUCKLER, *Rapport épigraphique sur les décou-*
vertes faites en Tunisie (*Bull. arch. du Comité*, 1897, p. 405).

44. *Temple de Saturne.* — Stèle :

      LBON   *L(ucins) Bon. . . .?*

Lettres o m. 06. L'inscription paraît avoir été composée d'une
seule ligne.

On remarquera la brièveté des inscriptions des stèles du temple
de Saturne, rendue plus sensible par les abréviations inusitées de
certains mots. La même brièveté existe dans les stèles néo-puniques
découvertes au même endroit.

Dr CARTON, *Le sanctuaire de Baal-Saturne* (*Nouv. archives des miss.*,
VII, 1897, p. 415).

45. *Temple de Saturne.* — Stèle actuellement déposée au Dar el-
Acheb.

      T·IV·EN   *T(itus) Ju(lius) En(nius) (?)*
      VO·SO   *vo(tum) so(lvit)*
      L·M   *l(ibens) m(erito).*

Brisée en haut. — Larg. o m. 20; haut. o m. 45. — Lettres
o m. 048. — *Ligne 1.* L'E a la forme lunaire; la dernière lettre
paraît être un N plutôt qu'un L. — Au-dessus de l'inscription,
le triangle symbolique.

Dr CARTON, *Le sanctuaire de Baal-Saturne* (*Nouv. archives des miss.*,
t. VII, 1897, p. 414). — L. P., 1906. Nouvelle lecture.

46. *Temple de Saturne.* — Fragment de stèle :

      Q·OTATVS·CE   *Q(uintus) O[p]tatus Ce(ler?)*

Au-dessus du texte, le triangle symbolique flanqué à gauche
d'un bélier, à droite d'un gâteau cornu, en dehors desquels, de
chaque côté, se trouve une palmette.

Dr CARTON, *Le sanctuaire de Baal-Saturne* (*Nouv. archives des miss.*,
VII, 1897, p. 414-415).

47. *Temple de Saturne.* — Stèle triangulaire actuellement déposée
au Dar el-Acheb.

      P·ACC   *P(ublius) Acc(ius) (?)*
      O   *[v]o(tum) [so(lvit)] (?)*

Brisée en haut et en bas. — Larg. o m. 23 ; haut. o m. 25. — Lettres o m. o4. — *Ligne* 2. Fragment d'une lettre arrondie. — Au-dessus des caractères, une petite niche, des disques, le croissant, le symbole conique renfermant un bélier et des palmettes.

Dr CARTON, *Le sanctuaire de Baal-Saturne* (*Nouv. archives des miss.,* VII, 1897, p. 415). — L. P., 1906. Revu.

48. *Temple de Saturne.* — Stèle arrondie à sa partie supérieure :

Q · POMP · V

Q. Pomp(eius ou *onius) v(otum? solvit).*

Lettres o m. o15. — Dans un cartouche au-dessous d'une rosace surmontée d'un croissant dans lequel est un petit cercle.

Dr CARTON, *Le sanctuaire de Baal-Saturne* (*Nouv. archives des miss.,* VII, 1897, p. 414).

49. *Temple de Saturne.* — Dans l'*area*, au milieu de stèles anépigraphes avec représentations de *Tanit*, fragment de stèle :

Λ TERENTIVƧ
ΛVXVRIVS F

« *L(ucius) Terentius Luxurius f(ecit)* (?). »

Dr CARTON et lieut. DENIS, *Notice sur les fouilles exécutées à Dougga* (*Bull. d'Oran,* 1893, p. 82). — Dr CARTON, *Le sanctuaire de Baal-Saturne* (*Nouv. archives des miss.,* VII, 1897, p. 415).

49 bis. Voir l'*Appendice.*

50. *Temple de Saturne.* — Fragment de stèle ne portant qu'une lettre de o m. o4.

A

Dr CARTON et lieut. DENIS, *Notice sur les fouilles exécutées à Dougga* (*Bull. d'Oran,* 1893, p. 79). — Dr CARTON, *Le sanctuaire de Baal-Saturne* (*Nouv. archives des miss.,* VII, 1897, p. 415).

51. *Temple de Saturne.* — Les parois de la *cella* médiane du temple avaient été en partie revêtues de plaques de marbre. L'une de ces plaques qui provenait d'une inscription a laissé sur l'enduit frais des traces de plusieurs caractères, qui, bien entendu, nous apparaissent retournés.

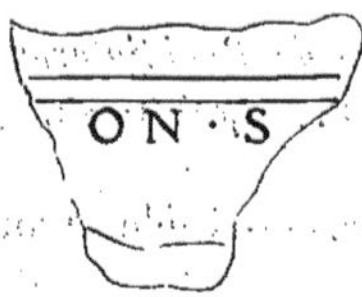

Dr Carton, *Le sanctuaire de Baal-Saturne* (*Nouv. archives des miss.*, VII, 1897, p. 391).

Quoique grecs, nous plaçons ici des fragments qui proviennent du temple de Saturne, comme les inscriptions précédentes. Nous renvoyons en ce qui concerne les inscriptions puniques du même sanctuaire au mémoire de M. Carton, ayant exclu de notre *Corpus* toutes les inscriptions sémitiques.

52. *Temple de Saturne.* — Stèle complète. A gauche de l'image triangulaire dont la partie céphalique est remplacée par le croissant surmonté du disque, deux lettres, que M. Carton croit grecques

M A

M. Carton propose de restituer Μα(γων), nom qu'on retrouve dans une stèle punique du même sanctuaire.

Dr Carton, *Le sanctuaire de Baal-Saturne* (*Nouv. archives des miss.*, VII, 1897, p. 413 et p. 403, fig. 20).

53. *Temple de Saturne.* — Stèle, brisée en deux fragments, qui porte au-dessous de l'image triangulaire

ΑΓΑ|ΘΗ·ΗΜΕ|

Je n'ai revu que le fragment de droite. Il est haut de o m. 40, large de o m. 24, complet en bas et à droite. — Lettres o m. 045. — Les lettres M et E sont liées. — On a proposé « Αγαθη ημε[ρα] ».

Dr CARTON, *Le sanctuaire de Baal-Saturne* (*Nouv. archives des miss.*, VII, 1897, p. 413)[1].— L. P., 1906. Revision.

SOL AUGUSTUS.

54. Dans une des maisons situées à l'ouest du théâtre et contiguës à celui-ci, dans un mur arabe.

> DEO SOLI AVG

Grand bloc de pierre large de 1 m. 80, haut de 0 m. 55, épais de 0 m. 45. — Lettres 0 m. 10. — Blancs : entre *Deo* et *Soli*, 0 m. 34; entre *Soli* et *Aug*, 0 m. 40; après *Aug*, 0 m. 25. — Complet sauf à gauche où une partie du D manque.

L. POINSSOT, *Les fouilles de Dougga en 1903* (*Nouv. archives des miss.*, XII, 1904, p. 436-437).

---

55. A mi-côte, au-dessous de l'ensemble de constructions qu'on présume être les *templa Concordiae, Frugiferi, Liberi Patris*, au-dessus du *trifolium*, un bloc encastré dans un mur qui a peut-être fait partie de l'enceinte byzantine.

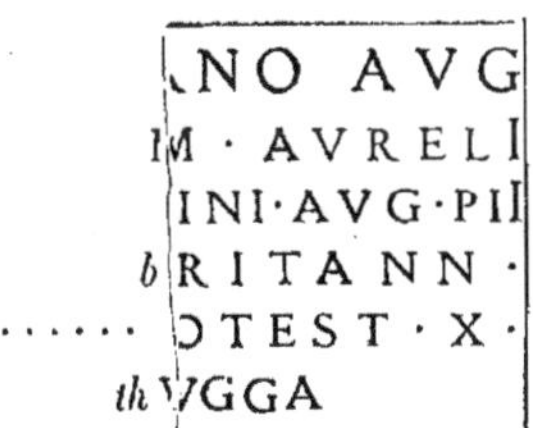

---

[1] On remarquera l'absence d'une dédicace à Saturne attribuée à Dougga par le *Corpus* (t. VIII, 10619). Cette dédicace lue à « *Mestura* » par Ximenez doit être identifiée avec le texte lu à « *H[r] ben Mançoura* » par le Dr Carton (*Découvertes épig. et arch. en Tunisie*, p. 70 et suiv.). H[r] ben Mançoura, situé très au sud d'Agbia, fut, au moins pendant la plus grande partie de l'occupation romaine, hors du territoire de Dougga. On se propose à propos des inscriptions des environs de Dougga et des limites — qui ont pu varier — du territoire de la *civitas* et du *pagus* de revenir sur ce texte.

Haut. o m. 58; épaiss. o m. 48; larg. du bloc 1 m. 85, la partie épigraphe n'ayant que o m. 37. — Lettres : *ligne 1*, o m. o75; *lignes 2, 3, 4*, o m. o6; *ligne 6*, o m. o45. — Le bloc est complet à droite, en haut et en bas. La partie gauche a été retaillée et moulurée; s'il n'en a pas été de même de la partie droite c'est qu'elle n'était sans doute pas apparente dans l'édifice où le bloc fut employé. Les moulures continuent sur la petite face qui est à gauche de la face épigraphe; on ne peut savoir si en retaillant ainsi le bloc, on n'en a pas diminué la longueur.

Voir Commentaire à l'*Appendice*.

C. I. L., VIII, 15.515. — Dr CARTON, *Découvertes épig. et arch. en Tunisie*, 1895, p. 176, n° 319. — L. P., 1901 et 1906. Nouvelles lectures.

56. « Dans une maison, *près du théâtre* ».

M AVG SACR

Lettres o m. 20.

Dr CARTON, *Découvertes épig. et arch. en Tunisie*, 1895, p. 168, n° 3o6.

57. Dans le mur d'enceinte, qui est à l'ouest du village arabe et le sépare des oliviers de Caelestis.

O AVG SACR

Larg. 1 m. 35; haut. o m. 45. — Lettres de o m. 15.

Voir l'*Appendice*.

C. I. L., VIII, 1476. — L. P., 1903. Revu.

58. « Fragment d'inscription sur une pierre de marbre servant de perron à une maison maure » (Humbert).

AVG:SAC
XXXXIII

C. I. L., VIII, 1477.

59. « Sur une base, auprès des thermes » (Carton).

AVC
sACRVM

Lettres o m. 12.

C. I. L., VIII, 15518 (identique, croyons-nous, à *C. I. L.*, VIII, 1475). — D' Carton, *Découvertes épig. et arch. en Tunisie*, 1895, p. 177, n° 321.

60. « Dans les oliviers » (Wilmanns).

I AVG
NS FI
IS

Lettres o m. 085.
Peut-être dédicace à une divinité.

C. I. L., VIII, 1493.

61. *A l'est du Capitole.* — En déblayant la place de la Rose-des-Vents, on a découvert un bloc complet de tous côtés.

NITV DIVVM

[mo]nitu divum (?). Fin sans doute d'une dédicace.
Larg. 1 m. 20; haut. o m. 56; épaiss. o m. 18. — Lettres o m. 29, sauf le T = o m. 33. — Blanc au-dessus des lettres o m. 11, au-dessous o m. 10.
L. P., 1905. Inédit.

62. *Mur byzantin.* — Sur un bloc du mur oriental de la citadelle adossé au Capitole, est gravé le seul texte chrétien qui ait été jusqu'ici trouvé à Dougga.

Lettres (α et ω) o m. o3; haut. de la croix o,o65; les cinq traits sont à peu de distance sur le même bloc, ils ont été gravés avec le même instrument.

La croix est à 1 mètre au-dessus du dallage. La partie du mur où elle a été gravée n'a été dégagée des terres qui la couvraient qu'en avril 1905.

Il est curieux de noter que parmi les si nombreuses inscriptions funéraires de Thugga, aucune ne porte un symbole ou une formule chrétienne.

Voir l'*Appendice.*

L. P., 1905. Inédit [1].

II

LES EMPEREURS.

—

TIBÈRE.

63. *Près du Capitole.* — Trois fragments, complets en haut et en bas, hauts de o m. 54, épais de o m. 27, se raccordant exactement, le premier encastré dans la partie du mur byzantin comprise entre la *cella* du temple et la poterne située à l'ouest de celui-ci, le second découvert dans le déblaiement de la place de la Rose-des-Vents, le troisième mis au jour à 3o mètres environ à l'est du temple de la Piété Auguste.

```
          IMP ♥ TI ♥ C A E S A R I  ♥  A|ug
C V R A T O R E ᵛ L ᵛ V E R G I L I O ᵛ P ᵛ F ᵛ A R N ᵛ R  VFo?
          P ᵛ F ᵛ R V S T I C A E ᵛ A V I A E ᵛ M ᵛ L I C I N I|....
M ᵛ L I C I N I V S ᵛ M ᵛ L ᵛ T Y R A N N V S ᵛ P A T R O N V S ᵛ P A|gi
RESTITVIT AEDEM ET STATVas CORRVPTAS·EX ORNAVIT ET·V·S·INTESTINV|....
```

(1) On n'a pas compris dans ce chapitre la stèle du Dar el-Acheb portant V · S · L · M · qui paraît devoir être attribuée à la région de la Ghorfa. Cf. L. POINSSOT, *Les stèles de la Ghorfa* (*Bull. arch. du Comité,* 1905, p. 3g5-4o5).

Bloc complet en haut, en bas, à gauche, brisé à droite. — Le premier fragment est large de o m. 74, le second de o m. 36, le troisième de o m. 58. — Lettres: *ligne 1*, o m. 10; *ligne 2*, o m. 07; *lignes 3* et *4*, o m. o6; *ligne 5*, o m. o35. — Au début de la *ligne 1*, blanc de o m. 53, de la *ligne 2*, blanc de o m. 11, de la *ligne 3*, blanc de o m. 5o, des *lignes 4* et *5*, blanc de o m. 12.

A la *ligne 1*, le haut de AES et une partie de l'A final manquent. — A la *ligne 2*, le V est partagé entre le premier et le deuxième fragment, le dernier I de *Vergilio* est très incomplet et il ne reste que la haste droite de l'F final. — A la *ligne 3*, P·F très frustes ont peut-être été grattés. — A la *ligne 4*, M·L·TY est certain, quoique les lettres soient très effacées, l'Y est partagé entre le premier et le deuxième fragment, l'V de *Tyrannus* est partagé entre les deuxième et troisième fragments et l'A final est très incomplet. — A la *ligne 5*, l'V de *statuas* est incomplet, il est suivi d'une lacune causée par un éclat de la pierre. Les deux lettres qui précèdent *intestinu* sont douteuses; on peut peut-être lire *v(otum) s(olvit)*. Il manque une partie de l'V final. Cf. à *v. s. intestinu[m ?]* la fin du texte **31** : *v. s. mendaciorum*.

On remarquera qu'ici, comme dans la plupart des textes africains, on trouve le titre *d'imperator* pourtant refusé par Tibère (cf. *C. I. L.*, VIII, 685, 10018, 10023, 10492).

M. Licinius M. l. Tyrannus figure dans une dédicace à Cérès (n° **14**) gravée en caractères fort semblables à ceux de cette inscription.

On voit que dès le début du [er] siècle le temple dont il est ici question avait besoin de restaurations.

Dr Carton, *Découvertes épig. et arch. en Tunisie*, 1895, p. 154, n° 282. — L. Poinssot, *Les fouilles de Dougga en 1903* (*Nouv. archives des miss.*, XII, 1904 p. 429-430) et en 1905. Nouvelles lectures. — P. Gauckler, *Rapport épigraphique sur les fouilles de Dougga en 1904* (*Bull. arch. du Comité*, 1905, p. 304-305).

CLAUDE.

64. *Près du Capitole.* — Base découverte dans le mur byzantin qui prolonge le côté gauche du temple, à 3 mètres en avant de la façade, et à 1 m. 5o au-dessous du sol actuel.

```
DIVO · AVG · SACR · ET
TI · CLAVDIO · CAESARI · AVG
GERMANICO · PON · MAX · TRIB
POT · VIII · IMP · XVI · COS · IIII · PP · CENS
C · ARTORIVS · BASSVS · PON · AED · IIVIR · CVR ·
LVCVSTAE · PATRONVS · PAGI · DEDICAVIT
IVLIVS · VENVSTVS · THINOBAE · FILIVS ·
HONORIBVS PERACTIS FLAMEN DIVI AVG · ET
GABINIA FELICVLA VXOR ET FAVSTVS · F · EIVS
HVIC SENATVS ET PLEBS OB MERITA · EIVS
OMNIVM PORTARVM SENTENTIIS ORNAM ·
SVFETIS · GRATIS DECREVIT SVO ET FAVSTI THINOBAE PATRIS
HONORIBVS PERACTIS · FLAM · DIVI AVG · ET FIRMI QVI
CIVITAS ORNAMENTA SVFETIS OB MERITA SVA DECREVIT ET
SATVRI SVFETIS II QVI A CIVITATE ET PLEBE SVFFRAGIO
CREATVS EST ET INSTITORIS HONORIBVS PERACTIS
FLAMEN DIVI AVG · FRATRVM SVORVM NOMINE S · P · F
CVRATORE IVLIO FIRMO FILIO
```

Haut. o m. 745; larg. o m. 62; épaiss. o m. 64 (presque un
cube). — Autour de l'inscription court une moulure plate large de
o m. o65. Les quatre faces sont ornées à leur partie supérieure
de volutes qu'il convient de rapprocher des « volutes puniques » du
mausolée et de divers fragments trouvés à Dougga.

Lettres : *ligne 1*, o m. o5; *ligne 2*, o m. o34; *ligne 3*, o m. o3;
ligne 4, o m. o28; *ligne 5*, o m. o23; *lignes 6-11*, o m. o22;
lignes 12-17, o m. o17; *ligne 18*, o m. o16. — Les G ont une
boucle inférieure (ς). Cette forme assez rare avant le IIIe siècle se
trouve néanmoins en Afrique dès l'an 5o avant J.-C. dans un
texte de Curubis, et à l'époque de Caligula dans un texte d'Ico-
sium.

« *Divo Aug(usto) sacr(um) et Ti(berio) Claudio Caesari Aug(usto)*
Germanico, pon(tifici) max(imo), trib(unicia) pot(estate) $\overline{viii}$*, imp(e-*
ratori) $\overline{xvi}$*, co(n)s(uli)* $\overline{iiii}$*, p(atri) p(atriae), cens(ori), C (aius) Artorius*

Bassus, pon(tifex), aed(ilis), duumvir cur(iae??) Lucustae, patronus pagi, dedicavit; Julius Venustus, Thinobae filius, honoribus peractis, flamen divi Aug(usti) et Gabinia Felicula uxor, et Faustus f(ilius) ejus, huic senatus et plebs, ob merita ejus, omnium portarum sentenfiis, ornam(enta) sufetis gratis decrevit, suo et Fausti Thinobae patris, honoribus peractis, flam(inis) divi Aug(usti), et Firmi, qui (pour cui) civitas ornamenta sufetis ob merita sua decrevit, et Saturi sufetis II, qui a civitate et plebe suffragio creatus est, et Institoris, honoribus peractis, flamen (pour flaminis) divi Aug(usti), fratrum suorum, nomine, s(ua) p(ecunia) f(ecit) : curatore Julio Firmo filio. »

On notera la médiocre rédaction du texte. Le graveur a commis plusieurs erreurs comme *qui* pour *cui*, *flamen* pour *flaminis*, et à la fin *Julio Firmo filio;* faut-il le rendre responsable de la forme *cur(iae) lucustae* et lire *cur(iae) augustae?*

Le monument a été érigé par des personnages de la même famille, dont on a reconstitué la généalogie de la façon suivante :

<table>
<tr><td colspan="4" align="center">Faustus Thinoba
honoribus peractis, flamen divi Augusti</td></tr>
<tr>
<td>Julius Venustus
marié
à Gabinia Felicula,
honoribus peractis,
flamen divi Augusti.</td>
<td>Firmus
revêtu des
ornamenta
sufetis.</td>
<td>Saturus
sufcs II.</td>
<td>Institor
honoribus peractis,
flamen divi Augusti</td>
</tr>
<tr>
<td>Faustus
revêtu des
ornamenta
sufetis.</td>
<td>? Julius Firmus
curator chargé
d'élever
le monument.</td>
<td></td>
<td></td>
</tr>
</table>

Julius Firmus, donné ici comme le fils de Firmus, pourrait être aussi bien fils de Julius Venustus [1]. Le texte ne permet pas de rien affirmer à cet égard.

Les commentaires que demande cette inscription au point de vue des institutions trouveront place dans l'« Histoire de Dougga » que nous préparons. — Cf. cependant pour le sens des mots

---

[1] On retrouve le cognomen Venustus associé aux gentilices Julius et Gabinius dans la dédicace du temple de Caelestis (texte **5**). — Il s'agit sans doute de descendants des personnages ici nommés.

civitas, senatus et *plebs.,* Kornemann dans le *Philologus* (LX, 1901, p. 472-476).

Date. — La huitième puissance tribunice de Claude se place entre le 25 janvier 48 et le 25 janvier 49.

L. Homo, *Les suffètes de Thugga d'après une inscription récemment découverte* (*Mélanges de Rome,* 1899, p. 297-306). — P. Gauckler (*Bull. arch. du Comité,* 1899, p. CLXXXVI-CLXXXVIII). — L. Homo; R. Cagnat; Clermont-Ganneau; Ph. Berger (*Comptes rendus de l'Acad. des Inscr.,* 1899, p. 362-365). — L. P., 1901. Revu.

65. Base vue au xviiie siècle à côté du Capitole. Retrouvée, un peu mutilée, dans une maison arabe voisine du temple.

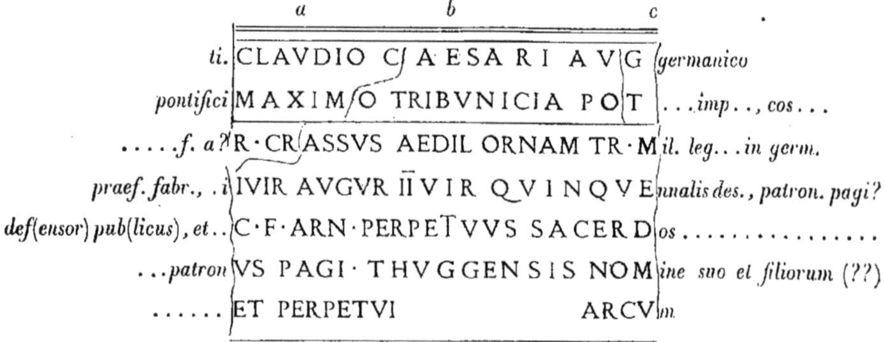

Haut. o m. 60; larg. o m. 67; épaiss. o m. 20. — Brisé à droite et à gauche.

Lettres: *ligne 1,* o m. 07; *ligne 2,* o m. 05; *lignes 3-7,* o m. 04. — La partie de la pierre qui porte les deux premières lignes est en creux par rapport au reste de l'inscription. La dédicace primitive, peut-être consacrée à Caligula dont la mémoire fut condamnée par le sénat, a donc été enlevée et remplacée par une autre plus récente. — Les parties *a,* qui portait CLAVDIO C, MAXIM et R·CR, et *c,* qui portait G et T ont disparu.

Le texte est encadré d'une double baguette.

Les restitutions inspirées par la comparaison de ce texte avec le suivant sont peu certaines. On peut se demander par exemple si la *ligne 5* se rapporte bien à Crassus. Il n'est pas certain non plus qu'il faille interpréter à la *ligne 3* R par [a]r(nensi).

L'inscription, comme celle des suffètes (n° **64**), présente bien des obscurités.

M. Mommsen a fait remarquer que les *aedilicia ornamenta* dans ce texte et dans le suivant ne sont point rappelés en même temps que les honneurs municipaux du personnage [1]. Il s'est demandé s'il ne fallait point reconnaître dans ces *aedilicia ornamenta* un honneur du peuple romain et non un honneur municipal [2].

Comment expliquer ces charges de *duumvir* et de *duumvir quinquennalis* ? Où ont-elles été exercées, et si elles ont été exercées en dehors de Dougga, comment la mention de la cité ne se trouvet-elle point dans le texte **66** après [q]q. des. ? Jusqu'ici on ne voit point que des *civitates* africaines, dépourvues de la *civitas romana*, aient eu des duumvirs bien qu'elles aient eu assez souvent des décurions [3]. L'augurat apparaît également comme une institution vraiment italique, propre aux municipes et aux colonies. Il est bien probable que les charges de Crassus ont été exercées en dehors de Dougga. — A l'époque de Marc-Aurèle les Marcii bienfaiteurs et patrons de Dougga exercent diverses fonctions à Carthage. Il est possible qu'il en ait été de même pour Crassus et pour Perpetuus, ce dernier étant précisément inscrit dans la tribu de Carthage, la tribu Arnensis.

Date. — Règne de Claude (41-54 ap. J.-C.).

C. I. L., VIII, 15503 (=1478). — Dr Carton, *Notes sur quelques ruines romaines de Tunisie* (*Bull. arch. du Comité*, 1895, p. 331). — L. P., 1901. Revu.

66. *Aux environs du Capitole.*
Dans la partie de la muraille byzantine située à l'ouest et dans

---

[1] Pour que cette remarque soit exacte il faut que les titres énumérés dans la *ligne 4* se rapportent bien au même personnage que ceux énumérés dans la *ligne 3*.

[2] Exemples d'*adlectio inter aedilicios. C. I. L.*, XI, 3337. — *Vita Marci*, 10. — Cf. Mommsen, *Droit public romain*, V, p. 227 (trad. P. F. Girard). — Nous croyons cependant qu'il peut s'agir ici, malgré l'ordre assez singulier des titres, d'un honneur municipal.

[3] J. Toutain, *Les cités romaines de la Tunisie*, 1896, p. 323. — Comme pour l'inscription des suffètes, nous renvoyons pour le commentaire juridique de ces inscriptions à un travail postérieur.

le prolongement du mur de la *cella* du Capitole, dans le voisinage d'une porte et à la partie supérieure de la muraille.

<pre>
  sacr│VM·
f. arn? cras│SVS · AED · ORN · TR · MIL
   ....iN · GERM · PRAEF · FABr
  īī vir q│Q·DES · PATR · PAGI · DEF ·
         │RESTITVTVS D·S·P·F·C·
</pre>

Haut. o m. 52; larg. o m. 50; épaiss. environ 1 mètre. — Lettres : *ligne 1*, o m. o55; *lignes 2 et 3*, o m. o45; *ligne 4*, o m. o5; *ligne 5*, o m. o45. — Bloc brisé à gauche, complet à droite en haut et en bas.

Ligne 1. Après VM un blanc sans trace de lettres. — *Ligne 3.* L'N incomplet. L'R final manque. — *Ligne 4.* La dernière lettre, un peu endommagée, paraît être un F. — Au-dessous de l'inscription, blanc de o m. 20.

On proposera sous toutes réserves la restitution suivante, inspirée par le rapprochement de ce texte et du précédent.

. . . . .[sacr]um. ‖ [(un nom).f. arn(ensi) Cras]sus, aed(iliciis) orn(amentis), tr(ibunus) mil(itum) ‖ . . . . . [i]n Germ(ania), praef(ectus) fab[r(um)]‖ . . . [IIvir q(uin)]q(uennalis) des(ignatus), patr(onus) pagi, def(ensor) [pub(licus) [1] . . ., et filii ejus Perpetuus et ?] Restitutus d(e) s(ua) p(ecunia) f(aciendum) c(uraverunt). »

Date. — L'inscription a sans doute été gravée comme la précédente sous le règne de Claude.

C.I.L., VIII, 15519. — A. MERLIN, *Les fouilles de Dougga en 1902* (*Nouv. archives des miss.*, XI, 1903, p. 98-99). — L.P., 1905. Revu.

---

[1] Pour la restitution particulièrement contestable de *defensor publicus.* — Cf. MARQUARDT, *Staatsverwaltung*, I, 2, p. 214. — LIEBENAM, *Städteverwaltung im röm. Kaiserreiche*, p. 301-302. — DE RUGGIERO, *Dizion. epigrafico*, article *Advocatus.* — *C. I. L.,* III, 586, époque d'Hadrien, et 568; VIII, 11825, 14784; IX, 3685; II, 4192; IV, 1032, 1094; IX, 2354, etc.

67. Inscription trouvée auprès d'un édifice un peu éloigné de
la ville (d'après Peyssonel, 1724-1725). Elle se trouvait encore à
Dougga en 1832 lors du passage de Catherwood, et en 1833 lors
du passage de Grenville Temple. Nous ne savons comment elle
devint la propriété ainsi qu'un texte de Teboursouk et un autre de
Zugar de la Société fondée à Paris en 1837 pour l'exploration des
ruines de Carthage. Elle fut donnée par cette Société le 15 juin 1855
à la Bibliothèque nationale où elle est actuellement exposée dans
la salle du Zodiaque (rez-de-chaussée du Cabinet des Médailles).—
Cf. *Inventaire* (manuscrit) *du Cabinet des Médailles, Dons.* 1838-
1860, p. 146.

IMP · CAESA · DIVI

NERVAE · NEPOTI

TRAIANI · DACICI

PARTHICI · FIL · TRAIA

NO · HADRIANO · AVG

PONT · MAX · TRIBVN

POTESTATIS · CoS · II · PP ·

CIVITAS THVGGE · DD · PP ·

Haut. o m. 70; larg. o m. 35. Pour faciliter le transport, on
a diminué l'épaisseur. — Lettres : *ligne 1*, o m. o7 sauf I de IMP
et C de CAESA qui ont o m. o8; *ligne 2*, o m. o6; *ligne 3*,
o m. o5; *lignes 4 et 5*, o m. o45; *ligne 6*, o m. o4; *ligne 7*,
o m. o35, sauf l'O de *Cos* qui a o m. o15; *ligne 8*, o m. o35.

Un éclat a détruit le haut des lettres POTES de la *ligne 7*. —
La paléographie du texte est très particulière, nous ne noterons ici
que l'aspect grêle des lettres.

« *Imp(eratori) Caesa(ri), Divi Nervae nepoti, Traiani Dacici Parthici fil(io), Traiano Hadriano Aug(usto), pont(ifici) max(imo), tribu-
n(iciae) potestatis, co(n)s(uli)* II̅, *p(atri) p(atriae), civitas Thugge,
d(ecreto) d(ecurionum), p(ecunia) p(ublica).* »

On remarquera qu'Hadrien porte dans notre inscription le titre de *pater patriae*. Ce titre qui ne lui fut donné officiellement qu'en avril 128 (R. Cagnat, *Cours d'épigraphie*, 1898, p. 189) se rencontre très souvent, en particulier dans les inscriptions d'Afrique, avant cette date [1]. On notera aussi la forme CAESA au lieu de l'abréviation normale CAES.

La base d'Hadrien est le premier texte lapidaire daté portant mention de la *Civitas Thugge*. Les textes postérieurs où par exception le nom de la ville sera inscrit tout entier porteront tous *Thugga* au lieu de *Thugge* qui est peut-être la forme primitive.

Date. — Hadrien fut *consul II* de janvier 118 à janvier 119. On ne peut tirer aucune indication chronologique de l'absence de chiffre après *tribun. potestatis* (cf. texte **24**). Le fait que Trajan n'est pas qualifié de *divus* est plus significatif. On peut en conclure en effet que le texte est antérieur à la *consecratio* de l'empereur; or cette *consecratio* eut lieu vraisemblablement dès le retour d'Hadrien à Rome qui paraît bien dater des premiers jours d'août 118 [2] (Julien Dürr, *die Reisen des Kaisers Hadrian*). Le texte serait de janvier-août 118.

C.I.L., VIII, 1479. — L. P., 1901. Revu.

ANTONIN LE PIEUX.

68. *A l'ouest du Capitole.* — Base honorifique trouvée dans les murs d'une maison arabe.

---

[1] Voir à ce sujet une note de Lenain de Tillemont, *Hist. des Empereurs*, II, 1696, p. 781.

[2] Cf. Spartien, *Hadrien*, § 6. — Eckhel, *Doctrina Numorum*, VI, p. 441 et suiv. et p. 477. — Il convient au reste de remarquer que le titre de *divus* est donné bien souvent à Trajan dans les monuments même les plus officiels avant les cérémonies de la *consecratio*; ainsi des monnaies de 117 donnent à Hadrien *consul designatus II* le nom de *divi Trajani filius* (Eckhel, *ibid.*, p. 475). Les anticipations du même genre sont si fréquentes qu'il n'y a là rien qui doive étonner.

DIVO ANTONI

NO AVG PIO PA

TRI IMP CAES

M AVRELI An

TONINI AVG ARme

NIACI ET IMP CAES

L·AVRELI VERI AVG

ARMENIACI PA

GVS ET CIVITAS HVG

GENSIS DD·PP·

Haut. o m. 91; larg. o m. 55. — Lettres : *ligne 1*, o m. 07; *lignes 2, 3, 4*, o m. 065; *ligne 5*, o m. 06; *lignes 6-10*, o m. 05.

Le texte est entouré d'une moulure peu saillante dont la hauteur est de o m. 08. — La base est légèrement endommagée à droite, la moulure a disparu le long des six premières lignes.

Date. — La base est postérieure à l'époque à laquelle Marc-Aurèle et L. Vérus prirent le titre d'*Armeniacus* (fin 163 ou 164), et antérieure à la mort de L. Verus (hiver 169). Comme les deux empereurs ne portent pas les titres de *Parthicus* et de *Medicus* qu'ils ont pris en 166, il est vraisemblable que la base est de 164-166.

A. MERLIN, *Les fouilles de Dougga en 1902* (*Nouv. archives des miss.*, XI, 1903, p. 88-89). — L. P., 1903. Revu.

MARC-AURÈLE.

69. *Dar el-Acheb.* — Les fragments suivants ont été trouvés, soit dans les gourbis adossés aux murs du Dar el-Acheb, soit dans les environs immédiats de cet édifice. La décoration dont ils sont pourvus à leur partie inférieure montre qu'ils appartenaient à une inscription reposant sur une colonnade, comme la longue dédicace du temple de Caelestis. On suppose, mais il n'est pas absolument prouvé, qu'ils proviennent du portique intérieur du Dar el-

Acheb. Autant qu'il a été possible, ils ont été rassemblés dans la cour de cet édifice.

Voici les dimensions ordinaires des blocs sur lesquels notre texte est gravé. Haut. o m. 73; épaiss. o m. 38. — A o m. 15 au-dessous des lettres règne une moulure qui est haute de o m. 14 et présente une saillie de o m. 025; à la partie inférieure, la pierre est ornée d'un soffite mouluré. — Lettres o m. 19. — Les mots sont parfois séparés par des *hederae*.

a. Trois fragments qui se raccordent à peu près entre eux.

a' *a'''*

PRO SAL

a''

a'. Larg. o m. 30; haut. o m. 20. — Complet en haut. — On y voit la boucle du P et une partie de la boucle supérieure de R.

a''. Larg. o m. 60; haut. o m. 25. — Brisé de partout, il comprend cependant à sa partie inférieure la moulure large de o m. 14. — On y voit des fragments du bas des lettres PRO.

a'''. Larg. o m. 56; haut. o m. 33. — Brisé de partout. — On y voit la partie médiane de l'O, les lettres SA, la haste droite et un fragment de la haste horizontale de L.

b. Un fragment trouvé dans un mur en pierres sèches, à l'ouest de la fontaine demi-circulaire qui est au sud du Dar el-Acheb.

ER

Larg. o m. 65. — Complet à droite, brisé à gauche. — Après R, le début d'un A dont la majeure partie avait été gravée sur le bloc suivant.

c. Deux fragments se raccordant exactement.

ATORIS · C AESARIS · M · AVR

Le bloc complet à droite l'est aussi à gauche, malgré quelques éclats qui ont enlevé une partie de la surface épigraphe. — Une partie de l'A initial se trouvait sur le bloc précédent. — Larg. 2 m. 83. — Cette largeur est sensiblement la même que celle des entre-colonnements du portique du Dar el-Acheb qui varient de 2 m. 70 à 2 m. 86.

d.

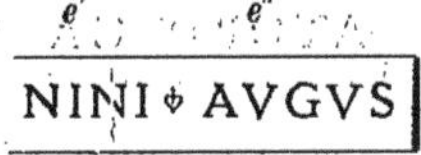

Larg. o m. 40 ; haut. o m. 33. — Complet en haut et, semble-t-il, à gauche — I est incomplet.

e. Deux fragments qui paraissent se raccorder.

e' e''

NINI ✧ AVGVS

e'. Il se trouve dans un mur en pierres sèches au sud-est du Dar el-Acheb. — Larg. o m. 60. — Le second N est incomplet, on en retrouve sur e'' la seconde haste.

e''. Larg. 1 m. 15.

Le bloc de pierre brisé à gauche est complet à droite.

f.

TI AR

Larg. o m. 41. — Après l'A, une haste droite, commencement, suppose-t-on, de la lettre R. — Bloc complet à gauche, brisé à droite.

g. Deux fragments se raccordant exactement.

ACI LIBEROR

Larg. 1 m. 60. — Brisé à gauche, complet à droite. — Le premier jambage de l'A est incomplet; la boucle inférieure du B est un peu endommagée.

h.   h'   h"

<u>u MQVE EIV</u>

h'. Larg. 1 m. 50; haut. o m.55. — Le bloc, brisé à droite, semble complet à gauche. — On voit les extrémités inférieures de MQVE EIV; au début, il n'existe plus que la partie du bloc inférieure à la bande épigraphe; on voit par sa dimension qu'avant M il y avait une lettre.

h". Larg. o m. 30; haut. o m. 10. — Brisé de partout. — On y voit le haut de l'V.

i.   <u>ATORIS CA</u>

Larg. 1 m. 32; haut. o m. 61. — Brisé à droite, le bloc est complet à gauche. — La partie supérieure des lettres manque.

j. Fragment non retrouvé.

O◊ET◊FAVST

k.   I PATRIS◊ET F

Larg. 1 m. 50. — Le bloc est brisé à droite, à gauche il n'est complet qu'à la partie postérieure. — Il manque une ou deux lettres avant le premier I. Les dernières lettres, T et F, sont endommagées.

l. Non retrouvé.

ERORVM

m. Fragment qui est encastré dans un mur antique de basse époque, à l'ouest d'une petite citerne et au nord du Dar el-Acheb.

OM

Larg. o m. 73. — Le bloc semble complet à droite. Brisé à gauche.

n. Dans une maison à l'ouest du Dar el-Acheb.

ISSIS❖HS❖C̄❖MIL❖A

Larg. 1 m. 65. — Semble complet à gauche; brisé à droite suivant le second jambage de l'A. — A gauche, l'I a un peu souffert.

o.   S❖L❖M

Larg. o m. 3o; haut. o m. 18. — Brisé de tous côtés. — On y voit les parties supérieures de S, de L et de la première moitié de M, et partie des *hederae*. — Lecture douteuse.

p. Fragment non retrouvé.

❖IN

CIVITATIS SV

Larg. 1 m. 54. — Le bloc complet à gauche est brisé à droite.

r. Fragment non retrouvé.

E❖FECIT❖IDEM

La partie supérieure des lettres manque.

s. Fragment qui se trouvait dans un mur arabe près du petit marabout qui est au nord-ouest du Dar el-Acheb.

Q ✿ EDITO ✿ S

Larg. 1 m. 10. — Bloc complet à droite, brisé à gauche.

t.

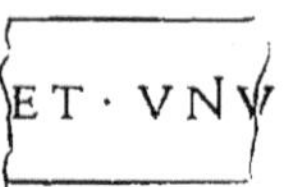

Larg. o m. 35 ; haut. o m. 45. — Brisé de partout. — La lettre est un peu endommagée.

u. Deux fragments encastrés dans le mur d'une maison arabe située au sud-est du Dar el-Acheb se raccordent exactement.

NI B·SPOR

Larg. o m. 85. — Bloc brisé à droite et à gauche. — La lettre B se trouve répartie entre les deux fragments, la partie postérieure de l'R manque. Il reste peu de chose de l'N initial.

v. Dans une maison arabe située au sud-est du Dar el-Acheb.

ET · VNV

Larg. o m. 70. — Bloc complet à droite, brisé à gauche. — L'E est endommagé. De l'N il ne reste que le bas de la barre transversale et la partie supérieure de la seconde haste surmontée d'un I dépassant de o m. o4 les autres lettres. La moitié de l'V final se trouvait sur le bloc suivant.

x.

VM ✿ DEDIT ✿ ET ✿ DED

Larg. 1 m. 80. — Le bloc complet à gauche paraît brisé à droite.

γ. Dans un mur arabe adossé à l'ouest au Dar el-Acheb.

Larg. o m. 90. — Bloc brisé à droite et à gauche. — Les lettres O et I incomplètes. — Serait-il question dans ce fragment d'une partie de l'édifice [*et quattu*]*or tri*. . .? Cf. n° **113** [*qu*]*attuor can-* [*cellos*].

z.

La partie droite d'un A. — Le fragment brisé de tous côtés a o m. 3o de large sur o m. 4o de haut. Il reste suffisamment de la moulure et de la lettre pour qu'on puisse rattacher le fragment à l'inscription du Dar el-Acheb, mais on ne peut préciser la place qu'il y occupait. — Il a été trouvé dans un mur arabe **au S.-O. du Capitole.**

La restitution suivante ne comprend point les fragments *y* et *z*.

« *Pro sal*[*ute imp*]*eratoris Caesaris M. Aureli* [*Anto*]*nini Augusti Ar*[*meni*]*aci liberor*[*u*]*mque eju*[*s et imper*]*atoris Ca*[*esaris L. Aureli Veri Augusti Armeniaci*]. . . (nom du dédicant). . , [*su*]*o et Faust*[*in*]*i patris et F*[. . . . . . *et*. . . . . *lib*]*erorum* [*suorum n*]*om*[*ine, prom*]*issis sestertium c*(*entum*) *mil*(*ibus*), *a*[*djectis*] *sestertiis quinquaginta? m*[*il*(*i-bus*) *n*(*ummum*)]. . . (nom du monument) . . . *in* [*amorem*] *civitatis su*[*a*]*e fecit, idemq*(*ue*), *edito s*[*pecta*]*c*[*ulo ludorum scaenicorum, decu-rio*]*nib*(*us*) *spor*[*tulas*] *et univ*[*erso populo epul*]*um dedit et ded*(*ica-vit*). »

La formule *liberorumque ejus* suivant le nom de Marc-Aurèle se rencontre quelquefois en Afrique, et on a même un exemple d'une formule identique à la nôtre :

M. Aurelli Antonini Augusti Armeniaci liberorumque ejus [1].

____

[1] *Bull. arch. du Comité*, 1892, p. 486. — Cf. *C. I. L.*, VIII, 587, 1267, 43o5, 14427, et *Bull. arch. du Comité*, 1892, p. 154-155.

Les mots *suo . . . et . . . et . . . nomine* se retrouvent sur l'inscription en l'honneur de Claude où il est fait mention des suffètes (n° **64**).

La somme donnée ici en deux fois, 150000 sesterces, serait assez élevée. Elle égalerait celle qui fut employée à la construction du temple de Saturne.

In amorem civitatis suae. Cf. la dédicace du temple de la *Fortuna Redux* à Henchir-Sidi-Naoui qui porte à la *ligne 6 : in amorem patriae suae* [1]. On pourrait songer aussi à *in honorem civitatis suae* [2].

Edito spectaculo ludorum scaenicorum se lit sur la même inscription d'Henchir-Sidi-Naoui. On pourrait aussi penser à *edito spectaculo pugilum* [3], mais la formule la plus ordinaire, dans ce cas, est *certamina pugilum.*

Universo populo, comme sur les *metae* du cirque (textes **93** et **94**).
Voir l'*Appendice.*

Date. — Marc-Aurèle prit le titre d'*Armeniacus* au plus tôt à la fin de 163, et il l'abandonna en 169. Comme il est impossible d'introduire dans la restitution les titres de *Parthicus Maximus* et de *Medicus*, pris en 166 postérieurement à mars, il est vraisemblable que l'inscription date de la période 164-166. L'édifice, dont on ignore le nom et le donateur, serait donc un peu antérieur au Capitole et au Théâtre [4].

C. I. L., VIII, 15246 *l* (attribué par erreur à Thignica) et 15528. — Dr Carton et lieut. Denis, *Quelques inscriptions latines de Dougga (Bull. arch. du Comité*, 1892, p. 174). — Dr Carton, *Découvertes épig. et arch. en Tunisie*, 1895, p. 156-158, n° 285, et, *Les fouilles du Dar el-Acheb (Recueil de Constantine*, 1898, p. 236-237). — L. P., 1901 et 1906. Fragments inédits et lectures nouvelles. — A. Merlin, *Les fouilles de Dougga en 1902 (Nouv. archives des miss.*, XI, 1903, p. 16-21).

70. *Théâtre.* — Inscription de la galerie supérieure.

« A la partie supérieure de la *cavea* régnait une galerie qui s'élevait de 4 mètres environ au-dessus du sol du plateau voisin. Elle était fermée extérieurement par un mur demi-circulaire en blocage, dans

[1] *Bull. arch. du Comité*, 1893, p. 236-237.
[2] *C. I. L.*, VIII, 15476-15477.
[3] *C. I. L.*, VIII, 895.
[4] Il semble difficile d'attribuer cette date à la façade du Dar el-Acheb. Et par son dessin général, et par ses moulures, elle paraît plutôt se rapprocher des constructions contemporaines d'Alexandre Sévère.

lequel s'ouvraient cinq portes. A l'intérieur de ce mur régnait la galerie au sol revêtu de ciment et de tuileaux; elle était couverte d'une
série de voûtes d'arête, reposant d'une part sur le mur et d'autre
part sur des piliers qui formaient les pieds-droits d'arcades s'ouvrant
sur la *cavea*. » (Dr Carton). — L'inscription est gravée sur les arcades
composées chacune de trois pièces, l'une centrale formant clef de
voûte, les autres latérales et symétriques. La figure ci-jointe donne
les dimensions de ces arcades qui sont actuellement déposées sur la
terrasse inférieure du théâtre.

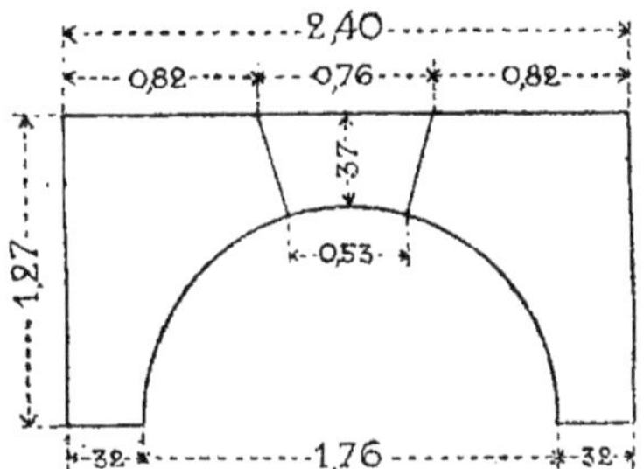

Les pierres ont une épaisseur moyenne de o m. 55. — Les lettres,
presque carrées et fort belles, ont o m. 29 de haut; elles étaient
peintes en rouge.

Dans la description suivante on a cru devoir intercaler les arcades disparues, on les distingue des autres par l'emploi des italiques.

a. Une arcade anépigraphe. Cette arcade était composée de deux
blocs et non de trois; il en reste le bloc initial. On pourrait du reste
songer pour cette arcade à une autre place.

b.

PROsalVTE

O et L incomplets étaient à cheval sur les blocs encore existants
et sur la clef de voûte disparue.

c.

IMPC a ES M

C et E incomplets.

d.

$$\fbox{AVREliANTO}$$

E et A incomplets.

e.

nini aug. et l.

f.

aureli $\fbox{VERI}$

V incomplet.

g.

$\fbox{AVG}$ *armenia* (?)

h.

$\fbox{COR}$ *med. part.* (?)

i.

$\fbox{EOR}$ *umq.* $\fbox{DOM}$

D incomplet.

j.

us divinae ❦

k.

$\fbox{P·MA$\backslash$r $\not$IVS}$

C incomplet.

l.

q. f. a $\fbox{RN}$ *quad*

Dans cette arcade, par exception, c'est la clef de voûte qui a subsisté.

m.

rat $\fbox{V. f LAM}$

Le début de l'arcade est incomplet. — L'S et l'L étaient à cheval sur les blocs latéraux et sur la clef de voûte qui a disparu.

n.

divi au Ǥ PON

Le G est incomplet; N et T sont liés.

o.

CIK IN *qu* INQ·

p.

DEC *uri* AS

q.

adlec TVS

r.

u divo anto

s.

NINO *aug. pio*

Le bloc latéral de gauche est brisé en deux parties; N et le bas de l'I sont sur le premier fragment; le reste de l'I et N O sont sur le second.

t.

ob honorem

u.

fl A *minat*

La partie droite d'un A. Il reste au-dessous de l'A une partie suffisante de l'arc pour qu'on puisse reconnaître dans l'A la troisième lettre d'un bloc initial d'arcade. On peut placer ce fragment soit ici, soit dans l'arcade *y* « *riae suae* ».

v.

us sui per

x.

P E T *ui pat*

y.

riae suae

z.

THEA *trum*

L'A était à cheval sur le bloc latéral de gauche et sur la clef de
voûte.

aa.

or NA *mentis*

Le début du bloc latéral de gauche manque. — L'A était à cheval sur ce bloc et sur la clef de voûte.

bb.

omnibu S PAr

Le bloc latéral de droite est incomplet à droite.

cc.

al VM *sua pec.*

Brisé à gauche et en bas. Complet à droite et en haut. — Haut.
o m. 28 ; larg. o m. 3o ; épaisseur très incomplète, o m. o6.
La hauteur actuelle de la seconde lettre est de o m. 20.

dd.

fec. id EMQ·

ee.

ep V Lo *decu*

Il ne reste qu'un petit fragment du bloc de gauche. — V et L sont
brisés à leur partie supérieure.
Nous n'avons pas retrouvé ce fragment.

ff.

RION *ib. d*ATo

Le bloc de gauche est complet ; au début la queue d'une R dont
le reste se trouvait sur la précédente arcade. Le bloc de droite est

brisé à droite. La lettre A était mi-partie sur le bloc de droite, mi-partie sur la clef de voûte.

Nous n'avons pas retrouvé ces fragments.

gg.   *ded* ꝗ.

Il convient d'ajouter deux fragments trop mutilés pour être classés.

(A)   M)

L'un et l'autre sont brisés de tous côtés. Il n'existe plus que le second jambage de l'M,

La restitution des blocs *ee* et *ff* est tout à fait douteuse; d'autre part l'ordre et le classement des surnoms impériaux n'est que probable. Voici toutefois une lecture de l'ensemble :

« *Pro [sa]lute Imp(eratoris) C[a]es(aris) M(arci) Aure[li(i)] Anto-[nini Aug(usti) et L(ucii) Aureli(i)] Veri Aug(usti) [Armenia]cor(um), [Med(icorum), Part(hicorum)], eorumque dom[us divinae]; P(ublius) Ma[r]cius [Q(uinti) f(ilius), A]rn(ensi), [Quadrat]us, [f]lam(en) [divi Au]g(usti); pont(ifex) C(oloniae) J(uliae) K(arthaginis), in [qu]inq(ue) dec[uri]as [adlec]tus [a divo Anto]nino [Aug(usto) Pio, ob honorem fl]a-[minatus sui per]pet[ui, patriae suae] thea[trum or]na[mentis omni-bu]s pa[ra]tum [sua pec(unia) fec(it), id]emq(ue) [ep]ul[o decu]rion[ib(us) d]at[o ded(icavit)]. »*

Cette lecture suppose 33 arcades. Si notre restitution est exacte, l'ensemble de l'inscription mesurait 79 m. 20.

Date. — L'inscription est postérieure à la fin de 163, date où L. Verus prend pour la première fois un surnom se terminant en *cus*.

Elle se place sans doute entre 166 et 169, comme le texte 72, qui paraît appartenir à une réplique du même texte. On voit que le théâtre a été construit à la même époque que le Capitole. Rappelons à propos de notre inscription qui mentionne Lucius Verus, qu'il a été trouvé dans le théâtre un buste colossal de ce prince.

C. I. L., VIII, 1498. — Dʳ CARTON et lieut. DENIS, *Notice sur les fouilles exécutées à Dougga* (*Bull. d'Oran*, XIII, 1893, p. 171-172). — Dʳ CARTON, *Le théâtre romain de Dougga*, p. 96-102, nº 1, et pl. I (*Mém. présentés par divers savants à l'Acad. des Inscr.*, XI, 2ᵉ partie, 1904). — L. P., 1901. Fragments inédits et lectures nouvelles.

71. *Théâtre.* — *Façade.*

Fragments très mutilés d'une grande inscription assez analogue à la précédente.

Ces fragments ont été groupés sur la terrasse inférieure du théâtre. Les lettres, presque carrées et fort belles, mesuraient o m. 35 à la première ligne, o m. 175 à la seconde : elles portent des traces de coloration rouge. Les points sont très variés (flèches, feuilles de lierre, triangles, etc.).

Les blocs sur lesquels l'inscription était gravée ont une épaisseur de o m. 45, une hauteur de o m. 85; aucun n'est complet. — Le bloc constitué par les fragments *l, m, n, o, p* a environ 2 m. 60 de large. Si notre restitution est juste, ce bloc permet d'évaluer à environ 31 mètres l'ensemble de cette frise, sans compter les parties anépigraphes qui pouvaient se trouver de part et d'autre du texte.

On a joint à ces fragments un fragment (*u*) qui était en 1892 aux environs du Capitole.

a et *b*.

a. Larg. o m. 60, haut. o m. 35.

b. Larg. o m. 55, haut. o m. 43.

c et *d*.

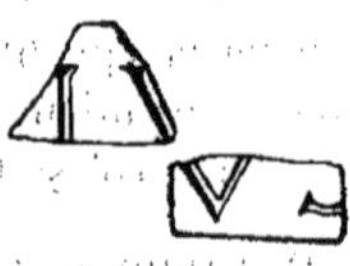

c. Larg. o m. 35, haut. o m. 25. — Complet en haut.

d. Larg. o m. 55, haut. o m. 25.

e, f, g, h, i, j.

e. Larg. o m. 5o , haut. o m. 3o.

f. Larg. o m 6o, haut. o m. 33. — Complet en bas.

g. Larg. o m. 55, haut. o m. 33. — Complet en bas.

h. Larg. o m. 4o, haut. o m. 39. — Complet en bas.

i. Larg. o m. 57, haut. o m. 27.

j. Larg. o m. 6o, haut. o m. 3o.

La place d'*i* et de *j* est douteuse. On peut hésiter entre l'V de Quadratus et le second V de *quinque.*

k.

Larg. o m. 57, haut. o m. 25. — Fragment trop mutilé pour être restitué d'une façon tout à fait certaine. Sans doute il faut y reconnaître le sommet d'un A et partie d'un T.

l, m, n, o, p.

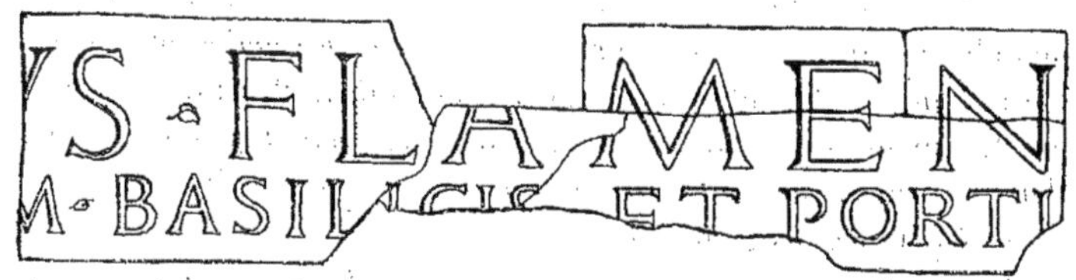

l. Complet en haut, en bas et à gauche. — Larg. o m. 95.

m. Larg. o m. 55, haut. o m. 35.

n. Complet en haut. — Larg. o m. 80, haut. o m. 26.

o. Complet en haut et à droite. — Larg. o m. 50, haut. o m. 30.

p. Complet en bas et à droite. — Larg. 1 m. 30, haut. o m. 44.

q, r, s, t.

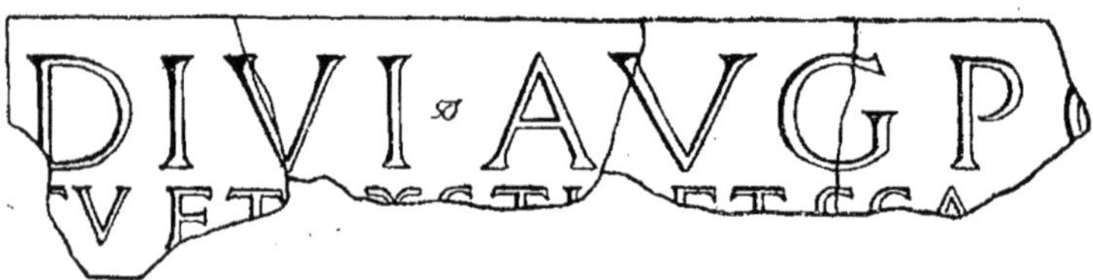

q. Complet en haut, en bas et, sauf éclat, à gauche. — Larg.
o m. 80.

r. Complet en haut. — Larg. o m. 90, haut. o m. 55.

s. Complet en haut. — Larg. o m. 70, haut. o m. 55.

t. Larg. o m. 58, haut. o m. 52.

u.

u. Fragment non retrouvé. Il était en 1892 « aux environs du
temple des Simplex ». — D'après le *Bull. arch. du Comité,* les lettres
de la *ligne 1* auraient o m. 34; celles de la *ligne 2* o m. 19. Dans
les fragments que nous avons mesurés, la *ligne 1* a o m. 35, la
ligne 2 o m. 175 : nous croyons qu'il n'y a pas à tenir compte de
cette différence insignifiante.

Le fragment n'est pas dessiné dans le *Bulletin,* ce qui permet
d'expliquer que l'O ait pu être donné comme complet, alors qu'il
en manquait une partie tout à fait minime. — Le fragment est
donné comme brisé à droite et à gauche.

v.

v. Complet en haut, en bas et à droite. — Forme la fin d'un
bloc, qui était peut-être un bloc de même dimension que le bloc
q, r, s, t, u : dans ce cas, il commençait sans doute au milieu ou
à la fin de N de *pont.* — Larg. o m. 60.

x, y.

x. Complet en bas et à droite. — Début d'un bloc, égal sans
doute au bloc *q, r, s, t, u.* Il finissait au milieu du C de *decurias.* —
Larg. o m. 45, haut. o m. 40.

y. Complet en haut. — Larg. o m. 50, haut. o m. 25.

z et *a'.*

z. Complet en haut et à gauche. — Larg. o m. 40, haut.
o m. 30.

a'. Complet à gauche (?). — Larg. o m. 67, haut. o m. 37.

b′ et *c′*.

b′. Complet en haut et à gauche. — Larg. o m. 67, haut. o m. 25.

c′. Complet à droite. — Après la boucle, blanc de o m. 3o. — Larg. o m. 55, haut o m. 25. — La place du fragment est douteuse.

d′, e′, f′, h′, i′.

d′. Complet en bas et à droite (fin d'un bloc). — Larg. o m. 72, haut. o m. 47.

e′. Complet en haut et à gauche (début d'un bloc). — Larg. et haut. o m. 70.

f′. Larg. o m. 42, haut. o m. 40.

h′. Complet en haut. — Larg. o m. 52, haut, o m. 24.

i′. Complet en bas. — Larg. o m. 80, haut. o m. 47.

j′, k′, l′, m′, n′.

j′. Complet en bas et à gauche. — Larg. o m. 6o, haut. o m. 5o.

k'. Larg. o m. 35, haut. o m. 4o.

l'. Complet en haut. — Larg. o m. 6o, haut. o m. 3o.

m'. Larg. o m. 53, haut. o m. 37.

n'. Larg. o m. 75, haut. o m. 3o.

o', *p'*, *q'*, *r'*, *s'*.

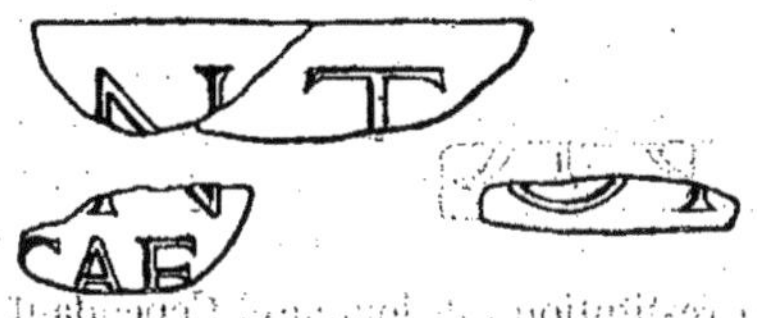

o'. Complet en haut. — Larg. o m. 4o, haut. o m. 28. — Sa place dans la restitution est douteuse ; cependant la forme de la cassure de *p'* semble autoriser le rapprochement.

p'. Larg. o m. 5o, haut. o m. 32.

q'. Complet en haut. — Larg. o m. 55, haut. o m. 32.

r'. Fragment très mutilé auquel on ne peut fixer une place avec certitude. — Larg. o m. 49, haut. o m. 27.

s'. Complet en bas. — Larg. o m. 6o, haut. o m. 45.

t', *u'*, *v'*, *x'*.

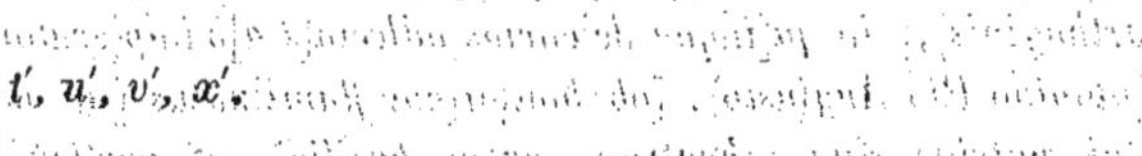

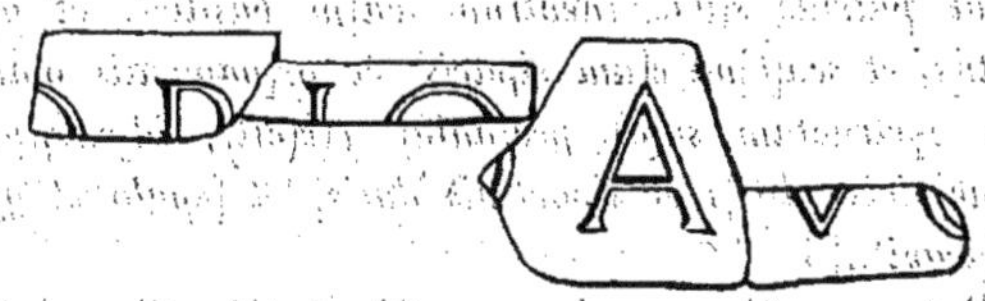

t'. Complet en haut. — Larg. o m. 57, haut. o m. 27.

u'. Larg. o m. 55, haut. o m. 2o. — Sa place dans la restitution est douteuse.

v'. Complet en haut.

x'. Larg. o m. 65, haut. o m. 3o.

y′.

y′. Sa place dans la restitution est douteuse. Il nous semble cependant qu'on doit le placer, soit avant [*epulo*], soit avant [*gymnasio*]. — Larg. o m. 5o, haut. o m. 16.

z′.

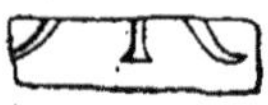

z′. Sa place dans la restitution est douteuse. Cependant la courbe semble plutôt appartenir à un O qu'à un D, ce qui nous a fait placer le fragment dans *honorem*, plutôt que dans *quadratus*. — Larg. o m. 5o, haut. o m. 15.

La comparaison de ces fragments avec les textes **70** et **73** a permis de reconstituer d'une façon presque certaine l'ensemble de l'inscription. La planche ci-jointe dans laquelle les parties teintées représentent les fragments conservés, reproduit notre essai de restitution dont voici du reste, pour plus de commodité, la lecture en caractères courants :

« [*P(ublius) M*]*arcius,* [*Q(uinti) f(ilius), Arn(ensi)*], *Qu*[*a-drat*]*us, flamen divi Aug(usti), pon*[*t(ifex) c(oloniae) J(uliae) K(arthaginis),*] *in qu*[*inque de*]*curias adlectu*[*s a*]*b imp(eratore)* [*A*]*ntonino Pio Aug(usto),* [*ob hon*]*or*[*em flami*]*natus* [*sui perp*]*etui patriae s*[*uae theatrum cu*]*m basilicis et porticu et xysti*[*s*] *et sca*[*e*]*na c*[*um siparis*] *et or*[*namentis omni*]*bus* [*a solo e*]*xtructum su*[*a*] *pec(unia) f*[*e(cit), id*]*emq(ue), ludis s*[*c*]*ae*[*nicis editi*]*s et s*[*portulis datis*] *et* [*epulo et gymnasio, ded(icavit).*] »

Date. — Comme les n^{os} **70** et **72**, l'inscription doit être de 166-169.

Dr Carton et lieut. Denis, *Quelques inscriptions latines de Dougga* (*Bull. arch. du Comité*, 1892, p. 174, n° 42). — L. P., 1901. Lectures nouvelles et fragments inédits. — Dr Carton, *Le théâtre romain de Dougga,* p. 162, n° 14, et pl. I, n° 3 (*Mém. présentés par divers savants à l'Acad. des Inscr.,* XI, 2ᵉ partie, 1904).

72. *Théâtre.* — Sous ce numéro, nous groupons deux fragments portant des lettres identiques de forme et de dimension
(o m. 35 de haut.) aux grandes lettres du texte précédent.

Il est bon de remarquer qu'il a pu s'introduire dans la restitution
de **71** des fragments de **72**; certains mots existant sans doute dans
l'une et l'autre inscriptions.

a.

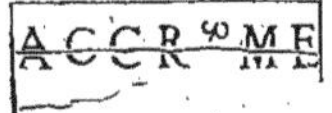

Deux fragments se raccordant et formant un bloc complet en
haut, à droite, à gauche et partiellement en bas. — Haut. o m. 47;
larg. 1 m. 90; épaiss. o m. 52. — Blanc au-dessus des lettres
o m. o5, au-dessous o m. 07. Il manque peu de chose des quatre
dernières lettres.

b.

Complet en haut et en bas. — Larg. o m. 77; haut. o m. 47;
épaiss. o m. 52. — Blanc au-dessus des lettres o m. o5, au-dessous
o m. 07.

La barre horizontale du T est très fruste et M est incomplet.
a et *b* faisaient sans doute partie d'une inscription reproduisant
la première partie du texte **70** dont le texte **71** reproduit la seconde partie. Il semble en effet qu'on puisse restituer :

« [*Pro salute Imp. Caes. M. Aureli Antonini et L. Veri Aug.
Armenia*]cor. *me*[*d. pa*]rt. *m*[*ax.* . . .]. »

Date. — Comme ce n'est qu'en 166 que Marc-Aurèle et Lucius
Verus furent *armeniaci* et *medici,* le n° **72** permettrait, si notre
restitution est exacte, d'attribuer à la période 166-169 les divers
textes relatifs à l'édification du théâtre; on a déjà vu à propos du
texte **70** qu'ils ne pouvaient être ni antérieurs à 163, ni postérieurs
à 169.

Dr Carton, *Le théâtre romain de Dougga,* p. 160, n° 14 *a* et pl. I,
n° 3 *a* (*Mém. présentés par divers savants à l'Acad. des Inscr.,* XI, 2ᵉ partie,
1904). — L. P., 1901. Nouvelles lectures.

73. *Théâtre. Scène.* — Fragments de l'entablement qui sur-
montait les colonnes de la scène.

L'entablement se composait d'un certain nombre de blocs séparés les uns des autres, comme le prouve la saillie des moulures au début et à la fin de chaque bloc; des encoches polygonales leur donnaient prise sur les parties d'architecture qui les séparaient.

Il existe un certain nombre de blocs anépigraphes. L'absence de saillie au début et à la fin de l'inscription et l'existence d'une sorte de rebord non poli à gauche du bloc *a,* à droite du bloc *g,* permettent de supposer que là venaient s'appliquer des portions en retour de l'entablement, auxquelles il convient sans doute de rattacher ces fragments. Il y avait une certaine symétrie entre les blocs :

> *a.* Larg. > 2 m. 20.   *g.* Larg. 2 m. 30.
> *b.* Larg. > ou = 3 m. 20.   *f.* Larg. 3 m. 20.
> *c.* Larg. 4 mètres.   *e.* Larg. 3 m. 80.
> *d.* Larg. présumée. Environ 3 m. 30 (?).

La figure suivante rendra plus sensible cette symétrie. Les blocs à peu près égaux y sont désignés par un même nombre de croix.

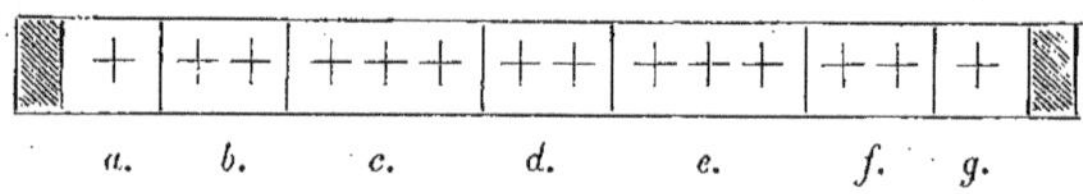

Les blocs ont 0 m. 45 d'épaisseur et 0 m. 78 de hauteur (partie supérieure, comprenant le texte de l'inscription, 0 m. 42; partie moulurée, 0 m. 16; partie inférieure à la moulure, 0 m. 30). Lettres : *ligne 1,* 0 m. 19; *ligne 2,* 0 m. 155.

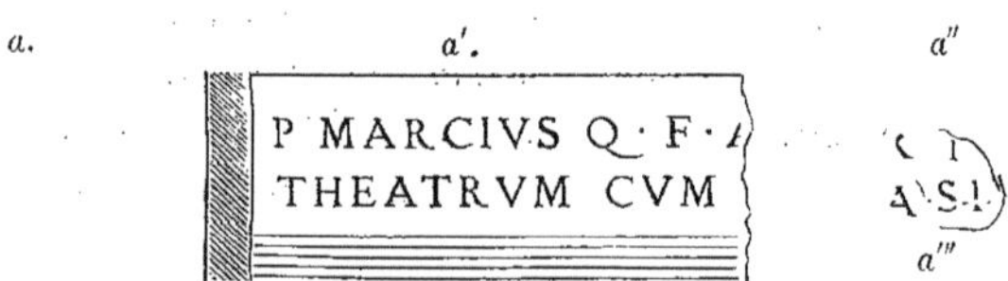

On pourrait se demander si *a* ne faisait point partie du même bloc que *b.* Il faudrait dès lors renoncer à établir toute relation symétrique entre les divers blocs. Nous croyons plutôt que, comme *g, a* était un bloc de petite dimension (environ 2 m. 25-2 m. 30).

a′. Larg. 2 m. 20. — Brisé à droite. — L'A final incomplet.

a″. Larg. o m. 35. — Parties de R et N; le haut de SI.

a‴. Larg. o m. 3o. — L'A incomplet, le bas de SI.

a″ et *a‴* étant très mutilés, on ne peut affirmer qu'ils se rattachent au même bloc que *a′*.

QVADRATVS FLAMEN DIVI
LICIS ET PORTICV ET XYSTIS ET SCAE

Larg. 3 m. 20. — Brisé à gauche.

c.

AVG PONT CIR IN QVINQVE DECVRIAS
NA CVM SIPARIS ET ORNAI ENTIS OM

Larg. 4 mètres. — Brisé en deux parties.

d.

P V S

Nous n'avons pas retrouvé le fragment *d*, qui figure dans la planche I du *Théâtre romain de Dougga* du Dr Carton.

e.

INO AVG PIO OB HONOREM FLAM
SVA PEC·FEC·IDEMQ·LVDIS SCAENICIS

Larg. 3 m. 8o. — Brisé en deux parties.

La dernière lettre de la *ligne 1*, ayant été gravée par erreur, a été martelée.

f.

Larg. 3 m. 20. — Il manque à droite un fragment de la partie supérieure du bloc.

g.

Larg. 2 m. 30.

« *P(ublius) Marcius, Q(uinti) f(ilius), Arn(ensi), Quadratus, flamen divi Aug(usti), pont(ifex) c(oloniae) J(uliae) K(arthaginis), in quinque decurias [adlectus ab imp(eratore) Anton]ino Aug(usto) Pio, ob honorem flaminatus sui perpe[tui] patriae suae theatrum cum [b]asilicis et porticu et xystis et scaena cum siparis et ornamentis om[ni]bus [a solo extructum] sua pec(unia) fec(it), idemq(ue), ludis scaenicis editis et sportulis datis et epulo et gymnasio, ded(icavit).* »

M. Carton a recherché quelles étaient les parties du théâtre auxquelles convenaient les mots *basilicis, xystis, porticu*. D'après lui, les *xysti* seraient peut-être les deux grands couloirs allant de la façade aux *vomitoria*, et le *porticus* la colonnade de la façade ; les *siparia* seraient des tentures composant un rideau en plusieurs pièces, d'un mode tout différent de l'*aulaeum*.

Date. — Comme le texte **72**, l'inscription qui est une réplique du texte **71** date sans doute de la période 166-169.

Dr CARTON et lieut. DENIS, *Notice sur les fouilles exécutées à Dougga* (*Bull. d'Oran*, XIII, 1893, p. 167). — Dr CARTON, *Le théâtre romain de Dougga*, p. 149, n° 13, et pl. I, n° 2 (*Mém. présentés par divers savants à l'Acad. des Inscr.*, XI, 2e partie, 1904). — L. P., 1901. Nouvelles lectures.

74. *Théâtre. Scène.* — « Trois fragments qui proviennent d'un entablement du même genre que [le précédent] ont été trouvés dans le diverticule central » (Dr Carton).

a. /VIIΛ\

b. N O N·
    S V N   c.   · T V
                                  I S E

Nous n'avons pu retrouver ces fragments.

Les lettres auraient la même hauteur que dans le texte précédent, soit, d'après M. Carton, o m. 17 [plus exactement : *ligne 1,* o m. 19; *ligne 2,* o m. 155].

Dr Carton et lieut. Denis, *Notice sur les fouilles exécutées à Dougga* (*Bull. d'Oran,* XIII, 1893, p. 168).

75. *Théâtre.* — Sur la terrasse inférieure du théâtre ont été déposés les trois fragments suivants, qui peut-être appartiennent à une même inscription monumentale.

a. DVIV

Larg. o m. 70; haut. o m. 23; épaiss. o m. 50. — L'O n'a que o m. 21 de large, alors que dans les textes **71** (ligne supérieure) et **72** il a o m. 35 et, dans le texte **73,** o m. 19. La forme des caractères semble un peu plus allongée.

Rapprocher de ce fragment les arcades *i* et *j* du texte **70,** que nous avons restituées, « *eor[umq.] dom[us divinae* »].

b. AV

Larg. o m. 40; haut. o m. 25; épaiss. o m. 50.

La barre de l'A a o m. 135, alors que dans le texte **65,** ligne supérieure, elle a o m. 19. — Après A fragment de haste inclinée.

c. ΩTΙ

Larg. o m. 40; haut. o m. 25; épaiss. o m. 50.

La barre horizontale du T n'a que o m. 25. L'I est inscrit sous le T.

Très hypothétiquement, en supposant qu'on soit en présence d'une dédicace impériale, on peut songer à *nepoti*.

Dr Carton, *Le théâtre romain de Dougga*, p. 160, n° 14 b (*Mém. présentés par divers savants à l'Acad. des Inscr.*, XI, 2e partie, 1904). — L. P., 1901. Fragments inédits.

76. *Théâtre.* — « . . . on y remarque plusieurs pièces de grandes colonnes et [de?] pierre d'excessive grandeur, entre lesquelles on peut lisre les noms de *Antonino Pio* et *M. Aurelio et Faustina*. En ung fragment de pierre, on lit *tonius Zeno proc.; en une autre s publici vetus*. Toutes les lettres sont majuscules romaines, aulcunes d'un pied de long. » (Thomas d'Arcos, *Observations faites en Afrique près de Thunis* — Bibl. nat., Manuscrits, fonds Dupuy, 667, folios 161-162.) .

La description assez complète de l'édifice « semi-circulaire, tout environné de degrez... », où ont été trouvés les fragments, ne peut s'appliquer qu'au théâtre.

Les fragments portant les noms « *Antonino pio* » et « *M. Aurelio* » figurent peut-être dans l'un des textes précédents.

Les autres fragments n'ont pas été vus depuis Thomas d'Arcos. Il se peut qu'il s'agisse dans le dernier de la restauration d'un édifice (?). — On ne connaît point de proconsul dont le nom se termine par « *tonius Zeno* »; il s'agit peut-être d'un procurateur.

C. I. L., VIII, 1480. — L. Poinssot, *Les ruines de Thugga et de Thignica au XVIIe siècle* (*Mém. des Antiquaires de France*, LXII, 1905, p. 166 et 179-180).

77. *Théâtre.* — Une partie des murailles de cet édifice étaient couvertes de stucs malheureusement à l'heure actuelle très dégradés que décoraient des bandes rouges et jaunes; on y distingue diverses représentations, entre autres des vaisseaux, et des caractères cursifs et minuscules d'une lecture difficile.

Les caractères ont été gravés à l'entrée sud-ouest de la scène, sur l'un et l'autre murs; ils nous ont été signalés par M. Cagnat qui a bien voulu nous communiquer ses lectures.

A droite d'une proue de vaisseau, au milieu de plusieurs lignes d'une écriture allongée très cursive, deux mots en lettres arrondies assez soignées.

MONITOR CANCELLI

Ailleurs parmi un grand nombre de caractères aux formes grêles difficiles à distinguer les uns des autres, il semble qu'on puisse lire :

atro

est-ce [*the*]*atro* ? et

sit ou *rit.*

Ces graffites ont été transportés au musée du Bardo.

Cf. à *cancellus*, l'inscription du théâtre de Philippeville où il est question des *cancelli marmorei*[1], et Ovide, *Amores III, 2.* A Dougga même un autre texte (n° 113) mentionne [*qu*[*attuor can*[*cellos ?*].

Dans le théâtre, les *cancelli* ne sont-ils point les balustrades qui séparent les diverses classes de places; le *monitor cancelli,* l'individu chargé de « placer » les spectateurs? Si cette hypothèse était vérifiée, il y aurait lieu de se demander ce qui distinguait des *designatores* le *monitor cancelli;* était-il leur chef, ou bien le mot désignait-il une catégorie spéciale d'« ouvreurs »?

L. P., 1901. Inédit.

MARC-AURÈLE *ou* CARACALLA.

78. *Au sud du Capitole.* — Dans le voisinage de l'exèdre, divers fragments de plaques de marbre blanc bleuté, épaisses de 0 m. 035.

a. Deux morceaux se raccordant entre eux, trouvés au pied du mur de soutien ouest du portique à double colonnade :

---

[1] *C. I. L.,* VIII, 7994. — A Timgad une fontaine avait été entourée de *cancelli aerei* (*C. I. L.,* VIII, 2369 et 2370). — Dans une inscription découverte à la Goulette par M. Carton, il est aussi question de *cancelli* (*Bull. arch. du Comité,* 1905, p. ccix).

Complets en haut. — Haut. o m. 32 ; larg. o m. 58. — Lettres o m. 19. Blanc au-dessus des lettres, o m. 14. — Il faut lire NINO. — Le premier morceau contient le haut de la seconde haste du premier N et l'I presque entier, le second morceau le jambage incliné et la plus grande partie de la seconde haste du second N, plus un fragment du haut de l'O.

b. Un fragment trouvé près du mur byzantin :

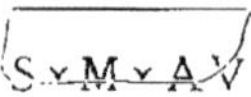

Complet en haut. — Haut. o m. 27 ; larg. o m. 37. — Blanc au-dessus des lettres, o m. 14. — On lit près des deux tiers de S, la plus grande partie de M, la moitié de A, le haut du jambage de gauche de l'V, et entre S et M des points triangulaires.

La plaque où sont inscrites S·M·AV fut utilisée deux fois, car, sur l'autre face, on distingue deux lignes, la première martelée et brisée à sa partie supérieure, la seconde contenant les lettres :

ET S

Lettres o m. 11.

c. Trois morceaux se raccordant les uns aux autres, trouvés dans une citerne :

R T H

Brisés de partout. — Haut. o m. 14 ; larg. o m. 35. — Le premier morceau porte un fragment de la boucle supérieure de R ; le T est réparti également entre le second et le troisième morceau, ce dernier portant également le haut de la haste gauche de l'H.

L'inscription se rapporte-t-elle à Marc-Aurèle ou à Caracalla ?

On propose sous toutes réserves la restitution : « [*Imp. Cae*]*s. M. Au*[*relio Anto*]*nino* [*Aug. Armeniaco medico Pa*]*rth*[*ico Maximo . . .*] »

Date. — Si l'inscription est de Marc-Aurèle, elle se place sans doute entre 166 et 169, époque à laquelle il porte le titre de *Parthicus.* Si elle est de Caracalla, elle est postérieure à 211, date où il prit le surnom de *Parthicus,* antérieure à 217.

A. Merlin, *Fouilles à Dougga en 1901* (*Bull. arch. du Comité,* 1901 p. 404, n° 29). — Idem, *Les fouilles de Dougga en 1902* (*Nouv. archive des miss.,* XI, 1903, p. 52-53). — L. P., 1903. Nouvelle lecture.

COMMODE.

79. *Macellum* (près du Capitole). — Des fragments d'une dédicace gravée sur une frise architravée ont été trouvés les uns, *a, b, c, e,* en avant du Capitole, l'autre, *d,* assez près de là dans la porte sud de l'enceinte byzantine.

Les lettres de la seconde ligne ont o m. 105, celles de la première étaient un peu plus grandes. — L'épaisseur moyenne des blocs est o m. 44.

a.

Brisé en haut, à droite et à gauche. — Larg. o m. 65; haut. o m. 40. — La première ligne très fruste paraît avoir été martelée.

b.

Brisé en haut, à droite et à gauche. — Larg. o m. 70; haut. o m. 60. — Au-dessous de l'inscription, la partie anépigraphe, décorée de moulures, a o m. 38. — *Ligne 1.* Les extrémités inférieures de C I, ensuite un blanc où il semble qu'il y ait eu deux lettres martelées, puis la partie inférieure d'un G.

c.

Larg. o m. 70; haut. o m. 65. — Brisé en haut, à droite et à gauche.

d.

Larg. 1 m. 12; haut. o m. 65. — La moulure inférieure est
martelée. — Complet à gauche et en bas; brisé en haut et à droite.
— Le haut des lettres de la première ligne manque.

e.

Deux fragments dont les cassures coïncident. — Larg. 1 m. 15 (?);
haut. o m. 6o. — Bloc complet à gauche et en bas. — *Ligne 1.*
Traces d'extrémités inférieures de lettres qu'on ne peut affirmer
avoir été martelées.

« [*Pro salute Imp. Caes. M. Aureli Commodi Aug. Sarmati*]*ci
Germa*[*nici Br*]*itanni*[*ci . . .*] ‖ *pag*[*ani et cives Thuggenses portic*]*um
macelli* [*ornav*]*erunt et* [*dedica*]*verunt.* »

Les noms de Commode ont peut-être été martelés, puis regravés
comme cela se présente souvent en Afrique. Cette seconde gravure
expliquerait assez l'aspect du blanc qui sépare *ci* de *germa.*

On a été conduit à attribuer l'inscription à Commode par la présence du mot *pag..* qui en fixe la date à une époque antérieure
à la transformation de Thugga en municipe, généralement attribuée à Septime Sévère : en effet, avant le iiie siècle Commode est
le seul empereur qui porte à la fois un surnom en *cus* suivi de *Germanicus* et le surnom *Britannicus.* On fera remarquer que Commode reçut le surnom de *Germanicus* avant celui de [*Sarmati*]*cus,*
mais il est de nombreux exemples de l'interversion des deux titres.

On ignore l'emplacement du *macellum* ici mentionné. Peut-être
faut-il le reconnaître dans l'édifice qui est à l'est de l'éxèdre et au
sud de la place de la Rose-des-Vents.

Date. — En admettant l'attribution des fragments à Commode,
le texte serait de 184-192.

L. Homo, *Le forum de Thugga* (*Mélanges de Rome,* 1901, p. 16-17). —
P. Gauckler (*Bull. arch. du Comité,* 1901, p. CXLVII-CXLVIII). — L.

P., 1901. Lectures nouvelles. — A. MERLIN, *Les fouilles de Dougga en 1902* (*Nouv. archives des miss.*, XI, 1903, p. 53-54).

80. *L'exèdre située au sud du Capitole.*

Deux blocs, *a*, trouvé dans un mur en pierres sèches au nord-ouest du Capitole, et transporté sur l'édifice à exèdre, *q* découvert près de l'exèdre, font partie de la même frise architravée. Les deux blocs présentent exactement les mêmes moulures au-dessus et au-dessous du texte; ils ont tous deux à la partie inférieure un soffite orné d'une guirlande de lauriers. Leur incurvation permet de les attribuer à l'exèdre. Nous n'avons pu retrouver *b*, que M. Carton désigne comme un « un petit linteau de porte orné de beaux rinceaux », mais ses dimensions presque identiques (haut. o m. 40 au lieu de o m. 43; épaiss. o m. 34 au lieu de o m. 35, et lettres de o m. 09 comme dans *a* et *c*) légitiment, semble-t-il, le rapprochement. Le fragment *b* a été découvert « dans les murs arabes du Dar el-Acheb ».

a.

|PII SARM|

b.

|GeRMANICI · MAX|

c. *civit*|AS AVRELIA THVGGA|

Dans les fragments revus par nous, les lettres portent des traces de couleur rouge et sont à o m. 27 du bord inférieur de la pierre. — *a* et *b* sont brisés à droite et à gauche, *c* est un bloc complet. — Larg. : *a*, o m. 70; *b*, 1 m. 20; *c*, 1 m. 60.

La présence simultanée de « *civitas aurelia Thugga* » et des surnoms *pius, sarmaticus* et *germanicus* permet, croyons-nous, d'attribuer le texte à Commode. Ici, comme dans le texte précédent, les surnoms ne seraient point dans leur ordre chronologique. On avait quelque chose comme : « [*Pro salute Imp. Caes. M. Aureli Commodi Aug.*] *Pii Sa[r]m[atici], Germanici max[imi]... civitas Aurelia Thugga.* »

Date. — L'inscription se placerait après 183, à cause du surnom *pius*, et avant 192.

D[r] Carton, *Les fouilles du Dar-el-Acheb* (*Recueil de Constantine*, 1898, p. 238). — P. Gauckler (*Bull. arch. du Comité*, 1901, p. CXLVIII). — A. Merlin, *Les Fouilles de Dougga en 1902* (*Nouv. archives des miss.*, XI, 1903, p. 89). — L. P., 1903. Rapprochement et révision.

81. On rapproche des textes précédents, à cause de ses dimensions, le fragment suivant qui a été découvert au nord et dans le voisinage immédiat du Dar el-Acheb, dans le mur d'une maison arabe aujourd'hui démolie; il n'a pu être retrouvé.

QVAM COM

Haut. o m. 41; larg. o m. 90; épaiss. o m. 33. — Lettres o m. 095. — Au-dessous des lettres la pierre présente un aspect fruste. Y avait-il une moulure maintenant arasée, où la pierre avait-elle été laissée à peine dégrossie?

A. Merlin, *Les fouilles de Dougga en octobre-novembre 1901* (*Bull. arch. du Comité*, 1902, p. 378, n° 6).

Septime Sévère

82. Deux blocs qui surmontaient peut-être une porte triomphale. L'un *a* a été retrouvé en 1902 par M. Merlin à l'est du temple de Caelestis, à une dizaine de mètres du point où le chemin qui vient du Dar el-Acheb sort du village; l'autre *b* est dans une muraille en pierres sèches, au nord-est et à 30 mètres du temple de Caelestis, au sud-ouest et à 20 mètres des grandes citernes voisines de Bab er-Roumia.

Haut. o m. 50; épaiss. o m. 55. — Lettres o m. 07.

a. Complet. — Larg. 1 m. 30. — Au début des quatre dernières lignes blanc de o m. 33. — Quelques lettres sont endommagées : à la *ligne 1*, l'I initial, AES de *caes.* et le T final; à la *ligne 2*, l'R final; à la *ligne 3*, l'O final. — A droite, un éclat a fait disparaître à la *ligne 1* l'O d'*Antonini*, et à la *ligne 2* une moitié du premier O de *pronepoti* qui était gravé sur les deux blocs.

b. Brisé seulement à droite. — Larg. 1 mètre.

83.

a.

IMP·CAES·DIVI·M·ANTONINI·PII·GERM·SA*rm* · *filio divi commodi fratri divi pii nepoti*
DIVI HADRIANI PRONEPOTI·DIVI·TRA*iani parthici abnepoti divi nervae adnepoti*
L·SEPTIMIO·SEVERO·PIO PERTINACI·AVG *arab. adiab. parth. max. pont. max. trib. pot.. cos.. et*
IVLIAE DOMNAE AVG MATRI·CASTRORVM·C*onjugi imp. caes. l. septimi severi aug. et m. aurelio antonino*
SEVERO·IMP·CAES L·SEPTIMI·SEVERI PERTI*nacis aug. f. et p. septimio getae.* . . . .

b.

Date. — « Nomen Caracalli, insolenter conceptum *[ligne 4].* —
Titulus videtur excisus esse ante eum Caesarem dictum » [c'est-à-
dire, entre 193 et 196.] (*Corpus*).

C. I. L., VIII, 15523 (= 1481). — L. P., 1901 et 1905. Nouvelles lectures.

83. *Arc de triomphe sud-est*[1]; *au-dessous du théâtre.*

Cette porte, sous laquelle passait la route qui allait rejoindre la grande voie de Carthage à Théveste, s'est écroulée postérieurement au premier quart du XVIIe siècle[2]. MM. Merlin et Bruel en ont partiellement dégagé les ruines en 1902. Chacune des faces de l'attique, du côté de la ville et du côté de la campagne, était ornée d'une grande inscription.

Voici les fragments de la plus complète de ces inscriptions gravée sur un bloc de pierre d'une épaisseur moyenne de 0 m. 26.

a. Dans les déblais, près de l'arc.

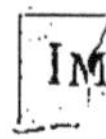

Haut. 0 m. 16; larg. 0 m. 18. L'épaisseur actuelle de la pierre, 0 m. 10, représente à peine la moitié de l'épaisseur primitive; on voit seulement une partie de la cavité où venait se loger la patte en forme de queue de carpe qui aidait à sceller l'inscription à sa place. — Brisé en bas et à droite, complet à gauche et en haut. — L'I dépasse la ligne comme l'I de IMP $\overline{\text{XII}}$ dans le fragment *g*. Il n'existe plus que la première moitié de l'M.

b. Dans un mur en pierres sèches auprès de l'arc.

Haut. 0 m. 24; larg. 0 m. 25. — Brisé de tous côtés. — La lecture VI à la seconde ligne est probable, mais les lettres sont très mutilées et on n'en voit que la partie supérieure.

---

[1] Il serait désirable qu'on substituât aux dénominations d'arc de triomphe sud-est et d'arc de triomphe nord-ouest celles d'arc de Septime Sévère et d'arc d'Alexandre Sévère

[2] Cf. L. Poinssot, *Les ruines de Thugga et de Thignica au XVIIe siècle* (*Mém. des Antiquaires de France,* LXII, 1903, p. 168 et 182).

c. Dans les déblais, près de l'arc.

D

A

Haut. o m. 24; larg. o m. 11; épaiss. o m. 07. — Brisé de partout. — *Ligne 1.* Partie inférieure d'un D. — *Ligne 2.* A — o m. 11.

d. Dans un champ, au-dessous de l'arc.

A N

VERO

OT X̄

TIM

Haut. o m. 53; larg. o m. 32. — Brisé de tous côtés. — *Ligne 1.* Très peu de chose de la seconde lettre. — *Ligne 2.* V et O mutilés. — *Ligne 3.* O mutilé; au-dessus de X début d'une barre horizontale. — *Ligne 4.* Le T est plus haut que les autres lettres; le bas de P et la seconde moitié d'M manquent.

e. A 20 mètres au sud de l'arc dans un mur en pierres sèches le long du chemin.

O P I

Haut. o m. 50; larg. o m. 30. — *Ligne 1.* Fragment d'un O (?). — *Ligne 2.* Fragment d'une barre horizontale, sans doute de celle qui est au-dessus du chiffre de la puissance tribunice, car elle est très rapprochée du bas des lettres de la *ligne 1*.

f. Au milieu d'un champ, au-dessous de l'arc; auprès de *d.*

M SA

T

Haut. o m. 20; larg. o m. 28. — Complet en partie en haut. Il se raccorde exactement en bas avec le fragment *g*, à droite avec le fragment *h*. — A la *ligne 1*, le dernier jambage de l'M reste seul. — A la *ligne 2*, la partie supérieure d'un T.

g. Au pied de l'arc.

I NEPOTI

BNEPOTI DIV

O PERTINACI AV

I IMP XII CO

FVERI PII PERTIN

Haut. o m. 97; larg. o m. 92; épaiss. o m. 25. — Complet en bas. Il se raccorde en haut avec le fragment *f*.

Ligne 1. Le haut du premier I et des trois dernières lettres OTI manque; on retrouve la partie supérieure du T sur le fragment *f*. — *Ligne 2.* Le haut du B manque. Le T dépasse les autres lettres. — *Ligne 3.* O et V brisés à moitié. — *Ligne 4.* Au-dessus de la première haste droite, fragment d'une barre horizontale de liaison. Au-dessus de XII, barre de liaison. La dernière lettre O, mutilée.

h. Dans une muraille en pierre sèches à 10 mètres au nord de l'arc.

R FILI DIVI

DIVI · HADR

V

Haut. o m. 35; larg. o m. 65; épaiss. o m. 26. — Brisé de tous côtés. — *Ligne 2.* Il ne reste que le haut de D et la haste droite de R. — *Ligne 3.* Le haut d'un V. — Le fragment se raccorde en bas avec le fragment *i*, à droite avec le fragment *j*.

i. A 5 mètres au nord de l'arc.

```
 N—E—R—V
G · A R A B
S III PROC
NACIS AVG
```

Haut. o m. 5o; larg. o m. 67; épaiss. o m. 25. — Complet seulement en bas, le fragment se raccorde en haut avec *h*, à gauche avec *g*, à droite avec *k*. — *Ligne 1.* Il n'y a que la partie inférieure des lettres, on retrouve le haut de V sur le fragment *h*. — *Ligne 2.* On ne voit guère du B que la haste droite. — *Ligne 3.* Les extrémités du C se retrouvent sur le fragment *k*. — *Ligne 4.* Les extrémités du G se retrouvent sur le fragment *k*, le début de la première lettre N sur le fragment *g*.

j. A l'ouest de l'arc, vers le mausolée punique.

```
 I C O
R I A N
 A D
```

Haut. o m. 3g; larg. o m. 3o. — Brisé de partout, il se raccorde à gauche avec le fragment *h*.

Ligne 1. CO, brisés à la partie supérieure. — *Ligne 2.* La haste droite de l'R, dont on ne voit ici que les boucles, est sur le fragment *h*, la seconde moitié de l'N manque. — *Ligne 3.* Le bas des lettres manque.

k. Dans une muraille en pierres sèches, à 10 mètres au nord de l'arc.

```
B · ADIAB
COS · PP · ET
G · A R A B
```

Haut. o m. 45; larg. o m. 5o; épaiss. o m. 24. — Complet en bas, le bloc se raccorde à gauche avec le fragment *i*.

Ligne 1. On ne voit que la boucle inférieure du **B**, la haste droite se trouvant sur le fragment *i*. Le haut des quatre dernières lettres manque. — *Ligne 2.* On voit les extrémités du C dont on retrouve le reste sur le fragment *i*. L'O n'a que o m. o55. Le T légèrement brisé à droite est de o m. o115. Après ET, un blanc de o m. 10. — *Ligne 3.* On voit les extrémités du G qu'on retrouve en partie sur le fragment *i*.

L'inscription dans son état actuel se lit :

1M*p. caes. divi m. antonini pii ger*M SAR FIL DIVI CO*mmodi*
*fr*ATR*i* D*ivi antonini pi*l NEPOTI DIVI HADRIAN*i pronepoti*
*di*VI *lr*A*i*AN*i parth.* aBNEPOTI DIV*i* NERV*ae* AD*nepoti*
*l. septimio se*VERO PIO PERTINACI AVG · ARAB · ADIAB · *parth. max.*
*pont. max. trib. p*OT $\overline{X..I}$ IMP XII COS $\overline{III}$ PROCOS PP ET *juliae aug.*
*imp. caes l. se*PTIM*ii* SEVERI PII PERTINACIS AVG ARAB · *conjugi.*

Elle devait mesurer à peu près 3 m. 5o de long et o m. go de haut. — Les lettres qui portent en certains endroits des traces de couleur rouge ont o m. 12 à la *ligne 1,* o m. 11 à la *ligne 2* et à la *ligne 3*, et o m. 1o5 aux trois autres.

Date. — L'inscription date du règne de Septime Sévère. Elle est postérieure au 1er janvier 2o2, époque à laquelle l'empereur prend son troisième consulat. — A la *ligne 5* le chiffre des puissances tribunices est malheureusement mutilé. D'après l'intervalle on peut songer à X*III*, X*IIII*, X*V*I, X*V*I, X*VII*I. Nous écartons ces deux derniers chiffres, car en 2o9-21o, Sévère est imp. XV, et d'autre part il n'y a pas de place pour le surnom de Britannicus qu'il prit en 21o. Quelle est des trois autres dates, déc. 2o4-déc. 2o5 (13e puissance tribunice), déc. 2o5-déc. 2o6 (14e puissance tribunice), ou déc. 2o7-déc. 2o8 (16e puissance tribunice), la plus vraisemblable ? On verra qu'une inscription à Caracalla (n° **85**) qui paraît bien se rattacher à l'arc de triomphe est de 2o5. Il y aurait dès lors lieu de préférer la restitution *II* ou *III* à la restitution *V* [1]. — La dédicace de l'arc de triomphe serait de 2o5.

***

[1] L'examen de la *ligne 4* de l'inscription montre également qu'il convient de restituer à la *ligne 5*, non un chiffre, mais deux ou trois. La lacune correspond en effet à PI.

D' Carton (*Bull. arch. du Comité*, 1899, p. CCI-CCII). — L. Poinssot, *Inscriptions de Dougga* (*ibid.*, 1902, p. 395 et 396, n° 3), et, en 1903, révision. — A. Merlin, *Les fouilles de Dougga en 1902* (*Nouv. archives des miss.*, XI, 1903, p. 32-35).

84. *Arc de triomphe sud-est; au-dessous du théâtre.*

La seconde face de l'attique présentait une inscription gravée en caractères analogues à ceux du texte précédent (haut. moyenne o m. 105), mais sur une pierre moins épaisse (o m. 20 environ). — Trois des fragments de cette seconde inscription, *b, d, e,* ont été en 1901 déposés au petit magasin ménagé dans la partie sud-ouest du Théâtre.

a. Trouvé à l'ouest de l'arc, vers le mausolée punique.

S

SEPTIM

P A R

Haut. o m. 35; larg. o m. 35; épaiss. o m. 14. — Brisé de tous côtés sauf peut-être en bas. — *Ligne 1.* Le haut de l'S manque. — *Ligne 2.* La boucle inférieure de l'S manque; le T a o m. 11; la seconde moitié de l'M manque. — *Ligne 3.* Les boucles de l'R manquent.

b. A 10 mètres au nord de l'arc; dans un mur en pierres sèches qui borde le chemin allant de Dougga vers la route du Kef.

N I N

TIMIÓ

MII SE

RT

Haut. o m. 45; larg. o m. 25; épaiss. o m. 20. — Brisé de tous côtés sauf peut-être en bas. Ce fragment se raccorde exactement à gauche à *a,* à droite à *d* et à *c.* — *Ligne 1.* Il ne reste que la partie inférieure des lettres. — *Ligne 2.* Au début la barre horizontale d'un T plus élevé que les autres lettres. L'I de TI est légèrement mutilé en son milieu; il reste la moitié gauche de l'O.

— *Ligne 3.* Il ne reste que la seconde moitié de l'M; le second l a o m. 11; enfin il ne reste que le haut de l'E. — *Ligne 4.* On voit les boucles de l'R dont la haste droite est sur le fragment *a*. Après RT, une feuille de lierre.

c. Dans les déblais, près de l'arc.

Haut. o m. 26; larg. o m. 11. — Brisé de partout. Il se raccorde avec les fragments *b, d, e.* — *Ligne 1.* Il n'y a que le bas de l'O. — *Ligne 2.* Les extrémités horizontales de l'E manquent; on les retrouve sur les fragments *d* et *e*.

d. Au-dessous des déblais du théâtre; à l'angle du chemin de Dougga à la route du Kef, et du sentier qui passe près de la fontaine demi-circulaire et du *trifolium.*

Haut. o m. 32; larg. o m. 45; épaiss. o m. 20. — *Ligne 1.* Un fragment insignifiant de l'E. — *Ligne 2.* Le bas de l'E, la haste droite et les amorces des boucles de l'R. — *Ligne 3.* Après MAX, une feuille de lierre. — Brisé de tous côtés sauf peut-être en bas, le fragment se raccorde avec les fragments *b, c, e*.

e. Au-dessous des déblais du théâtre; à côté de *d*.

Haut. o m. 5o; larg. o m. 4o; épaiss. o m. 10. — Brisé de tous côtés, le fragment se raccorde exactement à gauche avec *c* et *d*.

Ligne 1. Au début, partie de droite d'une lettre arrondie (plutôt un O qu'un D), V et G incomplets, ensuite le bas d'une lettre qui ressemble assez à l'extrémité inférieure des P dans la même inscription. — *Ligne 2.* Au début, la barre supérieure d'un E (?). A la fin, première moitié d'un O. — *Ligne 3.* Au début, le haut de la boucle et la queue d'un R. Le second I de PII a o m. 11. A la fin un P dont la boucle manque en grande partie. — *Ligne 4.* Le bas de l'O manque.

f. Dans les déblais, près de l'arc.

M̂ I

I V

Haut. o m. 20; larg. o m 12; épaiss. o m. 13. — Brisé de partout. — *Ligne 1.* MI ou MP. — *Ligne 2.* IV peut-être *d*IV*i.* — Toutes les lettres sauf I de la *ligne* 2 sont très mutilées.

g. Dans les déblais, près de l'arc.

Haut. o m. 25; larg. o m. 17; épaiss. o m. 16. — Brisé de partout. — Il reste le bas de O, le haut de VI.

h. On rapproche à cause de ses dimensions, bien que difficile à placer dans l'ensemble du texte, le fragment suivant, trouvé dans un mur en pierres sèches au sud-ouest du théâtre, près de l'édifice à arcades qu'on suppose être les *templa Concordiae*.

R O

R I H

Brisé de tous côtés. — Larg. o m. 23; haut. o m. 26; épaiss. o m. 13. — Lettres o m. 105, sauf le T = o m. 12. — Caractères absolument identiques aux précédents.

Le rapprochement des fragments *a, b, c, d, e,* semble s'imposer après examen de la forme des brisures; les fragments *f* et *g* sont trop mutilés pour être utilisés.

La restitution de l'inscription est assez embarrassante. — Voici à peu près ce que nous lisons : « [*Anto*]*nino Aug. P*[*io*]...‖ [*L.*] *S*[*ep*]*timio Severo*...‖ [*L.*] *Septimii Severi Pii P*[*ertinacis*] ‖ *part. max. po*[*nt. max.*] ».

Il est possible que le texte contienne des parties incorrectement regravées à la suite des martelages que nécessita l'assassinat de Géta.

Date. — Probablement le texte est contemporain du précédent, qui paraît dater de 2o5.

L. Poinssot, *Inscriptions de Dougga* (*Bull. arch. du Comité*, 1902, p. 396, n° 4). — Idem, 1905. Fragment inédit. — A. Merlin, *Les fouilles de Dougga en 1902* (*Nouv. archives des miss.*, XI, 1903, p. 34-35).

85. *Arc de triomphe sud-est.*

Au pied d'un des piliers de l'arc, on a découvert deux fragments de frise architravée qui font partie de la même inscription, bien qu'ils ne se raccordent pas exactement entre eux.

Cette inscription paraît se rattacher comme les précédentes à l'arc [1]. — Haut. o m. 42; épaiss. o m. 70. — Saillie de la moulure o m. o5. — Lettres o m. 11.

a.

IMP · CAES · M · AVR

Larg. 1 m. 28. La partie antérieure qui porte l'inscription manque à droite sur o m. 5o. — Complet en haut, en bas, à gauche. — La moulure très finement décorée qui règne au-dessous de l'inscription se retrouve sur la face gauche du bloc de pierre; nous sommes donc en présence d'un morceau d'angle. — L'R est incomplet.

b.

PIO · FELICE · AVG · COS · ĪI

____

[1] Une inscription à Géta lui faisait sans doute pendant sur l'autre pilier, non encore déblayé.

Larg. 1 m. 3o. La partie postérieure mesure o m. 45 de plus.
— Complet en haut, en bas et à droite. — La moulure qu'on retrouve sur la face droite du bloc nous montre que nous sommes en présence de l'angle droit de l'architrave. — Du P il ne reste que le bas de la haste.

A la partie inférieure du fragment *b*, on aperçoit à gauche l'amorce du motif central en forme de nœud qui occupait le milieu du soffite qui décore le bas de la frise; il se trouvait à 1 m. 3o environ de chaque extrémité.

La longueur totale de l'entablement devait être d'environ 2 m. 9o.

Marc-Aurèle étant écarté à cause des surnoms *Pius Felix*, on peut compléter

soit M AVR*elio antonino*.

soit M AVR*elio severo alexandro*.

La première restitution semble la meilleure à cause de la place dont on dispose qui est d'environ o m. 9o, espace que combleraient très bien les douze lettres manquant ELIO ANTONINO, tandis que les 19 lettres ELIO SEVERO ALEXANDRO demanderaient environ 1 m. 3o – 1 m. 4o.

Date. — Si l'on admet la première restitution, le texte est du second consulat de Caracalla (2o5).

A. MERLIN, *Les fouilles de Dougga en 1902* (*Nouv. archives des miss.*, XI, 19o3, p. 36-37). — L. P., 19o3. Revu.

86. *Arc de triomphe sud-est.* — Une base ornée en haut et en bas d'une moulure, brisée en deux parties, l'une *a*, que nous n'avons point revue, à 1 kilomètre au sud-est de Dougga, l'autre *b* dans un mur en pierres sèches, au-dessous et à peu de distance de la porte triomphale.

a   *b*

IVLIAE DOMINAE
AVGVSTAE MATRI
AVGVSTORVM ET
CASTRORVM

Haut. o m. 5o. — Lettres o m. o6.

a. Ligne 1. On ne voit que la moitié de l'O.

b. Larg. o m. 25. — *Ligne 1.* Au début premier jambage d'un M.

Cette base et la statue qu'elle supportait ornaient sans doute l'une des façades de l'arc triomphal. Peut-être se trouvaient-elles dans une des niches qui avaient été ménagées de chaque côté dans les piliers de la porte.

Date. — Julia Domna est qualifiée de *Mater Augustorum.* Si l'on prend le texte à la lettre, Géta n'étant devenu Auguste qu'en 209, la base et la statue n'ont été mises en place qu'entre 209 et 212, par conséquent quelques années après l'achèvement du gros œuvre de l'arc triomphal. Mais on trouve le titre d'Auguste donné à Géta par des inscriptions africaines, même avant 209 (*C.I.L.,* VIII, 2527, 2528, etc.).

Dr CARTON et lieut. DENIS, *Quelques inscriptions latines de Dougga* (*Bull. arch. du Comité,* 1892, p. 174). — Dr CARTON, *Découvertes épig. et arch. en Tunisie,* 1895, p. 198, n° 368. — L. P., 1901. Nouvelle lecture. — A. MERLIN, *Les fouilles de Dougga en 1902* (*Nouv. archives des miss.,* XI, 1903, p. 37-38).

87. *Aux environs de l'arc de triomphe sud-est.* — Deux fragments.

a. A 10 mètres au nord de l'arc dans un mur en pierres sèches.

Haut. o m. 35; larg. o m. 70; épaiss. o m. 28. — Lettres o m. 10.

Intervalle entre les deux lignes o. m.045. — Complet en bas. — Au-dessous des lettres un blanc de o m. 065.

Ligne 1. Le bas du P, le haut du T qui dépassait les autres

lettres et le bas de l'E sont mutilés; le dernier I de PTIMII,
a o m. 11. — *Ligne 2*. Au début et en haut, extrémité d'une
haste horizontale(?) ou d'un C. A la fin fragment d'un D.

b. Au même endroit.

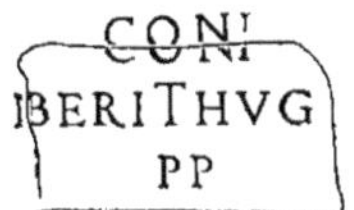

Haut. o m. 37; larg. o m. 53; épaiss. o m. 24. — Lettres
o m. 10. — Intervalle entre les deux lignes o m. 045. — Complet
en bas, brisé en haut à droite et à gauche.

Ligne 1. Bas de lettres peu distinctes qui semblent être CO·
NI (?), ce qui fait songer à *conj*[*ugi*]. — *Ligne 2*. La haste droite
du B manque. Le T dépasse les autres lettres. — *Ligne 3*. De
chaque côté de PP un blanc.

Le rapprochement de ces fragments donne :

. . . . CONI. . . . .

*respublica municipii se*PTIMII AVREIi *li*BERI THVG*gensis*

. . . . .IT   D*d*   PP

Ce texte offre des caractères tout à fait semblables à ceux des
grandes inscriptions de l'attique de l'arc triomphal. Dépendait-il
également de ce monument, ou faut-il le rattacher à une construction voisine et contemporaine?

Date. — Si l'inscription se rapporte à l'arc de triomphe, ce qui
reste douteux, elle est vraisemblablement de 205. Ce serait la plus
ancienne mention approximativement datée de Thugga comme
municipe.

L. Poinssot, *Inscriptions de Dougga* (*Bull. arch. du Comité*, 1902,
p. 395-396). — A. Merlin, *Les fouilles de Dougga en 1902* (*Nouv.
archives des miss.*, XI, p. 38).

88. Dans le mur byzantin, auprès de l'escalier du Capitole :

> *i m p.   c a e s.   d i v i   m.   a n t o n i n i   p i i*
> *g e r m.   s a* R. M · FIL · DIVI COMmodi *fratri*
> *divi a* NTONINI PII NEPOTi *divi*
> *hadri* ANI PRONEPOTI DIVI *traiani*
> *parthi* C ABNEPOTI DIVI NER*ae adnep.*
> *l. septimi* O SEVERO PIO FELici *per*
> *tinaci aug.* ARAB ADIAB PArth. *max.*
> *pont. max. trib.* POT XVIIM*p. xii? cos. iii.*
> ET

Bloc brisé de tous côtés. — — Haut. 1 mètre; larg. 1 m. 10;
épaiss. o m. 40. — Lettres o m. 08. — *Ligne 1.* Il ne reste presque
rien de la première et de la dernière lettre R et M. — *Ligne 2.*
La première et la dernière lettre, N et T, incomplètes. — *Ligne 3.*
Presque rien de l'A. — *Ligne 4.* Peu de chose de la première et de
la dernière lettre, C et V. — *Ligne 5.* Presque rien du premier O.
— *Ligne 6.* Presque rien du premier et du dernier A. — *Ligne 7.*
On retrouve le bas de OTXV, sur un fragment ne se raccordant
pas tout à fait avec le bloc principal à cause d'éclats de la pierre. Au-
dessus de XVI, une barre horizontale, puis le haut d'un I plus
grand que les autres lettres et l'angle gauche d'un M. —
Ligne 8. Partie supérieure de deux lettres droites, ET semble-t-il;
les autres lettres manquent. Cette ligne était en caractères beaucoup plus petits que les précédentes.

Date. — La seizième puissance tribunice de Septime Sévère est
de déc. 207 - déc. 208.

P. Gauckler, *Rapport épigraphique sur les fouilles de Dougga en 1904*
(*Bull. arch. du Comité,* 1905, p. 296). — L. P., 1905. Nouvelle lecture.

89. Aux environs du Capitole, au sud du bastion byzantin.

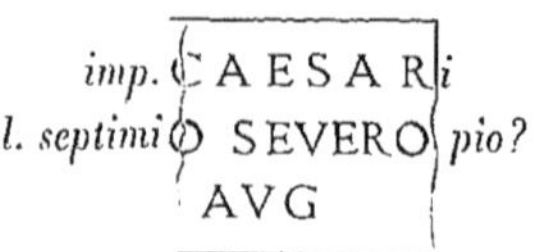

Haut. o m. 43; larg. o m. 70; épaiss. o m. 58. — Lettres :
lignes 1-2, o m. 07; *ligne 3*, o m. o5.

Brisé à droite et à gauche. Complet et orné d'une moulure en
haut et en bas. Toute la partie gauche est pelée. — Il reste peu de
chose du C de la *ligne 1* et du premier O de la *ligne 2*. Le mot
AVG devait se trouver au milieu de l'inscription.

A. Merlin, *Les fouilles de Dougga en 1902* (*Nouv. archives des miss.*,
XI, 1903, p. 54-55). — L. P., 1903. Révision.

89 *bis*. — Un fragment qui paraît provenir de la région du
Dar el-Acheb, sinon du Dar el-Acheb même, a été trouvé parmi
les inscriptions groupées dans cet édifice.

Brisé de tous côtés sauf en bas. —Haut. o m. 22; larg. o m. 32.
— Lettres d'aspect grêle o m. 10. — Au-dessous des lettres o m. 11
dont o m. o8 de moulure. — Très peu de chose de N et de G.
- - Sans doute « [*L. Septimio Severo pio perti*]*naci aug....* ».

L. P., 1906. Inédit.

CARACALLA.

90. *Aux environs du Dar el-Acheb et du Capitole.* — Six fragments d'une inscription qui devait avoir plus de 10 mètres de long.

Les blocs avaient une hauteur moyenne de o m. 60 et une épaisseur de o m. 38. — Les lettres ont o m. 14. — Au-dessous des lettres,
blanc de o m. o5-o m. o6. Entre les lignes, blanc de o m. o4.

a. Trouvé dans la démolition des maisons arabes qui étaient
à l'est du Capitole.

```
M · AV R
QVOD C
```

Haut. o m. 37; larg. o m. 65. — Brisé à droite et en haut.
— A gauche un blanc de o m. 33. — *Ligne 1.* AV et le premier
jambage de l'R sont brisés en haut. — *Ligne 2.* La cinquième
lettre peut être C, G, O ou Q.

b. « Encastré dans le mur d'une maison arabe »; non retrouvé.

```
VTE·|IMP·CAES D
LI·ANTONINI·PII·FELICIS
SINIA·HERMIONA·TeSTamen|
```

Haut. o m. 5o (?); larg. 1 mètre. — Brisé en deux parties. Le premier fragment ne comprend que les lettres VTE. — Complet en haut et en bas, brisé à gauche et à droite (?).

c. Trouvé à l'ouest du temple de la Piété Auguste.

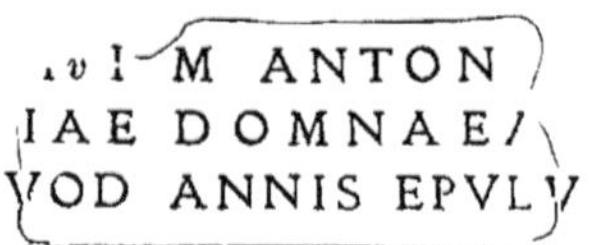

Haut. o m. 5g; larg. 1 mètre. — Sur o m. 34 à gauche, l'inscription est pelée. — Complet en bas, et en haut, où pourtant elle est un peu endommagée. — *Ligne 1.* Il reste très peu de chose des I de [*d*]*i*[*v*]*i*; l'N final incomplet. — *Ligne 2.* A la fin jambage d'un M ou d'un A. — *Ligne 3.* L'V initial et les deux dernières lettres LV très incomplètes.

d. Encastré dans un mur arabe, à l'intérieur du Dar el-Lab, maison située à l'ouest du Dar el-Acheb.

```
NT  NINI  PII  PRONEPOTIS DI
RVM ET SENATVS ET PATRIAE ToTivs
VIS DARI PRAECEPIT ITEM AGRVM
```

Haut. o m. 6o; larg. 1 m. 4o. — Complet en haut, en bas, brisé (?) à droite et à gauche, — *Ligne 2.* Les T de *Totius* dépassent les autres lettres. — *Ligne 3.* La pierre ne porte que la seconde moitié de l'V initial.

e. Enterré à 1 mètre environ de *d* dans une petite cour du Dar el-Lab.

```
VI HADRIANI ABNE
QVE DIVINAE DOMVS
QVI APPELLATVR
```

Haut. o m. 60; larg. o m. 90; épaiss. o m. 35. — Complet en haut et en bas. Brisé à gauche et à droite. — Les lettres initiales des trois lignes, V, Q et Q sont incomplètes.

f. Encastré dans le mur d'une maison arabe au-dessous du Dar el-Acheb.

```
ØMINI NOSTRI ✿
L·REMISIT
```

Haut. o m. 42; larg. 1 m. 07. — Brisé en haut et à gauche, complet à droite et en bas. — A droite, un blanc de o m. 45. — Après *nostri,* une feuille de lierre.

L'inscription paraît pouvoir se restituer de la façon suivante :

« [*Pro sal*]*ute imp. Caes. d*[*ivi Septimii Severi pii pertinacis Aug. filii, d*]*i*[*v*]*i M. Anton*[*ini nepotis, divi A*]*ntonini pii pronepotis, divi Hadriani abne*[*potis, divi Traiani et divi Nervae adnepotis*]|| *M. Au-r*[*e*]*li Antonini pii felicis* [*Aug. parth. max. britt. max. germ. max et Jul*]*iae Domnae A*[*ug. matris Aug. et castro*]*rum et senatus et patriae, totiusque domus* [*eorum* (nom du donateur) *templum genii ? d*]*omini nostri* || *quod C*[*o*]*sinia* [1] *Hermiona testamen*[*to suo fieri praeceperat, a solo fecit itemque q*]*uod annis epul*[*um civibus ? s*]*uis dari praecepit item agrum qui appellatur* [. . . . . . .]*l remisit.* »

Date. — Postérieure à la mort de Septime Sévère (février 211), antérieure à la mort de Caracalla (avril 217).

Voir l'*Appendice.*

C. I. L., VIII, 15505 (= 1483). — Dr CARTON, *Découvertes épig. et arch. en Tunisie* 1895, p. 157, n° 288. — L. POINSSOT, *Inscriptions de*

---

[1] Ou *C*[*os*]*sinia. C*[*o*]*sinia* est plus vraisemblable.

Dougga (*Bull. arch. du Comité*, 1902, p. 396-397, n° 5), et, en 1903, révision. — A. MERLIN, *Les fouilles de Dougga en 1902* (*Nouv. archives des miss.*, XI, 1904, p. 55-56).

91. Dans le mur byzantin adossé à la *cella* du Capitole, un bloc complet présentant dans la partie gauche une corniche en saillie, dans la partie droite une inscription.

PRO SALVTE
A V G · P
B R I T

Haut. 0 m. 55; larg. 1 m. 54 dont 0 m. 90 pour la partie épigraphe; épaiss. 0 m. 42. — Lettres (peintes en rouge) : *ligne 1*, 0 m. 12; *lignes 2 et 3*, 0 m. 10. — Toute la surface épigraphe avait été martelée; à la *ligne 3* l'on distingue avant *Brit* des lettres de la première inscription dont un A.

Le surnom de *britannicus* est porté dans les inscriptions par Commode (184-192), Septime Sévère (210-211) et Caracalla (210-217); il n'est repris avant Constantin que par les empereurs de la tétrarchie.

La paléographie de l'inscription ne permet guère de la placer que sous Commode ou sous les empereurs africains. Il y a lieu sans doute de restituer le nom de Caracalla, à cause du martelage apparemment destiné à cacher le nom de Géta.

P. GAUCKLER, *Rapport épigraphique sur les fouilles de Dougga en 1904* (*Bull. arch. du Comité*, 1905, p. 297). — L. P., 1905. Vu.

ELAGABAL *ou* ALEXANDRE SÉVÈRE.

92. Encastrés dans les murs byzantins entourant à l'est et au nord le Capitole, deux fragments de frise, hauts de 0 m. 50. — Lettres : *ligne 1*, 0 m. 10; *lignes 2 et 3*, 0 m. 08. — Le blanc au-dessous de la *ligne 3* est de 0 m. 12.

a.

sEVERI PII NEPOTIS DIVI
AVG·ET IVLIAE MAESAE·AVG
AE SVAE EXTRVXERAT VETVS

Larg. 1 m. 25. — *Ligne 1*. L'E a presque disparu. — *Ligne 2*.
Les mots *aug., juliae maesae aug*, ont été martelés, mais les lettres
sont reconnaissables; il reste très peu de chose des trois premières
lettres et du G final. — *Ligne 3*. L'A initial incomplet. — Le
bloc paraît brisé à droite et à gauche.

b.

et totius d|I V I N A E D O M V S E O R V M O P V S T E|mpli
    munic|IPII SEPTIMII AVRELI LIBERI THVGGENSIS R|...

Larg. 1 m. 83. — La *ligne 1* dont il reste encore des fragments
de lettres peu reconnaissables a été martelée. — *Ligne 2*. Le T =
o m. 09. — *Ligne 3*. L'I initial incomplet.

Le texte est trop incomplet pour être restitué avec certitude.
Voici un essai très approximatif de restitution :

« [*Pro salute imp. Caes. divi Septimi S*]*everi pii nepotis, divi*
[*Antonini Magni pii fil. M. Aurelii Severi Alexandri pii felicis Aug.,*
p. p., pont. max., trib. pot... cos...., et Juliae Mammaeae Aug. matris]
Aug., et Juliae Maesae Aug. [....... *et totius d*]*ivinae domus eorum*
opus te[*mpli............ pecuni*]*ae suae extruxerat vetus*[*tate corrup-*
tum respublica munic]*ipii septimii aureli liberi Thuggensis r*[*efecit?..*].

Mais on pourrait aussi restituer à la place des noms d'Alexandre
et de Julia Mammæa ceux d'Elagabal et de Soæmias.

. *Date*. — Le texte selon qu'on l'attribue à Elagabal ou à Alexandre Sévère est de 218-222, ou de 222-223, 223 paraissant
être la date de la mort de Mæsa. Il est en tout cas un des premiers,
approximativement datés, où Thugga soit qualifié de municipe (cf.
texte **87**).

A. MERLIN, *Les fouilles de Dougga en 1902* (*Nouv. archives des miss.*,
XI, 1903, p. 56-57). — L. P., 1903 et 1905. Révision et nouvelle
lecture. — P. GAUCKLER, *Rapport épigraphique sur les fouilles de Dougga*
en 1904 (*Bull. arch. du Comité*, 1905, p. 297-298).

ALEXANDRE SÉVÈRE.

93. *Cirque*. — La *meta* nord-ouest de la *spina* portait sur la
surface convexe de blocs de pierre cintrés formant un demi-cercle

une longue dédicace dont certaines parties seulement ont été retrouvées. — Les fragments *c, d, e, f, h* sont encore autour de la *meta*; *a* et *g* sont encastrés l'un au-dessus de l'autre dans l'enceinte byzantine à quelques pas des grandes citernes qui sont au nord de Dougga, à 200 mètres environ du cirque; *b,* qui sans doute lui aussi avait été utilisé dans la construction de la muraille byzantine, est à quelques mètres de *a* et de *g* : il fait partie d'un mur en pierres sèches qui, entre les citernes et l'enceinte byzantine, borde le chemin venant de la fontaine.

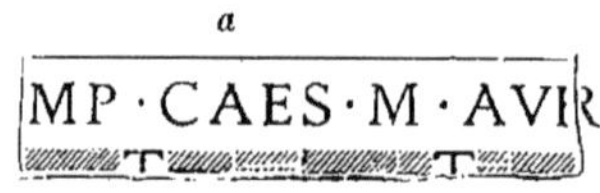

a

b

c

d

e

f

g

h

Haut. o m. 35-o m. 33; épaiss. o m. 80-o m. 6o. — Les lettres ont o m. 13-o m. 12 à la *ligne 1,* o m. 12 à la *ligne 2 :* elles sont légèrement plus espacées à la *ligne 2* qu'à la *ligne 1.* La plupart des T dépassent les autres lettres et ont o m. 15-o m. 14; plusieurs O et le D final de la *ligne 2* du fragment *h* ont o m. o65-o m. o55-o m. o35.

a. Brisé à droite, à gauche et en bas, il n'a plus que o m. 21 de haut. — Larg. o m. 90. — *Ligne 1.* Un éclat de pierre a mutilé l'M initial, à la fin la brisure suit à peu près la haste droite de l'R. — *Ligne 2.* Le haut de lettres peu distinctes parmi lesquelles il semble qu'il y ait deux T.

b. Brisé à gauche. — Larg. o m. 47.

c. Complet. — Larg. o m. 80.

d. Complet. — Larg. 1 mètre. — *Ligne 2.* Seule la haste droite de la dernière lettre était gravée sur ce bloc. La comparaison de cette haste avec celles des P et des L prouve qu'il faut lire P.

e. Complet. — Larg. o m. 95. — Il a beaucoup plus souffert des intempéries que les autres blocs; les lettres du milieu de la *ligne 1* sont en particulier fort peu distinctes et la lecture n'en est pas absolument certaine.

f. Complet. — Larg. 1 mètre. — Les lettres RI et NOSTRI sont peu distinctes.

g. Brisé à gauche. — Larg. o m. 80. — *Ligne 2.* Au début la cassure suit la haste inclinée d'un A.

h. Brisé à gauche. — Larg. o m. 90.

La partie conservée du texte a subi, semble-t-il, deux martelages. Le premier avait pour but de faire disparaître la mention du *socer augusti* associé à l'empire. Il est très distinct sur le bloc *f* où l'on reconnaît néanmoins les lettres RI et NOSTRI qui l'ont seules subi; il paraît avoir aussi porté sur ce qui a été lu ET IMP CAES, mais le bloc *e* a tellement souffert des intempéries qu'on ne peut être affirmatif à cet égard. Le second martelage plus profond avait fait disparaître *alexandri* respectant les autres noms de l'empereur. Comme A était à cheval sur les deux blocs *b* et *c*, le creux de ce martelage commence sur le bloc *b* [1]. *Alexandri* a été regravé, mais la disposition primitive n'ayant pas été reproduite dans la nouvelle gravure, il a fallu faute de place réunir R et I.

En comparant les mesures des blocs *a*, *b*, *c*, *d*, *e*, *f*, *g*, *h* à celles du soubassement de la *meta*, on voit qu'il manque environ le quart de l'assise qui portait l'inscription **93**.

L'étude des diverses restitutions possibles amène à supposer

[1] C'est M. Merlin qui a attiré notre attention sur ce point; ceux qui avaient vu le bloc *b* avant lui prenaient le martelage pour un I et lisaient *severii*. C'est en cet endroit qui n'a pas été regravé qu'on peut se rendre compte des différences qui existent entre les deux martelages.

dans le texte une lacune correspondante, les premiers mots du bloc *g* devenant inexplicables si l'on suppose l'inscription à peu près complète et les blocs manquants partiellement anépigraphes.

On reproduira ici à titre d'indication générale l'une des restitutions auxquelles on peut songer :

« [*Pro salute i*]*mp*(*eratoris*) *Caes*(*aris*) *M*(*arci*) *Aur*[*eli*(*i*)] *Severi Alexandri pii, fel*(*icis*), *Aug*(*usti*), *pont*(*ificis*) *max*(*imi*), *tri*[*b*(*unicia*) *pot*(*estate*)] *III, co*(*n*)*s*(*ulis*), *p*(*atris*) *p*(*atriae*) *et imp*(*eratoris*) *Caes*[*aris* ? [1] *soce*]*ri Aug*(*usti*) *nostri, et Juliae Mamaeae Aug*(*ustae*) *et Sallustiae Barbiae Orbianae*][2] *Aug*(*ustae*), *totiusq*(*ue*) *divin*(*ae*) *dom*(*us*) *cor*[*um, circum* [3] *quem ordini* ? *et* [4] *univ*]*erso populo promiserunt P*(*ublius*) *Labonius, P*(*ublii*) [*fil*(*ius*), *I*]*nstitor et M*(*arcus*) *Aebuti*[*us.* (. . . .) *fil*(*ius*) *H*]*onoratus* [*duumviri,.* (. . . . .). . . . . ,. (. . . .) *fil*(*ius*), ... *et.* (. . . . .). . . . . ,. (. . . .)*fil*(*ius*) *P*]*acatianus aediles, s*(*ua*) *p*(*ecunia*) *f*(*ecerunt*) *et ded*(*icaverunt*), [*l*(*oco*) *d*(*ato*) *d*(*ecreto*) *d*(*ecurionum*)]. »

L'inscription contient la première mention épigraphique du *Socer Augusti* associé comme César à l'empire par Alexandre Sévère. On connaissait le personnage ici mentionné par des textes assez vagues de Lampride, d'Hérodien et de Zonaras [5]. D'après ces textes, il était de famille patricienne, et portait pour cognomen *Macrinus* ou un nom analogue (certains manuscrits portent *Ma-*

___

[1] Les lettres sont trop effacées dans cette partie de l'inscription pour qu'on puisse considérer comme certaine la lecture qui conduit à une forme aussi singulière.

[2] Tels sont les noms donnés à Orbiana par les monnaies. On pourrait en écartant de la restitution la mention de Julia Mammaea adopter les dénominations usitées dans les quelques textes épigraphiques qui nous sont parvenus. On restituerait « *et Gnaeae Seiae Herenniae Sallustiae Barbiae Orbianae Aug*(*ustae*) *totiusq*(*ue*). . . . . » (cf. *Prosopographia*, III, 1898, p. 193, au mot *Seia*).

[3] C'est le mot qui proprement convient à l'édifice où sont les *metae*. On retrouve du reste *circus* dans un texte de Dougga (n° 160).

[4] « *t univ* » est certain (cf. n° 94). — Mais au lieu de *et*, on pourrait songer à *quot* (pour *quod*) usité dans d'autres inscriptions de Dougga (cf. n° 22, et peut-être n° 16). On aurait par exemple « *circum cum metis quot* », *quot* n'entraînant point forcément la restitution d'un neutre singulier comme *amphitheatrum*. — Il convient au reste de remarquer qu'aucune de ces restitutions ne s'accorde avec le peu qu'on distingue des lettres de la *ligne 2*.

[5] Lampride, *Vie d'Alexandre Sévère*, 49. — Hérodien, livre VI. — Zonaras, *Annales*, 2e partie, *Vie d'Alexandre Sévère*.

crianus et *Martianus*); lorsque sa fille eut épousé Alexandre Sévère et fut désignée « Augusta », il fut adopté comme « César » par son gendre, mais à la suite d'un complot militaire, il fut mis à mort, et l'impératrice fut exilée en Afrique.

Avec grande vraisemblance M. Mommsen a proposé d'identifier l'impératrice exilée avec *Gneia Sergia* (?) *Seia Herennia Sallustia Barbia Orbiana,* et de reconnaître dans le beau-père associé à l'empire le *tyrannus Sallustius* des *Chronica Minora* [1]. L'inscription de Dougga vient préciser un peu la chronologie de ces personnages. Le mariage d'Alexandre Sévère avec Orbiana et l'élévation de Sallustius Macrinus (?) au titre de César seraient antérieures à décembre 224, tandis que la mort de Sallustius et la répudiation d'Orbiana (par suite semble-t-il le mariage d'Alexandre Sévère avec Memmia, fille du consulaire Sulpicius, petite-fille de Catulus) seraient postérieures à cette date. — Les historiens de l'époque sont du reste si peu précis qu'on pourrait proposer d'autres systèmes [2] (cf. R. Cagnat, *Rapport sur une mission en Tunisie, Archives des miss.,* 3ᵉ série, XIV, 1888).

Date. — La troisième puissance tribunice d'Alexandre Sévère embrasse la période 10 décembre 223-10 décembre 224.

Voir l'*Appendice.*

C. I. L., VIII, 1492 et 15524. — Dʳ Cartox. *L'hippodrome de Dougga (Revue archéologique,* 1895, I, p. 235). — L. P., 1901 et 1906. Nouvelles lectures.

94. *Cirque.* — La *meta* sud-est de la *spina* portait sur la surface convexe de blocs cintrés qui formaient un demi-cercle une dédicace très analogue à la précédente. — Le fragment *d* est à côté de la *meta :* là étaient sans doute également le fragment *b* que nous n'avons pas retrouvé; *a* et *c* sont au pied de l'enceinte byzantine, à peu de distance des grandes citernes qui sont au sud-est du cirque.

---

[1] *Chronica Minora,* édition Mommsen, I, p. 521.

[2] Il n'est pas en effet absolument certain qu'il faille interpréter les mentions qui sont au revers de certaines monnaies d'Alexandrie et de Césarée de Cappadoce au type d'*Orbiana* par « année cinquième » ou « année sixième du règne d'Alexandre Sévère » (29 août 225-227). Ce n'est de même que sous réserves qu'on avait attribué une dédicace en son honneur à l'année 227 (*C. I. L.,* VIII, 9355).

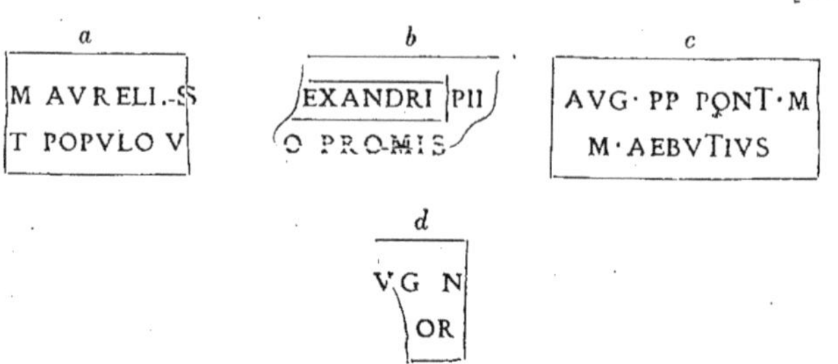

Haut. o m. 4o ; épaiss. o m. 70 — o m. 6o. — Les lettres sont
plus grandes que dans le texte **93** : *ligne 1*, o m. 17-o m. 165 ;
ligne 2, o m. 16. Dans le bloc *c* les T dépassent les autres lettres.

a. Complet. — Larg. o m. 90. — *Ligne 1*. La première haste
de M coïncide avec le début du bloc ; à la fin extrémité du bas
de S. — *Ligne 2*. Le T et l'V final sont incomplets. La barre
du T est peu profonde.

b. Brisé à droite, à gauche et en bas. — *Ligne 2*. Le bas des
lettres manque.

c. Complet. — Larg. o m. 88.

d. Brisé à gauche. — Larg. o m. 3o. — *Ligne 1*. Il ne reste
qu'une partie de l'V.

Sur le fragment *b exandri* a été martelé puis regravé.

On renvoie pour la restitution et le commentaire au n° **93**. On
remarquera seulement que les noms des magistrats ne sont pas
ici dans le même ordre que dans le texte précédent. C'est un
exemple d'un usage qu'on retrouve dans d'autres parties de
l'empire (cf. R. Cagnat, *Cours d'épigraphie latine. Supplément,*
1904, p. 483-484).

Date. — Comme le texte précédent, notre inscription est de la
période 10 déc. 223-10 déc. 224.

C. I. L., VIII, 15525 (= 1486). — L. P., 1901. Nouvelles lectures.

94 bis. *Cirque.* — Nous n'avons pas retrouvé le fragment suivant
gravé comme les textes précédents sur la surface convexe d'un bloc
cintré. Il faisait peut-être partie du texte **94**.

CIM

POS

Haut. o m. 40. — Lettres o m. 15. — *Ligne 1.* C douteux.

Dr CARTON, *L'hippodrome de Dougga* (*Revue archéologique,* 1895, 1, p. 235).

95. *Cirque.* — Il y avait sur chacune des *metae,* soit au-dessus, soit au-dessous des dédicaces précédentes, une inscription d'une ligne gravée elle aussi sur la surface convexe de blocs incurvés. — À la *meta* nord-ouest se rattache le bloc suivant qui est posé sur le soubassement de la *meta* près des blocs *c, d, e, f, h* du texte **93.**

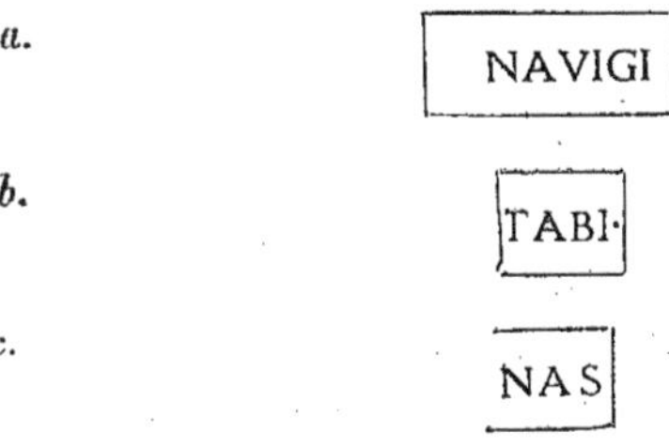

Complet. — Haut. o m. 41; épaiss. o m. 80. — Lettres o m. 16. — Blanc avant les lettres o m. 25, au-dessus o m. 11; au-dessous o m. 14.

Cf. *navigi* et *nas* du n° **96.**

L. P., 1906. Inédit.

96. *Cirque.* — Fragments d'une inscription gravée sur la surface convexe de blocs analogues à ceux qui portent les textes précédents. Ces blocs, un peu plus hauts que celui décrit sous le n° **95,** paraissent tous se rattacher à la *meta* sud-est; *a* est à 20 mètres au sud de la *meta; b* est dans un mur arabe qui longe le chemin conduisant de la fontaine dans la direction du cirque, à quelques mètres des grandes citernes; *c* a été encastré dans l'enceinte byzantine, à peu de distance des grandes citernes. — Divers blocs anépigraphes de mêmes dimensions que *a, b* et *c* ont été retrouvés autour de la *meta* ou dans le mur byzantin; ils ont pu faire partie de la même assise qui ne portait peut-être que quelques mots.

a.

NAVIGI

b.

TABI·

c.

NAS

Haut. o m. 45 ; épaiss. o m. 65 - o m. 55. — Lettres o m. 15. — Blanc au-dessus des lettres o m. 13.; au-dessous o m. 17.

a. Complet. — Larg. 1 m. 40. — Blanc avant *navigi* o m. 63.

b. Brisé à gauche. — Larg. o m. 75. — A o m. 10 de l'l un point, puis un blanc de o m. 22. — Au début la barre du T manque en partie.

c. Complet. — Larg. o m. 60. — Blanc avant *nas* o m. 14.

C. I. L., VIII, 1499 et 15526. — Dr CARTON, *L'hippodrome de Dougga* (*Revue archéologique,* 1895, 1, p. 235). — L. P., 1903. Revu.

97. *Arc de triomphe nord-ouest* (dit *Bab er-Roumia,* porte de la Chrétienne).

Dans un mur en pierres sèches, à quelques mètres de l'arc de triomphe, deux blocs de pierre, complets de tous côtés, hauts de o m. 85, épais de o m. 32, larges, *a* de 1 m. 38, *b* de 1 m. 37.

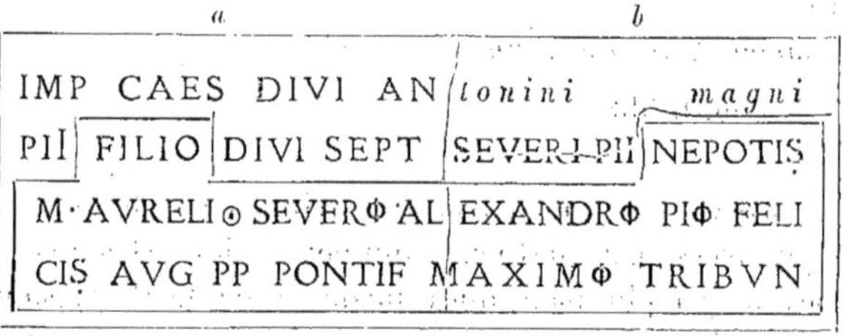

Lettres o m. 12-o m. 11 à l'exception de l'O d'*Aurelio* = o m. 06. — On voit par le fragment *a* qu'il y avait au-dessus des lettres un blanc de o m. 20. — A la partie supérieure de *b* la surface épigraphe manque sur o m. 40 environ, sans que ce soit le résultat d'un martelage comme on peut s'en rendre compte par le peu qui reste des lettres SEVERI PII. Il est possible que cette mutilation soit peu ancienne. — *Filio* et *nepotis,* de la *ligne 2,* et tous les mots des *lignes 3* et *4* ont été regravés : la place qu'ils occupent avait été martelée très profondément. Le nouveau lapicide grava d'abord par erreur AVRELI· SEVERI ALEXANDRI PII FELICIS AVG PP PONTIF MAXIMI, mettant ces noms au même cas que *Severi Pii.* Après coup, son erreur fut corrigée et c'est ce qui explique le point inscrit dans l'O d'*Aurelio,* les I inscrits dans plusieurs autres O et le martelage de l'S dans *nepotis* et dans *felicis.* — A la *ligne 2,* on devine plutôt qu'on ne voit le bas de SEVERI P.

L'inscription de la frise de l'arc se continuait sur deux autres blocs ;
un fragment de l'un d'eux a été retrouvé dans le même mur que
les deux blocs plus haut décrits et à quelques mètres de distance.

c.

Le fragment a la même épaisseur (o m. 32) que les précédents.
— Les lettres y ont même dimension (o m. 12-o m. 11) et sont
gravées de la même façon. — Haut. du fragment o m. 60; larg.
o m. 57.

Le fragment est complet en haut, mais l'espace situé entre les
lettres et le bord de la pierre (o m. 035) est insignifiant. Comme la
dernière ligne de *a* et de *b* rase le bord inférieur des blocs, on a,
malgré le passage d'un bloc à un autre, l'interligne ordinaire. —
Les *lignes 1* et *2* sont martelées, la première a été regravée, la seconde ne paraît pas l'avoir été. — *Ligne 1*. Au-dessus de II une
barre qui ne continue pas à gauche et qui est gravée sur la bordure non martelée du bloc. S incomplet. — *Ligne 3*. M et V incomplets.

On propose très hypothétiquement la restitution suivante pour
la partie inférieure de la frise.

> *icia potestate* v̄ī *. .? cos* Ī̄I DES ī̄ī̄ī
> *et juliae mamaeae aug. matri aug.*
> *municipium sep tiMIVm aure*
> *lium liberum thugga, ob merita?*

On pourrait aussi songer pour la *ligne 2* au nom du César,
beau-père d'Alexandre Sévère, dont il est question dans les inscriptions du cirque datées de 223-224 (n°s **93** et **94**). Mais comme
Alexandre Sévère ne fut « *cos des III* » qu'en 228, il faudrait attribuer au « césarat » de ce personnage une durée peu compatible
avec la rareté des textes littéraires et épigraphiques le concernant.

On s'est demandé s'il ne fallait pas reconnaître dans *b*, un texte
lu en 1837 par Pricot de Sainte-Marie de la façon suivante :

> T O N I N I   P I I   M
> E V E R I F I L N E P O T
> XIV DENDROPHORID

Les O barrés étant pris pour des lettres liées, on a pu lire à la *ligne 3* NDROPIFOIE. — A la *ligne 2*, la lecture FIL pour PII est très admissible et l'absence de IS s'explique par le fait du martelage de S et de l'usure de l'I. — On comprend moins qu'à la *ligne 1* Pricot de Sainte-Marie ait lu PII qui se retrouve à la *ligne 2* de *a*. — Même si on n'admet point l'identification indiquée, il y a lieu, croyons-nous, de suspecter la forme insolite « XIV DENDROPHORID » et de renoncer à se servir de ce texte, comme on l'a fait jusqu'à présent, pour prouver l'existence de *dendrophori* à Dougga [1].

Date. — Le fragment *c* permet de préciser l'époque où le texte fut gravé et date ainsi l'arc de triomphe. Alexandre Sévère fut *consul designatus III* en 228.

C. I. L., VIII, 1485 et 15527. — *L. P.*, 1901 et 1905. Nouvelle lecture et fragment inédit.

98. Dans un mur en pierres sèches au-dessous du temple de Caelestis.

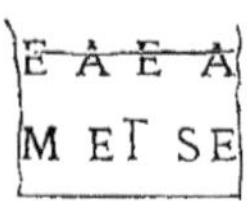

Haut. 0 m. 43; larg. 0 m. 60; épaiss. au moins 0 m. 37. — Lettres 0 m. 13, sauf le T = 0 m. 15. — Complète seulement en bas.

Ligne 1. Elle a été martelée. Le haut des lettres EAEA regravées est brisé.

Il faut lire sans doute :

[*Juliae Mama*]*eae* **A**[*ug. matri aug.*]
[*et Castroru*]*m et* Se[*natus et patriae*]

Ce fragment provient peut-être de l'arc de triomphe nord-ouest comme le texte **97.**

Date. — Mars 222–mars 235.

A. Merlin, *Les fouilles de Dougga en 1902* (*Nouv. archives des miss.*, XI, 1903, p. 91). — L. P., 1903. Revu.

<hr>

[1] Cf. par exemple H. Graillot, *Les dieux tout-puissants, Cybèle et Attis, et leur culte dans l'Afrique du Nord* (*Revue archéologique*, 1904, II, p. 338).

99. *Au sud du Capitole.* — Deux blocs étaient encastrés dans des constructions arabes situées au sud du mur byzantin et très près de l'exèdre : ils sont maintenant réunis dans l'exèdre.

a	*b*
IMP·CAES·DIVI ANTONINI MAGN	I PII·FIL·DIVI SEPTIMI SEVERI PII \ *n e p.*
M·AVRELIO SEVERO ALEXAND	RO PIO FELICI AVG PATRI PATR *i a e*
PONTIFICI MAXIMO TRIBVNICI	A POTESTATE $\overline{XI}$ CONSVLI $\overline{III}$ . . . .
ET CASTRORVM ET SENATVS ET PAT	RIAE·MVNICIPIVM SEPTIMIV *m aure*
LIVM LIBERVM THVGGA	CONSERVATORI LIBERTATIS OB M *erita*

Haut. o m. 59; épaiss. o m. 43. — Lettres o m. o8.

a. Bloc complet. — Larg. 1 m. 62.

b. Complet à gauche, en bas et en haut; brisé à droite. — Larg. 1 m. 55.

Les *lignes 2* et *3* ont été martelées puis regravées.

On ne peut guère songer, croyons-nous, à restituer autre chose que *nepoti,* ou plutôt *nep.* à la *ligne 1, m. aure* à la *ligne 4.* — Qu'on suppose, à la *ligne 4,* entre *m* et *aure* le surnom d'*alexandrianum* qu'aucun des textes découverts jusqu'ici ne donne[1] au municipe mais qu'il peut cependant avoir eu, ce surnom demandera moins de place que l'indication d'un nouveau degré généalogique à la fin de la *ligne 1,* qui est la seule chose qu'on y puisse imaginer; toute restitution conçue dans cet ordre d'idées sera forcément « boiteuse ». Un nouveau nom impérial serait du reste placé soit avant, soit après les noms plus anciens, et non au milieu d'eux; la place même donnée au surnom *alexandriana* parmi les noms de la *colonia Thugga* nous prouve bien qu'à ce point de vue Thugga ne constituait pas une exception à la règle générale, puisque *alex.* y suit *sept. aurel.* — La restitution adoptée pour la

---

[1] Une base de statue est dédiée à Gallien par la *colonia licinia sept. aurel. alex. Thugga* (texte **102**). C'est la première inscription donnant à Thugga le nom de *colonie.* Ce titre date-t-il de Gallien, remonte-t-il aux dernières années du règne d'Alexandre Sévère? Dans la première hypothèse, l'épithète *alex.* aurait été prise par le *municipium Thugga* et ne serait parvenue à la *colonia Thugga,* comme *sept.* et *aurel.,* que par son intermédiaire; dans la seconde elle rappelerait la transformation du municipe en colonie.

ligne 4 ne permet pas d'imaginer à la *ligne 1* autre chose que *nep.* ou *nepoti*[1]. Par analogie avec la forme abrégée *fil.* du degré précédent, on a préféré *nep.* à *nepoti.* — On n'insistera pas sur la restitution des *lignes 2* et *5;* à la *ligne 2*, la fin de *patriae* a précisément trois lettres comme *nep.* de la *ligne 1*, et à la *ligne 5*, la fin de *merita* cinq lettres comme *m aure* de la *ligne 4.* — On remarquera qu'en dehors même de toute considération sur la longueur probable de la lacune, les quatre restitutions sont de beaucoup les plus naturelles, celles qui se présentent tout d'abord à l'esprit. Peut-être peut-on voir dans une certaine mesure une confirmation de leur exactitude dans la faible différence qui existe actuellement entre les largeurs des blocs *a* et *b;* en adoptant des restitutions plus longues, il faudrait supposer que *b* ait été originairement beaucoup plus large que *a*, hypothèse bien moins admissible que l'égalité des blocs, qui répond mieux à leur destination, et dont la dédicace de Bab er-Roumia (texte **97**) nous donne un exemple tout à fait contemporain.

Si la restitution des *lignes 1, 2, 4* et *5* ne présente pas de difficultés, il n'en est pas de même de celle de la *ligne 3*. La suite du texte exige *et Juliae Mameae matri aug.*, car aucun empereur ne fut jamais dit *pater castrorum* et on ne voit pas comment on pourrait justifier la présence de *et* devant *castrorum*. On peut imaginer une rédaction plus longue, non plus brève. On a donc au lieu des trois, quatre ou cinq lettres qu'on était en droit de supposer par comparaison avec les autres lignes, au moins vingt-deux lettres.

Le texte **97** nous a donné un exemple incontestable d'erreurs dans la regravure d'un texte martelé d'Alexandre Sévère. L'espace de temps qui s'écoulait entre les deux gravures rendait fatales les erreurs de cette nature. Ici la fin de l'inscription dédiée *conservatori libertatis*, donc au seul Alexandre Sévère, a pu pousser le nouveau graveur à ne restituer que les titres de l'empereur[2]. On est frappé, du reste, de la place démesurée qu'occupent ces titres dont aucun n'a

---

[1] On remarquera qu'aucune inscription africaine d'Alexandre Sévère n'indique d'autres degrés généalogiques que ceux que nous lisons ici, ce qui est une preuve de plus de l'exactitude de la restitution des *lignes 1* et *4*.

[2] Il semble bien que le nom de Julia Mamaea n'ait pas été non plus regravé dans le texte **97**; toutefois le mauvais état du fragment *c* de cette inscription ne permet pas d'être bien affirmatif à cet égard.

subi les abréviations habituelles, n'ont-ils pas usurpé la place occupée
jadis par les noms de la mère de l'empereur? On concevrait assez facilement que le texte eût été primitivement rédigé selon une forme
analogue à celle-ci : *M. Aurelio Severo Alexandro, pio felici Aug.
pp. pontif. max. || tribun. potest. XI consuli III et Juliae Mammaeae
Aug. matri Aug.* Eh se conformant aux conventions adoptées dans
les parties non martelées de l'inscription, on a dans cet essai réduit à un petit nombre les abréviations; on peut voir, néanmoins
que les lettres seraient sensiblement en même quantité dans la
rédaction primitive ainsi restituée que dans le texte adopté par le
nouveau graveur (97 d'un côté, de 96 à 98 de l'autre). Le nouveau graveur eut-il recours à un « raccord » plus ou moins adroit
pour terminer sa restauration, ou renonça-t-il à établir un lien
entre les mots restitués par lui et le début de la *ligne 4* qu'il ne
pouvait s'expliquer? Y eut-il à la fin de la *ligne 3 procos* ou un
autre mot de quatre ou cinq lettres? Si notre hypothèse d'une
regravure fautive est fondée, la restitution du mot manquant est
aussi difficile que vaine.

Selon la règle adoptée dans ce mémoire on ne fera que signaler
l'intérêt qu'offre le texte pour l'histoire de Thugga. Le rapprochement qu'il établit entre « *liberum* » et « *conservatori libertatis* » n'est
peut-être pas fortuit; dans ce cas fait-il allusion à l'établissement
de ce qu'on pourrait appeler la charte de Dougga ou à sa confirmation? — En admettant que le titre donné à Alexandre Sévère
rappelle bien une grâce propre à Dougga, la « conservation de la
liberté » ne fut pas, on le remarquera, l'origine de l'épithète *alex.*
(*alexandrianum* ou *alexandriana*), qui ne figure pas plus dans le
texte **97** que dans les textes antérieurs. — Enfin, sans chercher
à préciser à quel événement se rapporte cette épithète « *alex.* »,
il est intéressant de noter qu'elle ne fut donnée à Thugga que
postérieurement à 232, date de notre inscription, donc entre 232
et mars 235.

Les dimensions des blocs sur lesquels le texte est gravé permettent de les considérer comme ayant constitué, de même que
l'inscription 97, la frise d'un arc triomphal. Thugga avait donc
dédié à Alexandre Sévère comme à Septime Sévère plusieurs
portes triomphales.

Date. — La *tribunicia potestas XI* d'Alexandre Sévère embrasse
la période 10 déc. 231-10 déc. 232. Bien que l'indication de la

puissance tribunice se trouve dans la partie regravée de l'inscription, nous ne croyons pas qu'on puisse en suspecter l'exactitude. Si le détail d'un texte devait bien vite tomber dans l'oubli, il n'en était pas de même de la date d'un monument; et quand bien même, par impossible, il y eut eu quelque hésitation sur l'époque de la construction de l'arc triomphal, il aurait été facile de consulter à ce sujet les archives et les comptes de la ville.

C. I. L., VIII, 1484. — Dr CARTON, *Découvertes épig. et arch. en Tunisie*, 1895, p. 169, n° 312. — P. GAUCKLER (*Bull. arch. du comité*, 1901, p. CXLVIII-CXLIX). — L. POINSSOT, *Les ruines de Thugga et de Thignica au XVIIe siècle* (*Mém. des Antiquaires de France*, LXII, 1903, p. 167 et 180), et révision (1901).

100. Auprès du mur byzantin, à l'est du Capitole :

Haut. o m. 45; larg. o m. 32; épaiss. o m. 17. — Lettres o m. 07. — Brisé de partout sauf à droite. — *Ligne 1.* Au début, restes d'un M. — Entre les deux lignes un blanc haut de o m. 15; on dirait qu'il y a eu martelage et que la première ligne a été regravée après coup. A cause de ce martelage on peut se demander si ce n'est point un fragment d'une inscription dédiée [*Juliae Ma*]-*mae* par le [*municipium septimium*] *aure*[*lium liberum. Thugga*].

A. MERLIN, *Les fouilles de Dougga en 1902* (*Nouv. archives des miss.*, XI, 1903, p. 65). — L. P., 1903. Revu.

101. Auprès de la fontaine située au sud de la ville, dans un mur en pierres sèches :

i m P CAI*Ls*

m. aureli() SE V*ero*

▨!!!!

ᴅ ᴅ

Haut. o m. 46; larg. o m. 15; épaiss. endommagée, au minimum o m. 26. — Lettres o m. 075, peintes en rouge. — La *ligne 3* a été martelée.

A la *ligne 4*, il ne reste que le bas arrondi d'une lettre, un G semble-t-il, et une haste droite avec un fragment de boucle, probablement un P.

> [*Im*]p. Cae[s] | [*M. Aurelio*] Sev[*ero*] | [*Alexandro*] |
> [*mun. Thug*]g. p. [*p. d. d.*].

On pouvait songer à restituer [*L. Septimi*]o. A cause du martelage de la *ligne 3*, on a préféré [*M. Aureli*]o. Sur les *metae* du cirque, le nom de Sévère Alexandre avait été martelé comme ici; on n'avait enlevé qu'*Alexandri* (cf. n[os] **93** et **94**).

A. MERLIN, *Les fouilles de Dougga en 1902* (*Nouv. archives des miss.*, XI, 1903, p. 90-91. — L. P., 1903. Nouvelle lecture.

GALLIEN.

102. *Au sud-est du Capitole.* — Au sud du mur byzantin, dans une construction arabe très voisine de l'exèdre, à l'entrée du chemin qui conduit à la mosquée.

> IMP·CAES·P·LICINIO·GALLIENO·GER
> MANICO·PIO·FELICI·AVG·PP·P·MAX
> TRIB·P·X̄·IMP·X̄·COS·ĪĪĪĪ·DESIG·V̄ PROCOS
> RESP·COL·LICINIAE·SEPT·AVREL·ALEX·
> THVGG·DEVOTA·NVMINI·MAIESTATI
> QVE EIVS

Base complète. — Larg. o m. 88; haut. o m. 67. — Lettres o m. 06.

« *Imp*(*eratori*) *Caes*(*ari*) *P*(*ublio*) *Licinio Gallieno germanico pio felici Aug*(*usto*) *p*(*atri*) *p*(*atriae*) *p*(*ontifici*) *max*(*imo*) *trib*(*uniciae*) *p*(*otestatis*) *X, co*(*n*)*s*(*uli*) *IIII, desig*(*nato*) *V, proco*(*n*)*s*(*uli*), *res-p*(*ublica*) *col*(*oniae*) *Liciniae Sept*(*imiae*) *Aurel*(*iae*) *Alex*(*andrianae*) *Thugg*(*ensis*) *devota numini majestatique ejus.* »

C'est la première inscription à date certaine mentionnant Thugga comme colonie.

Date. — Gallien a été consul IIII du 1er janvier au 31 décembre
261. — Sa 10e puissance tribunice a commencé, comme l'a démontré
M. Mowat dans l'*Appendice sur les inscriptions et monnaies datées de
Valérien et de Gallien* [1], à une date postérieure au 20 mars 261,
antérieure au 31 décembre de la même année. — On sait, d'autre
part, qu'à partir de Nerva l'année tribunicienne mobile fut remplacée par l'année tribunicienne fixe commençant le 10 décembre.
On peut croire que ce nouveau système dont M. Mommsen constate
la prédominance à l'époque de Commode était encore en honneur
au milieu du IIIe siècle, quoique souvent méconnu dans les inscriptions provinciales rédigées avec une incorrection de plus en plus
grande. — Notre texte, qui ne peut se placer qu'entre le 20 mars
et le 31 décembre 261, serait dans ce cas de la période 10 décembre–31 décembre 261.

C. I. L., VIII, 15506 (= 1487). — L. P., 1901. Revu.

103. *Enceinte byzantine, à l'ouest du Capitole.* — Plusieurs
fragments d'une grande frise sont encastrés dans la muraille. —
Cette frise avait 0 m. 54 de haut. — Les lettres de la *ligne 1* sont
fort élancées et mesurent 0 m. 19 de haut.; les lettres de la
ligne 2, au contraire assez carrées, sont en général assez espacées, elles ont 0 m. 135. — Au-dessus de l'inscription, blanc
de 0 m. 08, au-dessous, blanc de 0 m. 10 y compris une moulure
fort simple.

a.

G·GERMANICI PONT·MAX·TRIB·POT·XII *imp*
S·PAP·FELIX·IVLIANVS·EQ·R·F\·P·D *uu*

Larg. 2 m. 40. — Le bloc paraît complet, mais à droite un
éclat de pierre a enlevé à la *ligne 1* environ trois lettres, à la
ligne 2 environ deux lettres. — *Ligne 1.* XII est assez fruste.
— *Ligne 3.* Après *Julianus*, on ne voit de l'E que la haste verti-

[1] A la suite d'une étude sur le *Trésor de Monaco* (*Mém. des Antiquaires de
France*, XL, 1879).

cale et la barre horizontale inférieure, ensuite on distingue très nettement R; le Q est très effacé, la queue de la lettre n'est même pas visible. Les lettres FL·P sont frustes mais lisibles.

b.

X · COS · VI · PP · PR *ocos*

M V I R A I

Larg. o m. 75. — Le bloc est presque complet à gauche et brisé à droite. — *Ligne 1.* Le X initial et l'R final manquent partiellement.

c.

CVR · REIPVBI · PORT

DIT · IN IATIS · ER

Larg. 1 m. 70, mais sur o m. 5o la face épigraphe a été enlevée. — *Ligne 1.* Le T est légèrement endommagé. — *Ligne 2.* ER très frustes; lecture douteuse. — Le bloc, complet à gauche, est brisé à droite.

d.

FORMA IN HVIVS M

V L V M   D E C V

Larg. o m. 95. — Brisé à droite et à gauche. — *Ligne 1.* L'F endommagé. — *Ligne 2.* L'V final incomplet.

e.

ET SPORTVLAE NOMINE THVGGAM EX IND

B I · P R A E S E N T I B V S · HS L̄ M I L I B

Larg. 2 m. 35. — Bloc complet. — *Ligne 1.* La boucle du D est fruste.

f.

<pre>
┌───┐
│ VLGENTIA·I▓▓▓▓▓▓▓▓▓▓▓▓SANCTISSIMII   │
│ N̄·ET·DIE DEDICATIONI▓▓▓▓▓▓▓   │
└───┘
</pre>

Larg. 2 m. 65. — Bloc complet, mais que les racines d'un figuier ont fait éclater en plusieurs endroits. — *Ligne 1.* Après *ulgentia,* une lettre commençant par une haste droite et un espace martelé où il pouvait y avoir une douzaine de lettres. — *Ligne 2.* A la fin une haste droite, peut-être un I, et un espace fruste d'environ 6 ou 7 lettres.

Il paraît bien difficile tant qu'on n'aura point découvert de fragments nouveaux [1] de proposer une restitution. On ne donnera ici pour ainsi dire que la lecture des fragments dans l'ordre très hypothétique pour plusieurs d'entre eux où nous les avons placés :
« [*Pro salute imp. Caes. P. Licinii Gallieni au*]*g. germanici pont. max., trib. pot.* XII *?,* [*imp.*] *x, cos.* VI, *p. p., pr*[*ocos. . . . .*]
— [. . . . . . .]*cur. reipubl., port*[*icus ?. . . . . . .*] [. . . . . . . *et*] *forma in hujus m*[*oeniis ?. . . . . . .*] *et sportulae nomine Thuggam ex indulgentia* [*domini nostri ?*] *sanctissimi i*[*mperatoris ?. . . . . . .*]|||
[. . . . .]*s, pap., Felix Julianus eq. r., fl. p., duumvirali*[*cius ?. . . .* . . . *de ?*]*dit inlatis* [. . . *sestertiis . . . . . . ep*]*ulum decu*[*rionibus . .* . . . . *reipu*]*bl. praesentibus sestertiis* L *milib. n, et die dedication*[*is . . . .*].»

<hr>

[1] Il faut reconnaître dans un texte copié près du fragment *a* par M. d'Hérisson de la façon suivante :

AIDIVI. . . . . .NVLIAIXII

. . . . .VINOIDII

des parties mal interprétées du bloc *a.* — Comme *a* est dans le mur byzantin placé à l'envers, on a lu *nici pont. m* et *lix Julianu* de la façon suivante, les barres et boucles des lettres étant fort peu distinctes :

NVIIAIXII

WINOIIƆIN

On retrouvera sans peine dans cette transcription la dernière partie de la copie de M. d'Hérisson. Quant à AIDIVI, il faut sans doute y voir un essai de lecture un peu fantaisiste de la seconde ligne qui est très usée. — Voir l'*Appendice.*

Date. — Le texte est de 264 ou de 265 selon qu'on restitue *xii* [*imp.*]*x* ou *xii*[*i imp.*] *x*. On remarquera la persistance de la mention de la tribu (*pap.*).

C.I.L., VIII, 10620, 15246 *a* et *b* (attribués par erreur à Thignica), 15521. — Dr Carton et lieut. Denis, *Quelques inscriptions latines de Dougga* (*Bull. arch. du Comité,* 1892, p. 174). — P. Gauckler (*ibid.,* 1899, p. cci); *Note sur quelques inscriptions latines découvertes en Tunisie* (*ibid.,* 1900, p. 102); *Rapport épigraphique sur les fouilles de Dougga en 1904* (*ibid.,* 1905, p. 292-294). — L. P., 1901 et 1905. Nouvelles lectures [1].

104. Six fragments d'une frise, haute de 0 m. 42, épaisse de 0 m. 33. — Lettres 0 m. 125. Blanc au-dessus des lettres, 0 m. 12, au-dessous 0 m. 175.

Le fragment *c* a été trouvé dans le champ situé à l'ouest du bois d'oliviers qui entoure le temple de Caelestis, les autres dans le voisinage immédiat du Capitole et au sud du mur byzantin qui se dresse en avant de sa façade, *e* dans un mur arabe, à droite du temple, le long du chemin qui conduit à la mosquée, près du texte **102**, *b* auprès du Capitole, *a* dans une maison antique au nord et à quelques mètres du Dar el-Acheb, *d* à l'ouest et à quelques mètres de l'exèdre, *f* dans les déblais, à l'est du Capitole, au sud de la place de la Rose-des-Vents.

a.

(E IMP CAE(

Larg. 0 m. 42. — Le premier E, fruste. — Complet en haut et en bas, incomplet à droite et à gauche.

b.

PP · PROCOS ET

Larg. 1 m. 55. — Après *procos.* blanc de 0 m. 25, après *et* blanc de 0 m. 23. — Complet de tous côtés.

---

[1] C'est d'après nos lectures que M. Gauckler a publié une partie de cette inscription dans son *Rapport sur les fouilles en 1904.* Il en est de même de plusieurs autres textes insérés dans ce rapport.

c.

> CORNELIAE SALO

Larg. o m. 85. — Complet en haut et en bas.; la première lettre
et la dernière lettre (C et O) incomplètes.

d.

> A PECVNIA A S

Larg. o m. 58. — Complet à gauche, en haut et en bas; brisé
à droite.

e.

> O EXTRVXIT EXCOLVIT ET

Larg. 1 m. 23. — Complet en haut et en bas. — Au début,
fragment de courbe ayant sans doute appartenu à un O; à la fin,
barre horizontale très indistincte, peut-être fragment d'un T.

f.

> DEDICAVIT · SPORT·D

Larg. 1 mètre. — Paraît complet de tous côtés. — Le D initial
très effacé.

Il faut sans doute restituer : « [*Pro salut*]*e imp. Cae*[*s. P. Licinii
Gallieni*.......] *pp. procos. et Corneliae Salo*[*ninae Aug*.....
......*su*]*a pecunia a s*[*ol*]*o extruxit, excoluit et dedicavit, sport*(*ulis*)
d[*atis decurionibus ?*.....] ».

Date. — Règne de Gallien (253-268). — Les inscriptions de
Salonine sont rares en Afrique (*C. I. L.*, VIII, 960. — *Bull. arch. du
Comité des trav. hist.*, 1901, p. 145).

C.I.L., VIII, 15510 (= 1505). — L. Homo, *Le forum de Thugga*
(*Mélanges de Rome*, 1901, p. 19). — L. P., 1901 et 1905. Fragments
inédits. — A. Merlin, *Fouilles à Dougga* (*Bull. arch. du Comité*, 1901,
p. 392), et, *Les fouilles de Dougga en 1902* (*Nouv. archives des miss.*,
XI, 1903, p. 91-92).

105. *Théâtre.* — Base complète déposée près de la scène. Elle a été trouvée dans l'orchestre au bas de la loge occidentale.

```
FORTISSIMO · AC
PIISSIMO·D·N·PROBO
AVG·QVOT·SAECVLO
EIVS ; VNIVERSVS · OR
BIS · FLOREAT · COL·ĦVG
GA·NVMINI·EIVS·DICATS
SIMA·CVRNTE IVL·ITALCo
C·V·DEVOTSSIMO MIESTAT
EIVS
```

Larg. o m. 64; haut 1 m. 70; épaiss. o m. 62. (La partie épigraphe a o m. 47 de large, o m. 80 de haut.) — Lettres : *lignes 1-8*, o m. 08; *ligne 9*, o m. 04. — Lettres liées : *ligne 5*, TH; *ligne 6*, TI; *ligne 7*, AN, LI; *ligne 8*, DE, TI, MA, TI. A la *ligne 7*, l'O d'*Italico* a o m. 035.

« *Fortissimo ac piissimo d*(omino) *n*(ostro) *Probo Aug*(usto), *quoi saeculo ejus universus orbis floreat, col*(onia) *Thugga numini ejus dicatissima, curante Jul*(io) *Italico c*(larissimo) *v*(iro) *devotissimo majestati ejus.* »

Date. — Postérieure à la mort de Florien et à la reconnaissance de Probus par le Sénat (juin-juillet ? 276); antérieure à la mort de Probus (août ou septembre 282).

Dr CARTON, *Le théâtre romain de Dougga*, p. 117-118, n° 6 (*Mém. présentés par divers savants à l'Acad. des Inscr.*, XI, 2e partie, 1904.) — L. P., 1901. Revu.

106. Dans la tranchée ouverte entre la plate-forme à double colonnade qui est au sud du Capitole, et la place triangulaire située au nord du Dar el-Acheb.

fortissimo defens ORI DIGNI

*tatis et libe*RTATIS

*imp. caesari m. au*RELIO PROBO

pio felici invicto AVG PONTIFIC[1]

maximo trib. pot. ... *cos* ......

Haut. o m. 38; larg. o m. 32. — Lettres o m. 07, à l'exception de l'I final de la *ligne 4*, qui est très petit. — Brisé à gauche et en bas; complet en haut et à droite. — Lettres brisées : *ligne 1*, O; *ligne 2*, RT; *ligne 3*, R; *ligne 4*, A. — On pourrait restituer au début, au lieu de [*defens*]*ori*, [*restitut*]*ori* ou [*conservat*]*ori*.

On remarquera que, contrairement à ce qui s'est produit d'ordinaire en Afrique, le nom de Probus n'a pas été martelé dans les textes **105** et **106**.

Date. — Entre juillet 276 et septembre 282.

A. MERLIN, *Les fouilles de Dougga en octobre-novembre 1902* (*Bull. arch. du Comité,* 1902, p. 377, n° 3.) — L. P., 1903. Revu.

DIOCLÉTIEN ET MAXIMIEN.

107. *Aux environs du Capitole.* — Trois fragments : *a*, qui n'a pas été retrouvé, a été vu par Guérin « sur un bloc mutilé dans une maison voisine du temple ». — *b* mis au jour « devant le Capitole ». — *c* découvert derrière le Capitole.

a.

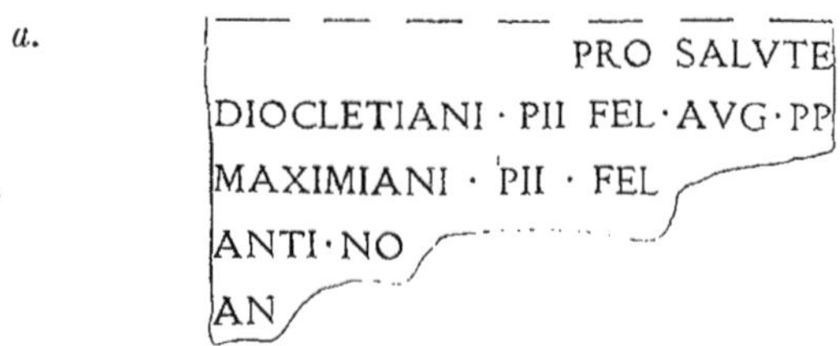

Sans doute complet en haut, et brisé en bas, à droite et à gauche. — Lettres o m. 10.

b.

~~IMI · CAE~~
OBILISS·IMI · CAES
r ES P· COL·THVGG·S
VA ▨ CAI ▨

Complet en bas. — Haut. o m. 85; larg. o m. 65; épaiss.
o m. 27. — Lettres : *ligne 2*, o m. 088, à l'exception du C =
o m. 096; *ligne 3*, o m. 08. — Blanc au-dessous de la *ligne 4*,
o m. 135,

Ligne 1. La partie supérieure des lettres manque. — *Ligne 2.*
Le haut de OBILISS manque, l'S final est très mutilé. — *Ligne 3.*
On ne voit que la haste droite de l'E, la lecture en est donc dou-
teuse. — *Ligne 4.* Elle a été martelée; lecture très douteuse.

c.

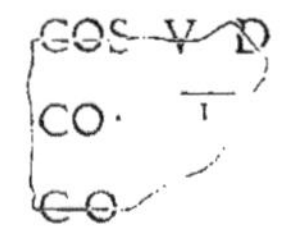

Brisé de tous côtés. — Haut. o m. 28; larg. o m. 32; épaiss.
o m. 25. — Lettres o m. 085.

Ligne 1. Le haut des lettres manque; il ne reste que l'angle
inférieur de gauche du D. — *Ligne 2.* Après COS, le haut d'une
haste droite, surmontée d'un trait droit incomplet à droite. —
Ligne 3. Le bas de CO manque.

Suivant la place donnée au fragment *c*, l'on restituera :

« *Pro salute* [*dddd. nnnn.*] || [*Imp. Caes. C. Valeri*] *Diocletiani
pii fel. Aug. p. p.* [*pont. max. trib. pot. XII*] *cos V d*[*es. VI procos.
et*] || [*Imp. Caes. M. Aureli*] *Maximiani pii fel.* [*Aug. p. p. pont.
max. trib. pot. XI*] *cos. I*[*III procos. et*] || [*Fl. Valeri Consta*]*nti no-
*[*biliss*]*imi Caes*[*aris tribunicia potestate. . .*] *co*[*s. des II et*] || [*Gal. Valeri
Maximi*]*an*[*i n*]*obilissimi Cae*[*saris tribunicia potestate . . . cos*]. »

ou

« *Pro salute* [*dddd. nnnn.*] || [*Imp. Caes. C. Valeri*] *Diocletiani
pii fel. Aug. p. p.* [*pont. max. trib. pot. XV, cos. VI, des. VII pro-
cos. et*] || [*Imp. Caes. M. Aureli*] *Maximiani pii fel.* [*Aug. p. p. pont.
max. trib. pot. XIIII*] *cos. V de*]*s. VI procos. et*] || [*Fl. Valeri Con-
sta*]*nti no*[*biliss*]*imi Caes*[*aris tribunicia potestate . . .*] *cos I*[*I et*] || [*Gal.*

Valeri Maximi]an[i n]obilissimi Cae[saris tribunicia potestate..] *co[s. II...].* »

Date. — Selon qu'on adoptera l'une ou l'autre des restitutions précédentes, l'inscription se placera à la fin de l'année 295 (première restitution) ou à la fin de 298 (deuxième restitution).

C.I.L., VIII, 1489. — L. Homo, *Le forum de Thugga* (*Mélanges de Rome*, 1901, p. 18). — L. P., 1901. Lectures nouvelles. — A. Merlin, *Fouilles de Dougga* (*Bull. arch. du Comité*, 1902, p. 387-388, n° 32.)

108. *A l'ouest du Capitole.* — Encastré dans le mur byzantin accolé à la *cella* du temple, à l'est d'une petite poterne.

P R O   S A L V *te imp.   cae* S   M A V*[r. valeri maximiani*

SEMPER AVG · TOTIVSQVE   DO*[mus divinae*

ANNO PROCONS · II · AVR · ANTIOC*hi*

Complet à gauche, en bas, et, sauf éclats de la partie épigraphe, en haut. — Larg. 1 m. 45; haut. 0 m. 60. — Lettres : *ligne 1,* 0 m. 115; autres lignes, 0 m. 105. — Il y a un blanc de 0 m. 22 après *totiusque.*

Sur le proconsul d'Afrique Aurelius Antiochus, v. Cl. Pallu de Lessert, *Fastes des provinces africaines*, II, p. 15.

Date. — Le texte se place entre le 1er avril 286, date à laquelle Maximien devint Auguste et le 1er mai 305, date de son abdication. M. Tissot a proposé de placer Aurelius Antiochus entre 299 et 302.

C.I.L., VIII, 15507 (= 1488). — L. P., 1901. Revu.

VALENS, GRATIEN ET VALENTINIEN II.

109. Cinq fragments d'une grande inscription (longueur supérieure à 5 mètres). Les lettres, assez bien gravées, ont en moyenne 0 m. 10 à 0 m. 11; quelques-unes sont encore colorées en rouge. — Haut. des fragments 0 m. 43; épaiss. 0 m. 34. — Blanc au-dessus des lettres 0 m. 06, au-dessous 0 m. 10.

a. Au sud et dans le voisinage immédiat du théâtre, dans un

gourbi arabe. La pierre sert de seuil ; l'inscription est tournée vers
l'intérieur de la maison.

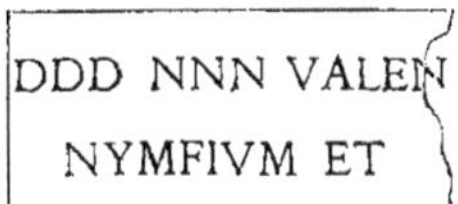

Larg. o m. 90. — Brisé à droite, le bloc est complet à gauche,
en haut et en bas. A gauche, à sa moitié postérieure, il présente
une entaille de forme rectangulaire. — *Ligne 1.* A la fin, le premier
jambage de l'N.

b. A l'ouest du théâtre, dans une des maisons arabes qui lui sont
contiguës.

Larg. 1 m. 10. — Brisé à droite et à gauche. — Complet en
bas et en haut. — *Ligne 1.* La première partie de l'N initial et la
seconde de l'N final manquent. Le premier A de *Gratiano* est très
petit. — *Ligne 2.* Il ne reste que le haut de l'I initial.

c. Fragment enfoui à quelques mètres des grandes citernes qui
sont au nord de la ville dans le voisinage du cirque, un peu au-
dessous du chemin qui vient de la source.

Larg. 1 m. 5o. — Brisé à droite et à gauche, complet en haut
et en bas. — A droite, sur o m. 27, la partie antérieure de
la pierre est éclatée et les lettres ont disparu. — *Ligne 1.* Le
premier O de *proconsu[latu]* = o m. o5. — *Ligne 2.* Le premier
I de *civitatis* = o m. o4, le second = o m. o9.

d. Près du fragment *c.*

```
·VC · VSI · CANALI QVI V
PERFECIT  EXcOLVIT
```

Larg. 1 m. 15. — Brisé à droite et à gauche, complet en haut et en bas. — A droite, sur o m. 16, la partie antérieure de la pierre est éclatée. — *Ligne 1.* Le premier A de *Canali* = o m. o65, la seconde moitié de l'V final a disparu. — *Ligne 2.* Le C d'*excoluit* = o m. o65.

e. A l'est du Capitole, au sud de la place de la Rose-des-Vents, dans les déblais; deux fragments se raccordant exactement.

```
S NON SERVIEBA
OReFLAMONII PE
```

Larg. o m. 90. — Bloc complet à gauche, en haut et en bas, brisé à droite. — *Ligne 1.* Presque rien de l'A. — *Ligne 2.* E de ORE a o m. o5, L a o m. o6 et occupe la moitié supérieure de la ligne, A a o m. o5 et occupe la moitié inférieure. Le haut des lettres OREF est sur le plus grand fragment, le bas sur le plus petit.

f. Au nord-est du Capitole, à quelques mètres du temple de Mercure deux fragments se raccordant exactement.

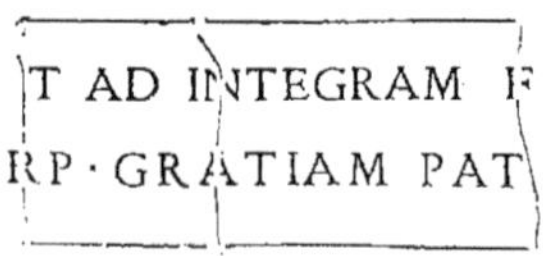

Larg. o m. 90. — Bloc brisé à droite et à gauche, complet en haut et en bas. — *Ligne 1.* Le T initial est incomplet. A la fin la cassure paraît suivre une haste droite. — *Ligne 2.* Il ne reste que la queue de l'R initial.

Il semble qu'on peut restituer :

*D. D. D. N. N. N. Valenti Gratiano et Valen[tini]ano auggg.,
proconsu[latu. . . . .] v(iri) c(larissimi), v(ice) s(acra) j(udi-
cantis), canali qui v[etustate? corruptu]s non serviebat ad integram
f[ormam. . . . . .] || Nymfium et jam quod aquas red[. . . .]s in usum
civitatis effund[ebat. . . . . . .] perfecit, excoluit [et dedicavit ?], [ob
hon]ore flamonii perp(etui) gratiam pat[riae ?. . . . . .]* »

La restitution de la seconde ligne RED. . . .S offre quelque in-
certitude; il manque quatre ou cinq lettres, on peut songer à un
participe comme *redactas* qui paraît un peu court, *redemptas* ou
redductas avec un *d* redoublé. Mais le mot mutilé pourrait être aussi
bien le nom de la source.

Le texte contient la première mention d'un *nymphaeum* à Dougga. — Il y a lieu d'hésiter pour le nom de proconsul à restituer;
en dehors de Chilo, dont le proconsulat est contesté, nous trouvons
entre novembre 375 et août 378, comme proconsuls d'Afrique,
Decimius Hilarianus Hespérius, fils du poète Ausone, et Thalassius
son gendre. (Cf. Pallu de Lessert, *Fastes des prov. afric.*, II,
p. 82-88 et 391.)

Date. — Règne de Valens, Gratien et Valentinien II. — 22 novembre 375-9 août 378.

C. I. L., VIII, 1490. — Dʳ Carton et lieut. Denis, *Notice sur les fouilles
exécutées à Dougga* (*Bull. d'Oran*, 1893, p. 162). — L. P., 1901 et
1905. Nouvelles lectures et fragments inédits. — A. Merlin, *Les
fouilles de Dougga en 1902* (*Nouv. archives des miss.*, XI, 1903, p. 93-
95).

THÉODOSE I OU II.

110. *A l'est du Capitole.* — Quatre fragments d'une même inscription, hauts de o m. 26, épais de o m. 40. — *a*, encastré dans un
mur arabe à 40 mètres environ à l'est du temple de la Piété Auguste, *b, c* et *d*, trouvés en déblayant la partie septentrionale
de la place de la Rose-des-Vents. — Les lettres varient de
o m. 09 à o m. 07 et de o m. 04 à o m. 02, les consonnes
n'ayant jamais ces dernières dimensions; elles ont l'aspect hésitant
des lettres des plus basses époques et paraissent barbares auprès des
caractères de l'inscription de Valens, Gratien et Valentinien qui est
cependant bien peu antérieure.

a.

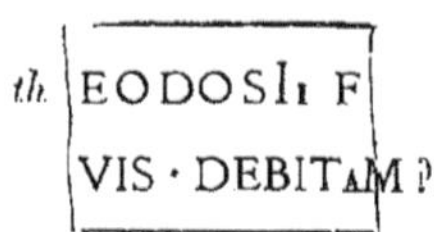

Larg. o m. 47. — Brisé à droite et à gauche. — Au début du bloc, il manque à chaque ligne au moins une lettre, un éclat de pierre ayant enlevé la surface épigraphe. — *Ligne 1.* La dernière lettre, incomplète à droite, peut être aussi bien lue P que F.

b.

Larg. o m. 82. — Brisé à droite et à gauche. — *Ligne 1.* Il manque le haut de SB. Ensuite un monogramme, qu'on peut lire ELL (?). Sur l'I qui suit, un petit I. A la fin la moitié de l'M manque. — *Ligne 2.* Au début, RE liés.

c.

Larg. des deux morceaux se raccordant 1 m. 07. — Brisés à droite et à gauche et partiellement en haut.

Il est difficile de proposer une restitution même approximative. Peut-être peut-on lire : « [*beatissimis temporibus ? Th*]*eodosii e*[*t. . .*
. . . . injurii]*s belli*(?) *incuriaque deform*[*atam ?. . .*
. . .]*. . . nia i*[*n*]*stantem sede. . . . . .uis* (?) *debitam. . . . . . .*
remissam meliore cultu [*e*]*t prospectu ob honorem duov*[*iratus*]. »

L. Poinssot, *Les fouilles de Dougga en 1903* (*Nouv. archives des miss.*, XII, 1904, p. 429), et en 1905, révision. — P. Gauckler, *Rapport épigraphique sur les fouilles de Dougga en 1904* (*Bull. arch. du Comité*, 1905, p. 294-295).

111. *Près du Capitole.* — « Au sud de la place dallée, au pied
du mur byzantin. »

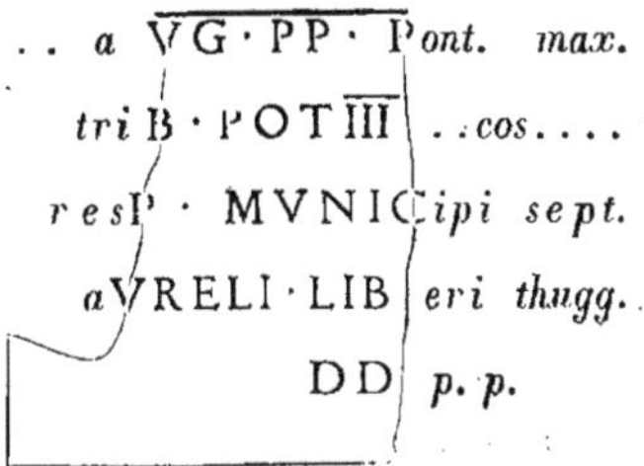

Haut. o m. 60; larg. o m. 35; épaiss. o m. 25. — Complet en
bas, et au-dessous de la partie épigraphe à gauche, brisé partout
ailleurs. — Lettres o m. o95. — La première lettre de chaque
ligne est incomplète. — *Ligne 1.* Le P final brisé. — *Ligne 2.* Il ne
reste que le haut de la dernière haste droite. Il se pourrait que
le chiffre III soit suivi d'un autre chiffre, la base horizontale étant
incomplète. — *Ligne 3.* Peu de chose du C.

Date. — A cause de la mention du *municipium Thugga,* le texte
se place entre 195 et 261. La mention de la puissance tribunice III
ou IIII peut s'appliquer aux empereurs suivants qui ont aussi porté
sur leurs inscriptions le titre de *p(ater) p(atriae)* : Septime Sévère
(195-196); Elagabal (220-221); Sévère Alexandre (224-225),
Maximin (237-238), Gordien III (240-241); les deux Philippe
(246-247), Trébonien Galle et Volusien (253), Valérien et Gallien
(255-256).

L. Homo, *Le forum de Thugga* (*Mélanges de Rome,* 1901, p. 19-20).
— L. P., 1901. Nouvelles lectures. — A. Merlin, *Fouilles à Dougga*
(*Bull. arch. du Comité,* 1901, p. 395-396).

112. *Aux environs du Capitole.* — Deux fragments conservés
actuellement au Dar el-Acheb.

d. n. (?). . . . . ,   *a.*

procous. . . . . . . ISS . . .

. . . . . ., *v. c.* VICE *sa*

cra jud., p APIRIVs

. . . . *b* ASILIus

v. e. (?) *curato* K· REIP·

spl e ~~N DIDISS~~ *imae*   *b.*

col. t HVGGENSI·N*u*

mini m AIESTATIQVE

ejus? DEVOTVS ✢

Lettres assez irrégulières de basse époque o m. o3.

a. Haut. o m. 22; larg. o m. 17; épaiss. (incomplète) o m. o55.
— Le fragment est complet à droite, mais une petite partie de la
surface épigraphe a disparu.

b. Haut. o m. 44; larg. o m. 28; épaiss. (incomplète) o m. 18.
— Au-dessus du texte, blanc de o m. 24. — Le fragment est
complet à droite, brisé des autres côtés.

a. Ligne 1. Le haut des lettres manque. — *Ligne 3.* Le début
de l'A manque. — *Ligne 5.* Au début, fragment d'une lettre
arrondie, P ou R.

b. Ligne 1. Le haut des lettres manque, presque rien de l'N.
— *Ligne 2.* Après [*t*]*huggensi* (sans doute pour *thuggensis*) un
point puis le bas d'une lettre qui paraît être un N. — *Ligne 3.*
L'A initial et l'E final incomplets.

Restitutions très douteuses.

Dr Carton, *Découvertes épig. et arch. en Tunisie,* 1895, p. 154-
155, n°s 283 et 284. — L. P., 1906. Nouvelles lectures.

113. *Au sud du Capitole.* — Deux fragments qui se raccordent
exactement.

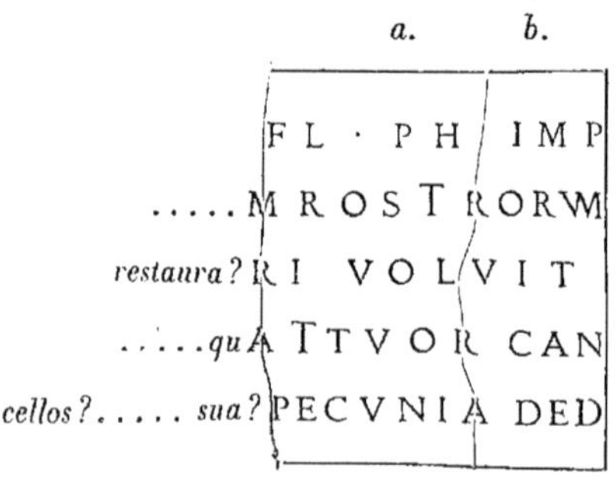

a. En avant d'une petite place dallée, au pied et au nord du

mur byzantin. — Complet en bas et en haut; brisé à droite et à
gauche. — Larg. o m. 41.

b. Trouvé auprès de l'angle sud-est du mur byzantin, à côté de
l'exèdre. — A la *ligne 2*, R, à la *ligne 4*, R, à la *ligne 5*, A sont
à cheval sur l'un et l'autre fragment. — Complet à droite, en bas
et en haut.

Les lettres ont o m. 11, à l'exception du T de la *ligne 2* et
du premier T de la *ligne 4* = o m. 125. Au-dessous de la
ligne 5, un blanc de o m. 25 de haut. — La *ligne 1* n'offre jusqu'ici aucun sens satisfaisant, la lecture est cependant certaine.

Les fragments ont une hauteur de o m. 95, une largeur commune de o m. 76 et une épaisseur de o m. 25.

Sur les *rostra* des villes d'Afrique, voir Cagnat et Boeswillwald,
Timgad, une cité africaine sous l'empire romain, 1892 et années
suivantes, p. 5o et 51. — Cf. *C. I. L.*, VIII, 2354, 5178, 7986.

A propos de [*qu*]*attuor cancellos*, cf. texte **77**.

Dr Carton, *Découvertes épig. et arch. en Tunisie*, 1895, p. 169-170,
n° 313. — L. Homo, *Le forum de Thugga* (*Mélanges de Rome*, 1901,
p. 16). — L. P., 1901 et 1905. Révision et rapprochement. — A. Merlin, *Les fouilles de Dougga en 1902* (*Nouv. archives des miss.*, XI,
1903, p. 6o-61), et, en 1904, nouvelle lecture (qu'il a bien voulu nous
communiquer).

114. *Au sud du Capitole.* — A l'ouest de l'exèdre, non loin du
bastion byzantin.

Haut. o m. 35; larg. o m. 41; épaiss. minima o m. 23. —
Lettres o m. 09. — Intervalle entre les lignes o m. o35. — Complet en haut et à gauche, brisé ailleurs.

Ligne 1. On ne voit que le bas du C. — *Ligne 2.* Au début,
blanc de o m. 32; la seconde lettre commençait par une haste
droite. — *Ligne 3.* Haut d'une lettre arrondie, B, P, D ou R.

A. Merlin, *Les fouilles de Dougga en 1902* (*Nouv. archives des miss.*,
XI, 1903, p. 57). — L. P., 1903. Revu.

115. *A l'est du Capitole.* — Au nord de la place de la Rose-des-Vents, dans les déblais.

PRO SAL
AVRE

Complet seulement à gauche et en haut. — Larg. o m. 78. — Lettres o m. 14.

Voir l'*Appendice.*

L. P., 1905. Inédit.

116. Parmi les fragments déposés au Dar el-Acheb et trouvés aux environs.

tri (B · POT)

Haut. o m. 15; larg. o m. 31; épaiss. (incomplète) o m. 12. — Brisé de tous côtés. — L'O, haut de o m. 08, est seul complet; B et P devaient avoir environ o m. 11, T o m. 13.

L. P., 1906. Inédit.

116 bis. *A l'est du Capitole.* — Dans les déblais.

. . . .*p* (ONT · M) *ax.*
trib. pot. . . ICO s.

Haut. o m. 11; larg. o m. 10. — Lettres o m. 04. — Brisé de tous côtés. — Au-dessus de la *ligne 1* traces d'une autre ligne. — *Ligne 2.* Le bas des lettres manque, l'O est plus petit que les autres lettres.

L. P., 1906. Inédit[1].

----

[1] La série des textes impériaux est exceptionnellement riche puisqu'elle s'étend sur quatre siècles. Elle constituera la base d'un album où nous reproduirons les principales inscriptions datées de Thugga. Sans cet album, il est impossible d'exposer les modes successivement adoptées par les graveurs de Thugga. On fera seulement remarquer que l'usage local fut souvent ici contraire aux règles que l'on croit généralement avoir présidé dans les provinces aux transformations de l'écriture monumentale. On nous excusera dès lors d'avoir donné dans ce mémoire si peu de place à la paléographie comme moyen de datation.

III

PERSONNAGES MUNICIPAUX.

117. *Théâtre.* — Près de l'entrée sud-est on a trouvé une base brisée à sa partie inférieure.

```
ASICIO ADIVTORI
STATVAM PVBLICE
    DECRETAM
M · VIBIVS FELIX MR
t ANVS ET ASI cia
v ICTORIa
```

Haut. o m. 80; larg. o m. 67-o m. 45; épaiss. o m. 43-o m. 64. — Lettres : *lignes 1, 2, 3, 4*, o m. 07; *ligne 5*, o m. o5. — *Ligne 6*, le bas des lettres manque. Lecture douteuse.

Une Asicia Victoria, qui avait sans doute épousé un Vibius puisque sa fille s'appelait Vibia Asicianes, est mentionnée dans les textes **118** et **119.** Il est probable qu'il s'agit dans le n° **117** d'elle et de son mari. Il convient toutefois de remarquer que le nom qui suit dans le n° **119** *Asiciae Victoriae conjugi* ne paraît pas être celui de M. Vibius; s'était-elle remariée?

Date. — S'il s'agit bien d'Asicia Victoria, mère de Vibia Asicianes, la base est probablement antérieure aux textes **118** et **119** qui ont été gravés entre 195 et 261.

Voir l'*Appendice.*

Dr Carton, *Le théâtre romain de Dougga*, p. 170-172, n° 16 (*Mém. présentés par divers savants à l'Acad. des Inscr.*, XI, 2e partie, 1904). — L. P., 1901. Nouvelle lecture.

118. Dans la première cour d'une maison immédiatement contiguë à l'est au Dar el-Acheb, une base complète.

ASICIAE VICTORIAE

FL · THVGGENSES OB MVNI

ſICIENTIAM ET SINGVLA

REM LIBERALITATEM EIVS

IN REMP · QVAE OB FLAMONIVM

*v*IBIAE ASICIANES FIL SVAE HS C

M!L N · POLLICITA ST EX QVORVM RE

*d*ITV LVDI SCAENICI ET SPORTVLAE

DECVRIONIBVS DARENTVR · DD

VTRIVSQVE ORDINIS POSVER ·

Haut. 1 m. 53; larg. 0 m. 53. — Lettres : *lignes 1-4*, 0 m. o5; *lignes 5-6*, 0 m. o4; *lignes 7-8*, 0 m. o35; *lignes 9-10*, 0 m. o3.

Ligne 2. De l'F initial on ne voit que la barre du milieu; la seconde lettre est certainement L. — *Ligne 3.* La première lettre, *ſ*, manque; il y a *icientiam* au lieu de *icentiam*. — *Ligne 6.* La première lettre, *v*, manque. — *Ligne 7.* Il y a *pollicitast* au lieu de *pollicita est* qui conviendrait. — *Ligne 8.* Au début une lettre, *d*, manque.

« *Asiciae Victoriae fl(aminicae), Thuggenses ob muni[ſ]icentiam et singularem liberalitatem ejus in remp(ublicam), quae ob flamonium [V]ibiae Asicianes, fil(iae) suae, sestertium c(entum) mil(le) n(ummum) pollicita [e]st, ex quorum re[d]itu ludi scaenici et sportulae decurionibus darentur, d(ecreto) d(ecurionum) utriusque ordinis, posuer(unt).* »

Date. — Le texte est probablement contemporain du texte 119 où il est question des mêmes personnages, et qui fait mention du *municipium septimium aurelium liberum Thugga*. Il est comme lui postérieur à 195, date à laquelle Thugga n'était pas encore municipe, antérieur à 261, époque où Thugga est colonie.

C. I. L., VIII, 1495, et, addit., p. 938. — A. Merlin, *Les fouilles de Dougga en 1902 (Nouv. archives des miss.*, XI, 1903, p. 95-97). — L. P., 1903. Revu.

119. *Théâtre* — Deux fragments, d'un long bloc de pierre qui portait au moins deux inscriptions.

a   b

NETI	ASICIAE VICTORIAE CONIVGI A
ET	OB·MVNIFICENTIAM LIBERALEM ET SINGVLARE *m in civitatem*
ARIS	ET PARIAM SuAM QVAE PROBO ANIMO·ET EXEM *plari virtute*
	TER SVMMAM FLAMONII PERP SVI HONORARI *am ampliaverit*
VTERQ·	ETIAM FILIAEsVAE ASICIANES SINGVLARI · SPLE *ndore ob flamonium*
	IS·C·MIL·N·P ATRIAE SVAE DONAVERIT EX *quorum red(itu) dec(urionibus)*
RAT	VTRIVSQ·ORDINIS·SPORTVLAE CVRIIS E *pulum et universo*
HVGG	POPVLO GYMNASIA PRAESTENTVR LVD *ique scaenici dentur*
	STATVAM QuAM VTERQ·ORDO DECR *evit* . . . .
	RESP·MVN·SePT·AVR·LIB·THVGG·POSV *it* . . . .

L'un des fragments, *a*, large d'environ o m. 48, a été découvert dans le théâtre; l'autre, *b*, très fruste, large d'environ o m. 5o, était jadis dans une maison adossée à la partie sud-ouest du théâtre. Les deux fragments sont actuellement déposés sur l'une des terrasses qui bordent au sud le théâtre.

Bloc complet en haut et en bas seulement. — Haut. o m. 8o; épaiss. o m. 3o. — Entre les deux textes, blanc de o m. 25. — Au-dessous de la *ligne 6* de l'inscription de gauche, blanc de o m. 25. — Lettres : dans le texte de gauche o m. o6; dans celui de droite o m. o5.

Le fragment *a* ne présente pas de difficulté de lecture. — Dans le fragment *b*. *Ligne 1,* après *conjugi,* le bas de lettres très peu distinctes, deux hastes droites, un V, une lacune d'une lettre, puis, semble-t-il, une haste droite, à la fin un A. *Ligne 5,* peu de chose de l'E final qui est douteux. *Ligne 7,* la dernière lettre est douteuse. *Ligne 8,* à la fin, fragment de lettre arrondie, est-ce un D ?

On propose sous toutes réserves pour le texte de gauche la restitution suivante :

« [*Vibiae Asicia*]*neti,* [*flamin(icae) perp*]*et(uae) ?* ·......*aris,* [*statuam quam*] *uterq(ue)* [*ordo decreve*]*rat,* [*resp(ublica) municipi(i) t*]*hugg(ensis)* [*posuit*]. »

Date. — Thugga devint municipe vraisemblablement entre 195 et 211, colonie en 261 ou à une date peu antérieure.

Dr Carton et lieut. Denis, *Notice sur les fouilles exécutées à Dougga* (*Bull. d'Oran,* 1893, p. 174). — Dr Carton, *Le théâtre romain de Dougga,* p. 177, n° 20 (*Mém. présentés par divers savants à l'Acad. des Inscr.,* XI, 2e partie, 1904). — L. P., 1901. Fragment inédit et lectures nouvelles.

120. *Actuellement au temple de Saturne.* — « Pierre en forme de tronc de pyramide, dont la partie supérieure est munie à ses quatre angles d'un godet, où l'on devait faire des libations. » (Dr Carton). Elle a été découverte dans une des *cellae* du temple de Saturne; c'est une base de statue qui fut employée postérieurement à un autre usage.

asi CIAE VICT oriae
AVIAE
. . . . TVS MINERVIAN us
pa TRONVS PAGI et
ci VITATIS POSVI t

Lettres o m. o6.

L'inscription est antérieure à la conversion de Thugga en municipe (entre 195 et 211) : le dédicant, *patronus pagi et civitatis*, n'est
point citoyen romain, car on ne peut songer à restituer au début de
la *ligne 3* que les deux ou trois lettres commençant un cognomen
en *tus, castus, laetus,* et non un gentilice — Dans la précédente inscription il était fait mention du *mun. sept. aur. lib. Thugga.* —
De plus la qualification d'*avia* nous prouve que l'Asicia Victoria
dont il est ici question était fort âgée, sinon morte, quand cette
base lui fut élevée.

S'il ne s'agit pas de deux personnages différents de la même famille portant le même nom, les textes précédents datent d'une
époque tout à fait voisine de la conversion de Thugga en municipe.

Dʳ Carton, *Le sanctuaire de Baal-Saturne (Nouv. archives des miss.,*
VII, 1897, p. 389). — L. P., 1901. Revu.

121. *Théâtre.* — Base déposée dans l'annexe demi-circulaire qui
est au sud de l'édifice.

a   b

Q CALPVRNIO PAPIRIA
ROGATIANO PATRONO PAGI
e T CIVITATIS THVGGENSIVM
p RAEFECTO FABRVM EQVO PVBL
co ex ORNATO AB IMPERATORIB Vs
m. aurelio anto NINO . . . .

Incomplète à sa partie inférieure et à sa partie postérieure. Les deux fragments *a* et *b* se raccordent exactement. — Haut. o m. 60 ; larg. des fragments réunis, o m. 52 ; épaisseur très incomplète, o m. 18. — Lettres : *ligne 1*, o m. 05 ; *lignes 2, 3, 4, 5*, o m. 04 ; *ligne 6*, les caractères brisés à leur partie inférieure devaient avoir environ o m. 025.

Ligne 1. Il ne reste que le bas du Q. — Il manque o m. 05 au début de la *ligne 3*, o m. 07 au début de la *ligne 4*, o m. 10 au début de la *ligne 5*, o m. 13 au début de la *ligne 6*. — *Ligne 6.* Lecture douteuse ; il nous semble voir le haut d'une haste droite grêle, semblable au dernier jambage des N du reste de l'inscription, une haste droite, le haut d'un N et le haut d'un O.

Date. — La mention des *imperatores* ne peut être antérieure à 161. D'autre part, l'élévation de Thugga au rang de municipe paraît dater de Septime-Sévère (postérieurement à 195), et la *praefectura fabrum* disparaît à la fin du IIᵉ siècle. On peut dès lors hésiter pour l'époque à laquelle *Q. Calpurnius* est devenu chevalier romain, entre l'une ou l'autre des trois périodes, 161-169, 176-180, 198-211 ; ce qui reste de la *ligne 6* permet, semble-t-il, d'éliminer la dernière de ces périodes. Quant à la date de la base, il est probable qu'elle est postérieure à celle de la construction du théâtre (166-169).

Dr CARTON et lieut. DENIS, *Notice sur les fouilles exécutées à Dougga* (*Bull. d'Oran*, 1893, p. 174). — Dr CARTON, *Le théâtre romain de Dougga*, p. 118, n° 7 (*Mém. présentés par divers savants à l'Acad. des Insc.*, XI, 2ᵉ partie, 1904). — L. P., 1901. Nouvelles lectures.

122. *Théâtre.* — Fragment de base trouvé dans la *cavea*.

TO

et l. vERO · AVGVSTIS · ARMEn

*i a c*IS PARTHICIS · MX · STATVA*m*

*d e c r*ETAM OB MERITA

« . . . . . [*ab imperatoribus M. Aurelio An*]*to*[*nino et L. V*]*ero augustis arme*[*niac*]*is parthicis max*(*imis*) *statua*[*m decr*]*etam ob merita* »

Épaisseur de la pierre o m. 45. — Lettres : o m. 035.

Le fragment appartenait-il à la base de *Q. Calpurnius* ?

Date. — La dignité dont la base fait mention se place entre

166, époque à laquelle M. Aurèle prend comme L. Verus le surnom de *parthicus maximus*, et la mort de L. Verus (169).

Dr Carton, *Le théâtre romain de Dougga*, p. 118, n° 8 (*Mém. présen*
tés par divers savants à l'Acad. des Insc., XI, 2e partie, 1904).

123. *Théâtre.* — Base qui d'après ses dimensions et le texte
qui y est gravé supportait une statue équestre. A cette statue d'assez
petite dimension, puisque sa base n'a dans le plus grand sens que
1 m. 32, faut-il rattacher un fragment de cheval en terre cuite découvert au théâtre?

```
                         ............CIPR
        p A.P CIVILI · PATRO
  no exemp|ARIO · ET  Æ M V
    ob mut|V V M  A M O R E M
     in ci|VES  ET  IN PATRIAM
   libera|LITATEM · VTERQVE ORDO
        M|VNERATVS  BONI  CIVIS  ET
        p|ATRONI MERITA QVA DECRETIS
   AVCTORITATE HONORAVERANT
  sTATVAM  EQVESTREM  RESPVBLca
   MVN·SEPT·AVR·LIB·THVGG POSVIT
   OB  AMORIS  MVTVI  MEMORIAM
          SEMPITERNAM
```

Base complète, sauf éclats à la partie antérieure sur laquelle le
texte est gravé. — Larg. 0 m. 50; haut. 0 m. 82; épaiss. 1 m. 32.
Lettres : *lignes 1-6*, 0 m. 045; *lignes 7-13*, 0 m. 04.
Ligne 1. Lecture douteuse. — *Ligne 4.* L'V initial douteux. —
Ligne 8. L'S final incomplet. — *Ligne 10.* A la fin LI liés.

Date. — Entre la conversion de Thugga en municipe (entre 195
et 211), et la conversion de Thugga en colonie (avant ou en 261).

Dr Carton, *Le théâtre romain de Dougga*, p. 178, n° 22 (*Mém.*
présentés par divers savants à l'Acad. des Inscr., XI, 2e partie, 1904). —
L. P., 1901. Nouvelles lectures.

124. *Théâtre.* — Près de l'entrée sud-est deux fragments qui paraissent provenir de la même base.

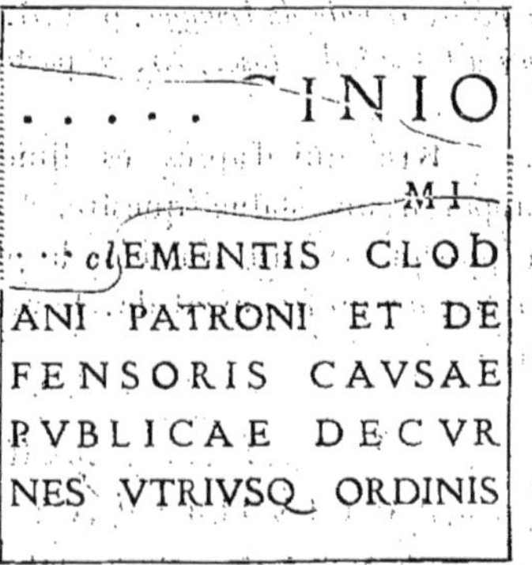

Larg. et épaiss., au milieu (partie épigraphe) o m. 49, en haut et en bas o m. 70.

a. Haut. à la partie antérieure, o m. 55 dont o m. 3o de moulures. — Lettres o m. o5.

b. Haut. à la partie antérieure, o m. 70 dont o m. 35 de moulures. — Lettres o m. o35.

Ligne 1. Au début une lettre arrondie, B, C, G, O ou D, puis une haste droite. — *Ligne 2.* Bas de lettres peu distinctes, peut-être MI.

Y avait-il au début ..... *genio* ?

Dʳ Carton, *Le théâtre romain de Dougga*, p. 177 (*Mém. présentés par divers savants à l'Acad. des Insc.*, XI, 2ᵉ partie. 1904). — L. P., 1901. Nouvelles lectures.

125. Trouvé dans le jardin qui s'étend au nord du Capitole. Actuellement au Dar el-Acheb.

/ TESENIO · PAPIR · DATO

pOMPEIANO EQVITI ROM

pat.? sPLENDIDISSIMI MV.

Haut. o m. 4o; larg. o m. 55; épaiss. o m. 32. — Lettres o m. o45-o m. o5.

Complet en haut et à peu près à droite.

Les deux dernières lettres de la *ligne 3* sont douteuses. Dans une base plus loin reproduite (n° **129**), il y a à la seconde ligne « *splendidissimae col. Thugg...* »; y avait-il ici « *[patrono s]plendidissimi mu[nicipii]* »?

A. MERLIN, *Les fouilles de Dougga en 1902* (*Nouv. archives des miss.*, XI, 1903, p. 98). — L. P., 1903. Revu.

126. *Au sud du Capitole.* — En avant de la poterne du fort byzantin, près de la ruelle à plan incliné, M. Sadoux a découvert un grand piédestal dont la base et le couronnement sont brisés. Sur la face principale :

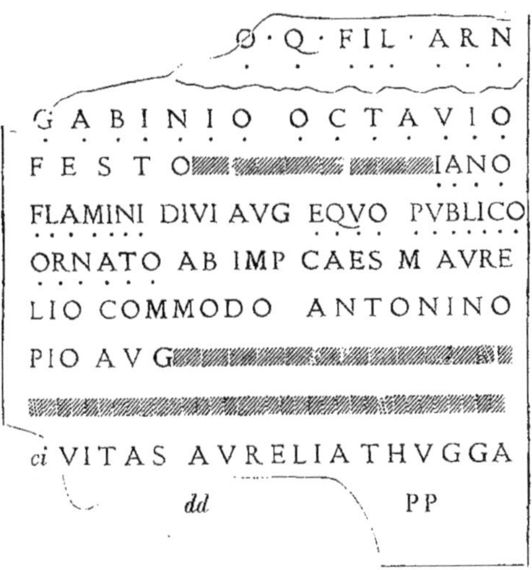

La base est complète à sa partie postérieure. — Larg. 0 m. 50; haut. 0 m. 85. — Lettres : *ligne 1*, 0 m. 07; *lignes 2 et 3*, 0 m. 06; *ligne 4*, 0 m. 05; *ligne 5*, 0 m. 045; *ligne 6*, 0 m. 035; *lignes 7, 8 et 9*, de 0 m. 05 à 0 m. 045.

La plus grande partie du texte a été martelée avec soin; les noms et titres du personnage ont été systématiquement effacés tandis que l'on respectait les noms de l'empereur et de la cité. — La partie supérieure du texte (*ligne 1*) a été brisée depuis la découverte et n'a pu être retrouvée. — A la *ligne 2*, les lettres 1 et 3 sont peu reconnaissables, cependant la lecture donnée paraît probable. — A la *ligne 3*, après FESTO, des caractères très altérés où l'on a cru reconnaître successivement RII..IACO; SERVIANO; SVFA...O. Il y a peut-être SVFETIANO. — Aux *lignes 7 et 8*, fragments de lettres peu reconnaissables.

Deux autres textes de Dougga (**127** et **128**) paraissent pouvoir être rapprochés de celui-ci. Le n° **128** présente la même particularité du martelage des noms et des titres du personnage honoré. Dans le n° **127** on retrouve la mention rare de *civitas Aurelia Thugga* qui termine le texte **126**. Les uns et les autres sont du reste antérieurs à la conversion de Thugga en municipe, et s'il n'y a pas dans le texte **127** de mention de la *civitas*, on y trouve le *pagus thuggensis*. Dans les textes **126** et **128** on retrouve le titre de *flamen divi Augusti*, dans les textes **127** et **128** celui de *sacerdos Aesculapi*. — Il est donc possible que ces diverses bases se rapportent au même personnage ou à des personnages d'une même famille.

La base est dediée par la *civitas aurelia Thugga*. Deux autres inscriptions donnent seules le surnom d'*aurelia* à Thugga, l'une est la dédicace de l'exèdre (n° **80**) qui paraît être de la période 183-192, l'autre (n° **127**) semble se rapporter au même personnage que la base n° **126** et serait par conséquent bien vraisemblablement postérieure comme elle à l'avènement de Commode. L'on remarquera d'autre part que des textes contemporains de Marc-Aurèle, aucun ne donne un surnom à la cité, pas plus la base au divin Antonin qui est de la période 164-166 que les diverses bases aux Marcii qui sont sans doute comme le Capitole de 166-169. La *civitas* obtint-elle le titre d'*aurelia* durant les dix dernières années du règne de Marc-Aurèle, ou, comme nous le supposerions plus volontiers, sous Commode, antérieurement à 192? Les futures découvertes nous l'apprendront peut-être. Il serait également intéressant de savoir si le surnom *aurelium* que l'on trouve parmi les titres du *municipium Thugga* est une sorte de legs de la *civitas*, ou bien s'il évoque les bienfaits d'autres empereurs également « *aurelii* » comme Caracalla et Alexandre Sévère. Le texte **87**, si son attribution à l'arc de Septime Sévère n'était pas douteuse, viendrait à l'appui de la première hypothèse qui paraît du reste la plus vraisemblable.

Date. — Le texte ne peut être antérieur au règne de Commode

(180-192) ni postérieur à la conversion de Thugga en municipe qui eut lieu probablement entre 195 et 211.

P. Gauckler (*Bull arch. du comité*, 1904, p. CLXXII-CLXXIII), et, *Rapport épigraphique sur les fouilles de Dougga en 1904* (*ibid.*, 1905, p. 299–301) — R. Cagnat, *Revue des publications épigraphiques* (*Revue archéologique*, 1904, II, p. 301-302, n° 79). — L. P., 1905. Revu.

127. *A l'est du Capitole.* — Dans la partie septentrionale de la place de la Rose-des-Vents (fouilles de M. Sadoux).

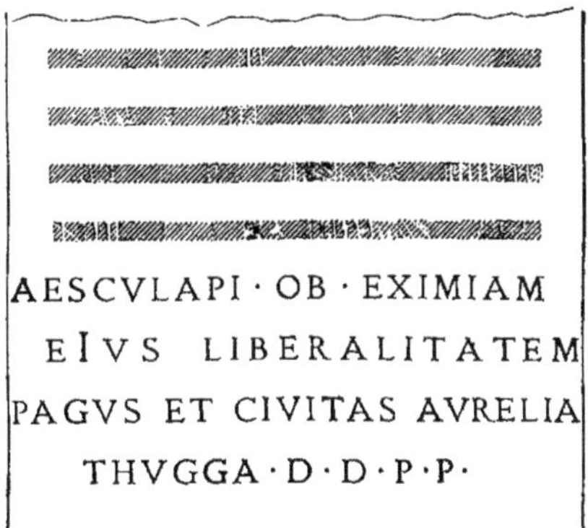

Haut. o m. 85; larg. o m. 54; épaiss. o m. 65. — Lettre o m. 045, peintes en rouge.

La base a été employée dans la construction d'un monument public. Tandis qu'on transformait en bossage la face supérieure, tout le haut du texte était pour ainsi dire limé par le frottement. On distingue çà et là dans la partie usée des fragments de lettres; elle comprenait quatre lignes, plus les trois premières lettres, encore reconnaissables de ce qui, dans l'état actuel, est la *ligne 1* du texte. Aucune trace de martelage.

« . . . [*sacerdoti ?*] *Aes*]*culapi ob eximiam ejus liberalitatem, pagus et civitas aurelia Thugga d(ecreto) d(ecurionum) p(ecunia) p(ublica).* »

Date. — A propos du texte **126**, on a expliqué pour quelles raisons on ne ne croyait pas que la *civitas Thugga* ait pris le surnom d'*aurelia* avant les dernières années du règne de Marc-Aurèle. D'autre part la base est antérieure à la conversion de Thugga en municipe qui paraît dater de la période 195-211. Les caractères de l'inscription sont du reste assez analogues à ceux des textes de Dougga qui datent des trente dernières années du IIe siècle.

P. GAUCKLER, *Rapport épigraphique sur les fouilles de Dougga en 1904 Bull. arch. du Comité*, 1905, p. 298-301). — L. P., 1905. Révision.

128. *Au sud du Capitole.* — A l'ouest de l'exèdre, auprès de la plate-forme à double colonnade, dans les déblais, deux fragments se raccordant exactement.

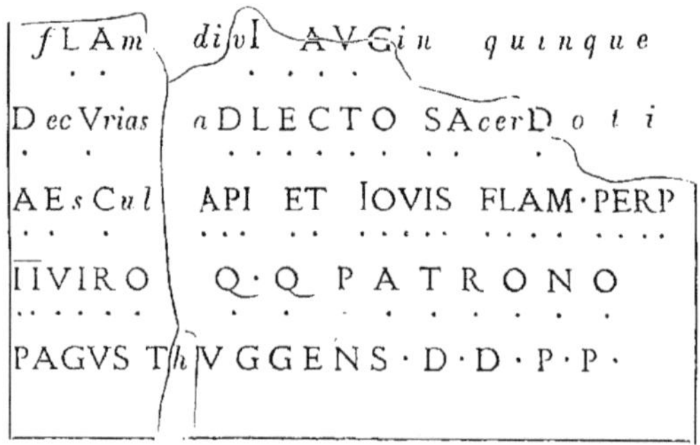

Haut. o m. 45; larg. o m. 52; épaiss. o m. 50. — Lettres o m. 045. — La base complète en bas, à gauche, et partiellement à droite, est brisée en haut. Les quatre premières lignes ont été martelées mais cependant sont en grande partie lisibles.

« . . . [ƒ]la[m(ini) div]i Aug(usti), [in quinque] d[ec]u[rias a]dlecto, sa[cer]d[oti] Ae[s]c[ul]api et Jovis, ƒlam(ini) perp(etuo), duumviro q(uin)q(uennali), patrono, pagus T[h]uggen(sis), d(ecreto) d(ecurionum) p(ecunia) p(ublica). »

Il est probable que ce texte se rapporte au même personnage que les textes **126** et **127**. Les fonctions énumérées ici ont-elles bien été exercées à Dougga et non à Carthage? Comme dans d'autres inscriptions de Dougga des deux premiers siècles, il y a, croyons-nous, lieu à discussion.

Date. — Antérieure à la conversion de Thugga en municipe (entre 195 et 211) et si la base a été rapprochée avec raison des textes précédents postérieure à la mort de Marc-Aurèle (180).

A. MERLIN, *Fouilles à Dougga* (*Bull. arch. du Comité*, 1901, p. 394). — IDEM, *Les fouilles de Dougga en octobre-novembre 1901* (*ibid.*, 1902,

p. 376-377), et nouvelle lecture (1904), qu'il a bien voulu nous communiquer. — Revu par moi en 1903 et 1905.

129. *A l'est du Capitole.* — Dans la partie septentrionale de la place de la Rose-des-Vents.

```
[ · INSTANIO · PAP · COMMODO · ASICIO · A
♦ SPLENDIDISSIMAE  CO [ · THVGGae
♦ DVMVIRALICIO · AEDI[ICIO
♦ LIBENTISSIME ADQVE ABSTINEN tissime
  S · · · · · AS AVRESSINEONE · · · R-E
```

Larg. o m. 85; haut. o m. 44. — Lettres o m o55. — Brisé en haut et à droite; des autres côtés, encadré d'une moulure.

Ligne 1. Peut-être *Asicio A[djutori]* (cf. n° **117**). — *Ligne 3, dumviralicio* est pour *duumviralicio*. — La lecture de la *ligne 5* est douteuse. Au début S, puis il manque quatre lettres, ensuite le haut de AS. A la fin le haut d'un O ou d'un Q, le haut d'un N, une haste droite qui paraît avoir fait partie d'un E, puis après une lacune de deux lettres le bas d'un P ou d'un R, E et I. Y avait-il quelque chose comme : *s[tatu?]as aure[a]s ? sine one[re] rei[p(u-blicae)* ...]? — On distingue le haut d'une sixième ligne.

Date. — Le texte est postérieur à 232, date à laquelle Thugga était encore municipe (voir texte **99**). On remarquera ici, comme dans la grande inscription dédiée à Gallien (n° **103**), la persistance de la mention de la tribu.

P. GAUCKLER, *Rapport épigraphique sur les fouilles de Dougga en 1904* (*Bull. arch. du Comité*, 1905, p. 302-303). — L. P., 1905. Nouvelle lecture.

130. *Théâtre.* — La base suivante a été retrouvée dans le déblaiement de la scène. Elle a le même aspect paléographique, la même décoration et à peu près les mêmes dimensions que des bases à C. Marcius Q. f. Arn. Clemens et à L. Marcius Q. f. Arn. Simplex. Ces diverses bases étaient peut-être sur la scène.

Q · M A R C I O Q_V Ř

MAXIMO OB MVNIFI

CENTIAM · L· MARCI · SIM

PLICIS · FILI · EIVS · ET OB

IPSIVS MERITA PAGVS ET

CIVITAS THVGGENSIS

POST MORTEM D· D· P· P

CVRATORIBVS · C· MODIO

RVSTICO · L· NVMMIO · HONORATO

IVLIO MCRO SALLVSTIO IVLIANO

Base : larg. o m. 57 et o m. 43; haut. 1 m. 25. — *Partie épigraphe :* larg. o m. 28; haut. o m. 65. — Lettres o m. o6, o m. o4.

« *Q(uinto) Marcio, Quir(ina), Maximo, ob munificentiam L(ucii) Marci Simplicis, fili(i) ejus, et ob ipsius merita, pagus et civitas thuggensis, post mortem, d(ecreto) d(ecurionum) p(ecunia) p(ublica) : curatoribus, C(aio) Modio Rustico, L(ucio) Nummio Honorato, Julio Macro, Sallustio Juliano* »

Q. Marcius Quir. Maximus, père de L. Marcius Arn. Simplex et de C. Marcius Arn. Clemens, est sans doute, l'absence d'indication de filiation le fait supposer, le premier de sa race qui acquiert le droit de citoyen romain. L'inscription ne nous donne malheureusement aucun renseignement sur sa carrière. On remarquera qu'il appartient à une tribu différente de celle de ses enfants On est peut-être en présence d'un cas analogue à ceux qu'a signalés M. Mommsen [1]. Alors que Q. Marcius Maximus, devenu citoyen par une concession impériale d'un Claudien ou d'un Flavien, aurait été inscrit dans la tribu de l'empereur, la *Quirina,* ses enfants auraient été rattachés au contraire à la tribu de leur lieu de naissance, la tribu Arnensis : on sait que Carthage où L. Marcius Simplex et C. Marcius Clemens furent flamines est inscrite dans cette

---

[1] MOMMSEN, *Le droit public romain,* trad. P. F. Girard, VI, 2, p. 434.

tribu. Si l'hypothèse est fondée, il y aurait là un exemple intéressant des efforts faits pour faire rentrer les citoyens isolés, « hors cadre », dans l'organisation municipale.

Date. — Antérieure à la conversion de Thugga en municipe qui paraît avoir eu lieu entre 195 et 211, cette base a été sans doute comme la base **131** érigée à l'occasion de la construction du Capitole par L. Marcius Simplex et par L. Marcius Simplex Regillianus (166-169).

Dr CARTON, *Le théâtre romain de Dougga,* p. 172, n° 17 (*Mém. présentés par divers savants à l'Acad. des Inscr.,* XI, 2ᵉ partie, 1904). — L. P., 1901. Nouvelles lectures.

131. *Théâtre.* — Base avec encadrement de rinceaux trouvée sur la plate-forme située en avant de la façade.

```
C · MARCIO · Q · F
ARN · CLEMENT
FLAMINI  DIVI
VESPASIANI CIKN
QVINQVE DECVRIAS
ADLECTO AB IMP· ANTO
NINO AVG· PIO OBMVNFI
CENTIAM L MARCI SIM
PLICIS FRATRIS EIVS ET HO
NOREM MEMORIAE IPSIVS
PAGVS ET CIVIT THVGG DDPP
curatoRIB· C· MODIO · RVSTICO
l. nummio HONORATO · IVLIO
macro  sallustio  juliano.
```

Brisée à sa partie inférieure. — Larg. 0 m. 60 et 0 m. 43; haut. 1 m. 30. — Partie épigraphe : larg. 0 m. 29; haut. 0 m. 70.

Lettres : *ligne 1,* 0 m. 07; *ligne 2,* 0 m. 06; *ligne 3,* 0 m. 05;

ligne 4, o m. o5; *ligne 5*, o m. o4; *lignes 6, 7 et 8*, o m. o35; *ligne 9*, o m. o3; *lignes 10-13*, o m. o25.

« *C(aio) Marcio, Q(uinti) f(ilio), Arn(ensi), Clementi, flamini divi Vespasiani c(oloniae) J(uliae) K(arthaginis), in quinque decurias adlecto ab imp(eratore) Antonino Aug(usto) Pio, ob munificentiam L(ucii) Marci Simplicis fratris ejus et honorem memoriae ipsius, pagus et civi-t(as) thugg(enses), d(ecreto) d(ecurionum) p(ecunia) p(ublica) : [cura-to]rib(us) C(aio) Modio Rustico, [L(ucio) Nummio] Honorato, Julio [Macro, Sallustio Juliano].* » (Les restitutions étant justifiées par les textes 130 et 132.)

La qualité d'*adlectus in quinque decurias* portée par C. Marcius Clemens et par son frère L. Marcius Simplex (cf n° 132) ajoute quelques éléments nouveaux à leur biographie. — Pour qu'ils aient été choisis pour cet honneur, il a fallu qu'à l'époque de leur naissance leur père fut citoyen romain; ceci est d'autant plus intéressant à noter que l'inscription des fils dans une tribu diffé-rente de celle de leur père aurait pu faire supposer le contraire; c'est dans une certaine mesure la justification de l'hypothèse émise à propos du texte précédent. — *Adlecti* par l'empereur Antonin le Pieux, les deux frères sont forcément nés avant 131, puisqu'il fallait avoir au moins trente ans pour être admis dans une des cinq classes de jurés. — Enfin de ce même titre ressort la richesse de la famille, puisque chaque frère avait à l'époque de sa nomina-tion au moins 200,000 sesterces, cens requis pour les deux der-nières classes [1].

C. Marcius Clemens exerça comme son frère L. Marcius Sim-plex un flaminat à Carthage : il fut *flamen divi Vespasiani*, fonction dont je ne connais pas d'autre exemple africain. Il mourut anté-rieurement à l'érection de la base ici reproduite qui porte « *ob hono-rem memoriae ipsius* ».

Date. — Le texte antérieur à la constitution de Thugga en mu-nicipe a été gravé en même temps et par les soins des mêmes curateurs que ceux dédiés à Q. Marcius Maximus et à L. Marcius Simplex; il est vraisemblablement ainsi qu'eux contemporain du Capitole (166-169).

Dr Carton et lieut. Denis, *Notice sur les fouilles exécutées à Dougga* (*Bull. d'Oran*, 1893, p. 173-174) — L. P., 1901. Nouvelles lectures.

[1] Mommsen, *Le droit public romain*, trad. P. F. Girard, VI, 2, p. 141.

132. *Au sud-ouest du théâtre.* — Base qui sert actuellement de pilier dans la maison d'Ahmed ben Amor, située dans le voisinage immédiat du théâtre, le long du chemin qui passe au-dessus des ruines importantes (terrasse, arcade...) dites « temples de la Concorde » (cf. n°s 16 et 17). — Cette base faisait partie de la même suite d'inscriptions que les textes précédents, et comme eux provient probablement du théâtre.

```
l.  MARCIO Q F
   [ARN · SIMPLICI
 pa TRONO PAGI Et ci
 vit ATIS · FLAMINI
 perpe)TVO · FLAMINi
 di VI AVG · CIk AEDIli
 iN QVINQVE DECVRias
 ab iMP · ANTONINO AVg
 adlECTO · OB · EGREGIAM · EIus
 mnnifi CENTIAM · PAGVS · ET · Civi
 tas THVGG · DD · PP · CVRATORib.
 c. mod IO · RVSTICO · L · NVMmio
 hon ORATO · IVLIO · MACRO
 [SALLVSTIO · IVLIANO
```

La partie supérieure, anépigraphe, de la base, est enfoncée en terre.

La base a un peu plus de 1 m. 40 de haut., o m. 5o de larg. et o m. 45 d'épaiss. — Haut. de l'inscription environ o m. 80.

Les angles ont disparu.

Lettres : *ligne 1*, o m. o65; *lignes 2 et 3*, o m. o5; *ligne 4*, o m. o45; *ligne 5*, o m. o4; *lignes 6 et 7*, o m. o35; *lignes 8, 9 et 10*, o m. o3; *lignes 11, 12, 13 et 14*, o m. o2.

Les restitutions sont justifiées par les deux textes précédents dont le commentaire peut du reste s'appliquer en grande partie à celui-ci. Dans une étude postérieure, on insistera sur les titres de *flamen perpetuus* et d'*aedilis*. Notons seulement qu'assez vraisemblablement l'un et l'autre titres se rapportent à des fonctions exercées à Dougga et non à Carthage. S'ils sont séparés c'est parce que le rédacteur du texte a voulu selon l'usage habituel réunir tous les sacerdoces du personnage. On connaît des *flamines perpetui* de Dougga contemporains ou même plus anciens, mais l'interprétation des textes **65** et **66** qui pourraient faire conclure à l'existence d'*aediles* à Thugga avant sa transformation en municipe reste douteuse.

Date. — Pour les mêmes raisons que les textes précédents, l'inscription est sans doute de la période 166-169.

C. I. L., VIII, 1494. — L.P., 1901. Nouvelles lectures.

133. *Au nord du Capitole.* — A 60 mètres environ derrière le temple; dans un mur en pierres sèches.

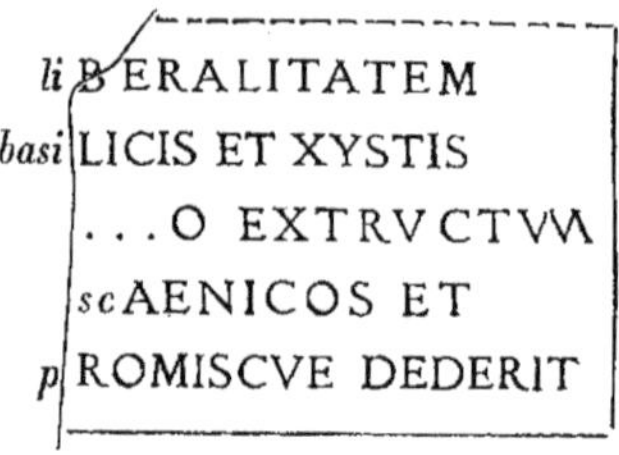

Haut. 0 m. 48; larg. 0 m. 58; épaiss. 0 m. 20. — Lettres : *ligne 1,* 0 m. 055; *ligne 2,* 0 m. 05; *lignes 3, 4, 5,* 0 m. 045. — Complet à droite et partiellement en bas, incomplet à gauche, et peut-être en haut; blanc au-dessous du texte, 0 m. 11.

Les mots de la *ligne 2,* [*basi*]*licis et xystis,* rappellent l'inscription gravée sur l'entablement du grand ordre du théâtre. La mention des *ludi scaenici* fait également songer au théâtre. Aussi M. Merlin propose-t-il de rapporter le texte à P. Marcius Quadratus et restitue-t-il :

« [*P. Marcio Quadrato* ‖ *ob insignem ejus in remp(ublicam) li*]*bera-litatem* ‖ [*quod theatrum cum basi*]*licis et xystis* ‖ [*et porticis et scaena sumptu su*]*o extructum* ‖ [*fec(it) idemq(ue)*] *sportulas et ludos sc*]*aenicos et* ‖ [*epulum et gymnasium p*]*romiscue dederit.* »

A. MERLIN, *Les fouilles de Dougga en 1902* (*Nouv. archives des miss.,* XI, 1903, p. 97). — L. P., 1903. Revu.

134. *Au sud-est du Capitole.* — En déblayant les constructions situées au sud de la place de la Rose-des-Vents on a trouvé le fragment d'une base qui avait été retaillée de façon à servir de frise dans un édifice de basse époque.

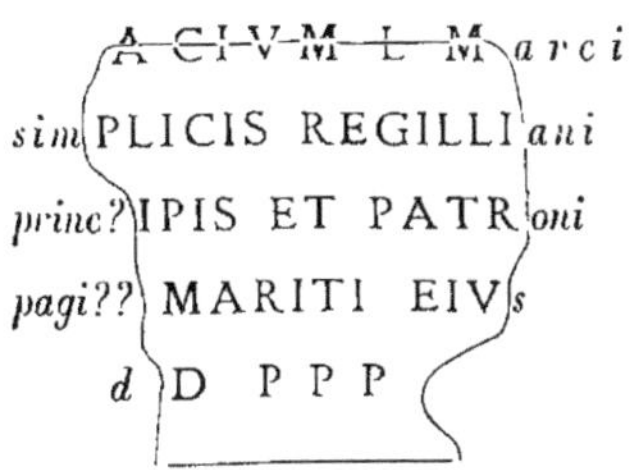

Haut. o m. 37; larg. o m. 32; épaiss. o m. 5o. — Lettres o m. o5.

Ligne 1. Le haut des lettres manque : lecture douteuse.

La base était apparemment dédiée à la femme de L. Marcius Simplex Regillianus, le second des dédicants du Capitole. Les restitutions restent très douteuses, principalement celle de *principis*, puisque aucune inscription de Dougga ne mentionne un *princeps*.

L.P., 19o5. Inédit.

135. *A l'est du Capitole.* — Dans le déblaiement de la place de la Rose-des-Vents.

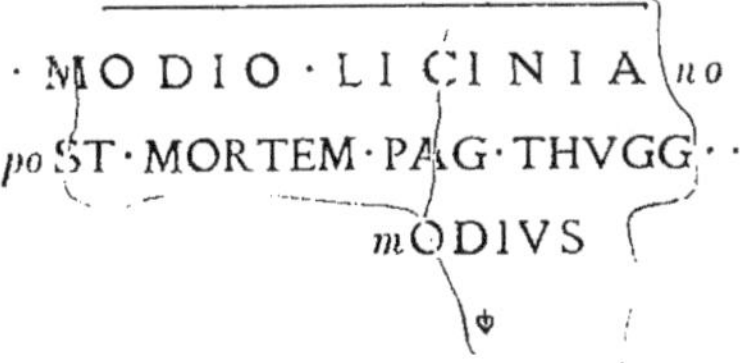

Paraît complet seulement à sa partie supérieure. Le fragment est lui-même brisé en deux parties.

Haut. o m. 45; larg. o m. 35. — Lettres o m. o6. — Au-dessus de la *ligne 1,* blanc de o m. 21.

Ligne 1. Presque rien de l'M. — *Ligne 2.* L'S incomplet. — *Ligne 3.* Presque rien de l'O. — *Ligne 4.* On distingue une *hedera;* M. Gauckler lit de plus SSIF, en indiquant le bas des lettres comme brisé.

Date. — Antérieure à la transformation de Thugga en municipe qui paraît avoir eu lieu entre 195 et 211.

P. Gauckler, *Rapport épigraphique sur les fouilles de Dougga en 1904* (*Bull. arch. du Comité*, 1905, p. 301-302). — L. P., 1905. Nouvelles lectures.

136. *Théâtre.* — Base complète découverte sur les gradins au-dessous de la grande porte de la *summa cavea.*

M ❧ PA C C I O ❧ S I L

V A N O ❧ G O R E D I o

G A L L O ❧ L ❧ P V L L A E

N O ❧ G A R G I L I O ❧ A N

T I Q V O   C O S

PA G V S   T H V G G E N S I S

PA T R O N O ❧ D D P P

C V R A T O R E   L · G A B I N O

L ❧ F I L ❧ C L E M E N T E

Larg. o m. 65 et o m. 47; haut. 1 m. 47. — Partie épigraphe : Larg. o m. 33; haut. o m. 67. — Lettres colorées en rouge : *Ligne 1,* o m. 06; *ligne 2,* o m. 05; *ligne 3,* o m. 045; *lignes 4-5,* o m. 04; *ligne 6,* o m. 035; *lignes 7-8-9,* o m. 03. — L'O final de *Goredio* = o m. 02.

« *M(arco) Paccio Silvano Goredio Gallo L(ucio) Pullaieno Gargilio Antiquo co(n)s(uli), pagus thuggensis patrono, d(ecreto) d(ecurionum), p(ecunia) p(ublica) : curatore L(ucio) Gabinio L(ucii) fil(io) Clemente.* »

M. Paccius fut sans doute *consul suffectus.* Son nom ne figure point dans la *Prosopographia.*

Remarquer dans ses noms la présence de deux prénoms; on en a d'autres exemples [1].

----

[1] Cl. Pallu de Lessert, *Le consulat du jurisconsulte Salvius Julianus et le système des prénoms multiples* (*Mém. des Antiquaires de France. Centenaire,* 1904, p. 369-375).

Date. — Sans doute antérieure à la conversion de Thugga en municipe (entre 195 et 211). Il nous paraît en effet peu probable que le *pagus* ait survécu à la *civitas*. — Probablement postérieure à la construction du théâtre (entre 166 et 169); l'accumulation des noms rend du reste cette date plus probable qu'une date plus ancienne.

Dr Carton et lieut. Denis, *Notice sur les fouilles exécutées à Dougga* (*Bull. d'Oran*, 1893, p. 173). — L. P., 1901. Lecture nouvelle. — Dr Carton, *Le théâtre romain de Dougga*, p. 115, n° 3 (*Mém. présentés par divers savants à l'Acad. des Inscr.*, XI, 2e partie, 1904).

137. *Théâtre.* — Fragments de base, déposés près de l'entrée sud-est du théâtre.

```
a.  PASSIENO RV
    FO TRIBVNO MIL
    LEGIONIS XII FVL
b.  MINATAE PASSieni
    RVFI FILIO (t h u g
    GENSES PRO a m i
    CITIAQVAE EiS cum
    PATRE EST LIBENTES
         DEDERVNT
```

Deux fragments incomplets en partie à droite.
a. Haut. maxima 0 m. 63; larg. 0 m. 70 et 0 m. 47.
b. Haut. maxima 1 m.; larg. 0 m. 70 et 0 m. 47.
Lettres 0 m. 06 — 0 m. 05.

A noter l'absence de l'indication du prénom. Cependant Passienus Rufus, *tribunus militum*, était citoyen romain. Il y a sans doute un rapport à établir (liens de patronat par exemple) entre ces Passienus Rufus et le proconsul d'Afrique, L. Passienus Rufus (3 ap. J.-C.).

Date. — Probablement postérieure à la construction du théâtre (entre 166 et 169). — L'indication de la *leg.* xii *fulminata* ne permet point de préciser cette date. La xII^e légion qui n'a jamais résidé en Afrique a existé pendant tout l'empire; et d'autre part elle reçut de très bonne heure le surnom de *fulminata* (avant 65). Peut-être peut-on induire de l'absence de surnom impérial dans les noms de la légion que l'inscription n'est pas de basse époque.

Dr CARTON, *Le théâtre romain de Dougga*, p. 116, n° 4 (*Mém. présentés par divers savants à l'Acad. des Inscr.*, XI, 2e partie, 1904). — L. P., 1901. Lecture nouvelle.

138. *Temple de Caelestis.* — Trouvée dans les déblais, actuellement déposée dans la partie méridionale de l'édifice.

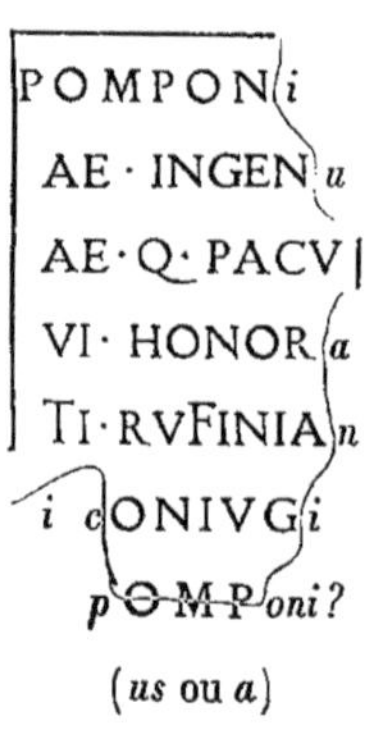

(*us* ou *a*)

Complet en haut et à gauche. — Larg. o m. 60; haut. o m. 70; épaiss. o m. 25. — Lettres o m. 08 à l'exception du T et de l'F qui ont o m. 09.

R. CAGNAT, *Chronique d'épigraphie africaine* (*Bull. arch. du Comité*, 1894, p. 353). — L. P., 1901. Nouvelle lecture.

139. *Temple de Caelestis.* — Fragment de base.

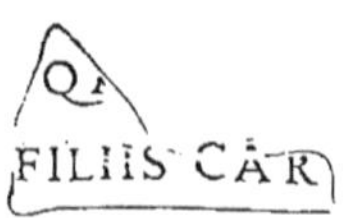

Larg. o m. 60; haut. o m. 25; épaiss. o m. 35. — Lettres o m. 08. — Incomplet de tous côtés.

Il y a quelque rapport entre ces dimensions et celles de la dédicace précédente, trouvée au même endroit.

Le fragment est trop mutilé pour qu'on puisse le restituer; y avait-il quelque chose comme [*curatoribus*... [*et*] *Q. A*[*rtorio ??*] *filiis C. Ar*[*torii ?*]..? Un Artorius figure dans une inscription dédiée à Claude (n° **64**).

L.P., 1901. Inédit.

140. *Théâtre.* — Base complète qui avait été englobée dans un mur de basse époque élevé à l'intérieur de l'édifice.

<pre>
SEX · PVLLAENO SEX·F
ARN·FLORO·CAECILINO
PRAEFECTO·IVR DICVN
SAC · CER· ANNI · CLXX⦵
IIVIRO·FLAM·PERP·C·C·I·K
PAGVS ET CIVITAS THVG
PATRONO DD·PP·CVRATORI
BVS·L·GALLIO·OPTATO SALLVS
       TIO DATO
</pre>

Haut. de la base 1 m. 30; larg. o m. 55; épaiss. o m. 60. — Haut. de la partie épigraphe o m. 75; larg. o m. 43.

Lettres : *ligne 1,* o m. 09 et o m. 07; *lignes 2 à 8,* o m. 06; *ligne 9,* o m. 04. — Un éclat de pierre a enlevé, à la *ligne 1,* une partie du haut des lettres X PVLLA.

« *Sex*(*to*) *Pullaieno, Sex*(*ti*) *f*(*ilio*), *Arn*(*ensi*), *Floro Caeciliano, praefecto jur*(*e*) *dicun*(*do*), *sac*(*erdoti*) *Cer*(*erum*) *anni CLXX, duumviro, flam*(*ini*) *perp*(*etuo*) *c*(*oloniae ?*) *c*(*o*...?) *J*(*uliae*) *K*(*arthaginis*), *pagus et civitas thug*(*genses*), *patrono, d*(*ecreto*) *d*(*ecurionum*) *p*(*ecunia*) *p*(*ublica*), *curatoribus L*(*ucio*) *Gallio Optato, Sallustio Dato.* »

Sextus Pullaienus, fils de Sextus, appartient sans doute à la famille qui possédait aux environs de Thugga les *praedia Pulleno-*

rum [1] et qui nous est du reste connue par différents textes; il est vraisemblablement proche parent de Pullaiena Honorata, fille de Sextus, morte à 68 ans, dont on a trouvé la belle tombe près du temple de Caelestis [2].

Les diverses fonctions énumérées ici ont été sans doute exercées à Carthage; la chose est certaine pour le flaminat perpétuel et le sacerdoce des Cérès (cf. *C.I.L.*, VIII, 12318), probable pour le duumvirat inscrit entre ces deux fonctions et pour la *praefectura jure dicundo* qui serait sans cela indéterminée. Aussi est-ce vraisemblablement à ses rapports avec Carthage ou, si l'on préfère, à ceux de ses ascendants que Sex. Pullaienus doit d'avoir été inscrit dans la tribu Arnensis, et ce texte, pas plus que les bases des Marcii, ne doit entrer en ligne de compte quand on veut établir dans quelle tribu on inscrivait les habitants de Thugga lorsqu'ils devenaient citoyens romains [3]. Remarquons en outre que ni l'inscription de Sex. Pullaienus et d'autres patrons de Thugga dans la tribu Arnensis, ni l'exercice par eux de fonctions à Carthage ne prouvent l'existence de liens administratifs entre Carthage et Thugga [4].

Les diverses fonctions paraissent être énumérées selon l'ordre direct; on notera que les sacerdoces ont été laissés au milieu de fonctions municipales et non placés en tête.

L'interprétation de la *ligne 4* de l'inscription prête à discussion. — Que signifie *sac. cer. anni CLXX?* Une inscription des environs de Bisica (*C.I.L.*, VIII, 12318) mentionne un *sacerdos Cererum Karthagini anni CXXX*, une base d'Avitta Bibba (*C.I.L.*, VIII, 805) un *sacerdos Cerer. C.I.K. anni CLXXXXVII*, une autre de Saradi (*Bull. des Antiquaires de France*, 1898, p. 268) un *sacerdos Cerer. C. C. I. K. anni CXCVIII.* Il n'y a pas de doute qu'il ne s'agisse dans les quatre textes d'un même sacerdoce, exercé à Carthage comme l'indique avec précision l'inscription de Bisica, sacer-

---

[1] Dr CARTON, *La colonisation romaine dans le pays de Dougga,* 1904, p. 86-91.

[2] P. GAUCKLER (*Bull. arch. du Comité,* 1899, p. CLXXXV).

[3] Il n'est pas prouvé qu'il faille comme on le fait généralement (cf. par exemple W. KUBITSCHEK, *Imperium romanum tributim descriptum,* 1889) attribuer aux habitants de Thugga la tribu *Arnensis.* — Il y aurait lieu du reste de réviser plusieurs des attributions faites à telle ou telle cité africaine de telle ou telle tribu.

[4] KORNEMANN, *Die Caesariche Kolonie Karthago* (*Philologus,* 1901, p. 402 à 426).

doce *Cererum*, plutôt que *Cereris*[1]. Mais quelle est l'ère qui sert ici à la datation ?

Deux autres inscriptions de la province d'Afrique, une de Simitthus (*C.I.L.*, VIII, 14611), l'autre de Furni (*C.I.L.*, VIII, 12039) mentionnent une ère exactement de la même façon; dans l'une il s'agit d'un *sac(erdos) p(rovinciae) A(fricae) a(nni) CXIII*, dans l'autre d'un *sacerdos provinc(iae) Afric(ae) anni XXXVIIII*. Pas plus dans ces textes que dans les précédents le chiffre de l'année n'est suivi d'aucune indication, alors que dans des ères comme celle de Maurétanie on trouve pour ainsi dire toujours « *anno provinciae* ».

On admet généralement, malgré la similitude des formules, qu'il s'agit dans chacun des deux groupes d'inscriptions de deux ères différentes, l'une qui a pour origine la fondation de la *col. Julia Karthago* (44 av. J.-C.)[2], l'autre l'institution du *concilium provinciae* qu'on placerait sous Vespasien en 70, 71 ou 72[3]. Il nous paraît préférable de voir dans l'une et l'autre deux ères religieuses, partant l'une de la création (ou de la restitution) du sacerdoce des Cérès, l'autre de l'institution du sacerdoce provincial, cette dernière au reste se confondant pour nous avec l'institution du *concilium provinciae*.

Nous n'avons ici à nous préoccuper que de la première des deux ères. Il y avait lieu de rechercher si les inscriptions des *Sacerdotes Cererum* contenaient quelque indication sur son point de départ; seuls les textes de Thugga et de Bisica ont pu à cet égard être utilisés.

On peut, d'après le texte de Bisica, supposer que l'an 197 de

[1] Sur le culte de Cérès à Carthage, cf. AUDOLLENT, *Carthage romaine*, 1901, p. 392-394.

[2] Cf. par exemple, note de Mommsen, sous le n° 12318 du *C.I.L.*, VIII; *C.I.L.*, VIII, p. 1062 (tables), à propos du n° 805. — Parmi les auteurs récents, A. AUDOLLENT, *Carthage romaine*, 1901, p. 44. — Cependant M. Kubitschek en rapportant l'explication de M. Mommsen met en doute son exactitude (PAULYS, *Real-Encyclopädie*, 2ᵉ édit., art. *aera*, col. 632).

[3] R. CAGNAT, *Rapport sur une mission en Tunisie* (*Archives des miss.*, XIV, 1888, p. 23 et suiv.). — Cf. entre autres CL. PALLU DE LESSERT, *Nouvelles observations sur les assemblées provinciales, et le culte provincial dans l'Afrique romaine*, p. 9-11. — N'est-ce pas préciser un peu trop que de fixer l'institution à une des années 70-72 ? L'exercice du sacerdoce provincial peut en effet être un peu antérieur à l'érection de la base qui a été attribuée à 70-72. Comme pourtant le début du règne de Vespasien reste l'époque qui convient le mieux à l'institution du *concilium provinciae*, on proposera simplement de substituer 69-72 à 70-72.

l'ère n'est ni beaucoup antérieur, ni beaucoup postérieur au début du IIIe siècle après J.-C. On y trouve en effet la mention de la tribu, qui est exceptionnelle après Caracalla [1], et d'autre part, la description du *Corpus* porte « *litteris seculi tertii bonis* », indication qui, même si on ne la prend point tout à fait à la lettre, ne permet guère de faire remonter le texte au milieu du IIe siècle.

Quant au texte de Thugga, on montrera un peu plus loin qu'il peut être attribué avec quelque vraisemblance à la seconde moitié du IIe siècle, plutôt même à la période 166-200. Le sacerdoce des Cérès de Sex. Pullaienus, selon toute probabilité exercé après sa *praefectura jure dicundo*, avant son duumvirat et son flaminat, peut être antérieur d'un certain nombre d'années à l'érection de la base; il est vraisemblable cependant qu'il fut exercé après 150 ap. J.-C. et non en 126 (l'an 170 de Carthage).

Ainsi les deux textes, sans nous donner une preuve absolue qu'il ne s'agit point dans leur rédaction de l'ère de Carthage, tendent l'un et l'autre à faire supposer que l'« *annus primus* » de l'ère qu'ils mentionnent correspond à une date sensiblement postérieure à la fondation de la *Colonia Julia Karthago* [2]. Il ne se placerait pas avant la restauration de la *colonia* par Auguste (29 av. J.-C.) et pourrait même être postérieur au règne d'Auguste. Les règnes d'Auguste et de Tibère correspondent précisément à la période où la vie municipale de la Carthage romaine paraît avoir été la plus intense. Carthage émet alors des monnaies qui, quelque explication qu'on leur donne, prouvent une existence dans une large mesure autonome [3]. Or une monnaie de Tibère qui a été attribuée à l'atelier de Carthage porte trois épis liés [4]. Convient-il de la rap-

---

[1] Comme on trouve également la tribu dans l'inscription de Saradi datée de l'an 198 de l'ère, il est peu probable qu'on se trouve en présence d'une de ces exceptions.

[2] L'existence d'une ère de Carthage ayant pour point de départ la conquête de Justinien ne peut être invoquée en faveur de l'hypothèse de l'ère de Carthage partant de 44 av. J.-C. La fondation de la colonie est un événement municipal, rien que municipal, la prise de Carthage marque le rétablissement en Afrique de la puissance romaine. — Remarquons, du reste, que la façon même dont cette nouvelle ère est déterminée s'accorde mal avec l'hypothèse d'une précédente ère de Carthage. Il est dit en effet, dans l'inscription qui l'emploie, *anno XXIIII Kartaginis* (*C.I.L.*, VIII, 5262).

[3] L. MÜLLER, *Numismatique de l'ancienne Afrique*, 1862, p. 148-155.

[4] *Ibid.*, p. 150, n° 329.

procher de l'institution concernant le culte de Cérès qui fut sans
doute l'origine de l'ère? Vaut-il mieux, au contraire, croire que
l'institution du sacerdoce des Cérès fit partie de l'œuvre de restauration de la colonie entreprise par Auguste [1] (29 av. J.-C. et années
voisines)? — Une époque intermédiaire, soit une des années toutes
voisines du début de l'ère chrétienne, s'accorderait mieux à la
vérité avec la date qui nous paraît le mieux convenir à la base de
Sex. Pullaienus.

La *ligne 5* de la base à Sex. Pullaienus est aussi difficile à interpréter que la *ligne 4*. Que signifie C · C · I · K · ?

Une autre inscription de Thugga (n° **145**) est dédiée « . . .*ervio,
praefecto [coh. III Thracum vete?] ranae in Syria*. . . . . *C.C.I.K.*,
patrono pagi. » — Dans une inscription de Thignica, des personnages sont dits « *adlectis de[curion]ibus C.C.I.K.* »[2]. — L'inscription de Saradi plus haut citée porte *sacerdos Cerer. C. C. I. K.* [3].
— Une cornaline du musée de Berlin porte *C. C. I. Kartagini f.* [4].
— Enfin l'inscription des Thermes de Carthage porte COLONIA
COI..., mots qui, d'après M. Cagnat[5], se rapportent à Carthage[6].

On a songé à expliquer les C.C. de deux de ces textes par *colonorum* (ou *colonis*) *coloniae*[7]. La découverte de nouveaux textes

[1] On ne sait pas la date de la *consecratio* définitive de la *col. Julia Karthago*
par C. Sentius Saturninus qui, en tout cas, est postérieure à 35-34 av. J.-C.
(CL. PALLU DE LESSERT, *Fastes des prov. afr.*, 1, p. 75-76). Les *Consularia
Constantinopolitana* indiquent comme étant de 28 l'attribution de la « *libertas* »
à Carthage, mais que doit-on entendre par là? L'envoi de nouveaux colons
par Auguste est de 29 av. J.-C. L'institution du culte des Cérès, ou si on préfère
sa restauration, a pu concorder avec l'un de ces événements.

[2] *C.I.L.*, VIII, 15205. — Un éclat de pierre a enlevé *curion;* la pierre est
brisée à la haste droite de K dont par conséquent la fin manque.

[3] D'après une lecture encore inédite de M. Merlin qu'il a bien voulu nous
communiquer.

[4] H. DESSAU (*Bull. arch. du Comité*, 1905, p. CCIII-CCIV).

[5] R. CAGNAT, *Note sur l'inscription des Thermes de Carthage* (*Revue archéologique*, 1887, II, p. 171-179).

[6] A peu de distance au nord-ouest de Dougga, à Henchir-Berjeb, M. Carton
a lu CCII° sur un fragment qui paraît provenir d'un texte où est mentionné un
[*sacerdos Aesc]ulapi, aedilis designat[us]* (*Découvertes épig. et arch. en Tunisie*,
1895, p. 148). Peut-être faut-il reconnaître dans ce fragment un nouvel exemple
de l'emploi de C C I k.

[7] On a en Asie « *P. Gesius Petilianus, flamen Au[g.], dec. Ber., quaestor col.
col.* » (*C.I.L.*, III, 14384³).

contenant la même formule a fait perdre à cette interprétation de
sa vraisemblance. Il est en effet singulier que parmi les nombreuses
colonies d'Afrique, seule Carthage use d'un pléonasme comme
colonorum coloniae et qu'elle l'applique indistinctement à un sacerdoce, à un flaminat ou à un décurionat. Pour notre part, nous
préférons étendre à la pierre du musée de Berlin et aux textes de
Thugga, de Thignica et de Saradi l'explication donnée par M. Cagnat de l'inscription de Carthage[1] et reconnaître dans C·C·
colonia suivi d'un surnom[2].

Le surnom rappelé par le second C ne peut guère être un
surnom impérial[3]; celui-ci en effet suivrait *J(ulia)* au lieu de le
précéder : ainsi a-t-on *colonia Julia Aurelia Antoniana Carthago*. —
M. Cagnat a fait remarquer que, dans l'inscription des Thermes
de Carthage, CO est suivi d'une haste droite[4], qui, d'après un
examen attentif de la brisure, paraît appartenir soit à un N soit à
un P. Il a dès lors proposé divers surnoms, *Constans*, *Constantia*,
Concordia, *Copia*. La découverte de nouvelles inscriptions peut
seule permettre de choisir entre ces différents noms; au reste, comme
M. Cagnat l'a fait remarquer, d'autres encore sont possibles. —
On ne peut chercher ici qu'à établir l'époque où le surnom indéterminé fut usité. L'inscription de Carthage a été gravée sous Antonin, entre 145 et 161. D'autre part, la base de Sex. Pullaienus

---

[1] Au *Corpus*, on n'a pas cru devoir adopter, ni même discuter cette interprétation. On restitue [...*ut a primis imperatori*]*bus colonia co*[*ndita, ita...*] *bene-
ficiis ejus au*[*cta...*] (*C.I.L.*, VIII, 12513).

[2] L'inscription de la cornaline du musée de Berlin paraît pouvoir être invoquée en faveur de cette interprétation. On ne comprendrait guère la superposition des deux datifs «*colonis, coloniae Kartagini...*». Dans l'anneau d'or
trouvé à Saragosse que M. Dessau rapproche de cette pierre, on n'a du reste
nullement cette superposition, puisque CC A PAGGAL s'y explique par *coloniae
caesaraugustae* suivi d'un nom.

[3] Du reste, l'inscription de Carthage est antérieure à l'attribution à la ville
du surnom de *Commodiana* (LAMPRIDE, *Vita Commodi*, 17). — On pourrait con-
tester, il est vrai, que l'inscription de Carthage ait été rapprochée à juste titre
des textes présentant la formule C·C·I·K·. Le nombre des surnoms possibles
deviendrait dès lors considérable, on ne citera parmi eux que *caesarea*.

[4] On ne peut en conclure que le surnom n'ait été donné qu'à cette date à
la *col. Julia Karthago*. Pourtant il est bon de remarquer que sous Antonin, à
la suite d'un grand incendie, il y eut une véritable restauration de Carthage,
qui pourrait concorder avec l'attribution du nouveau surnom; une épithète
comme *constans* pourrait affirmer l'éternité de la Carthage « rénovée ».

et l'inscription de Thignica sont antérieures à l'érection en mun[-]
cipe de Thugga et de Thignica qui paraît dater de Septime Sévère ;
peut-être la première est-elle attribuable à la période 166-200. Au[-]
tant qu'on peut en juger d'après les trop rares textes concernant
Carthage qui nous sont parvenus, le surnom C· était donc employé
au milieu du IIe siècle. Était-il usité dans tous les textes de la
même époque ; ou tomba-t-il de bonne heure en désuétude? Tou[-]
jours est-il que diverses inscriptions de Thugga de la période 166-
169, sensiblement contemporaines de la base de Pullaienus, ne le
donnent pas à Carthage qu'elles appellent simplement *c(olonia)
J(ulia) K(arthago)* (Cf. n°s 24, 70, 73, 131, 132)[1].

Date. — Si l'on reconnaissait dans *anni CLXX* la 170e année
écoulée depuis la fondation de la *colonia Julia Karthago,* la base
serait de quelques années postérieure à 126 après J. C. Nous
avons plus haut expliqué pourquoi nous croyions à la possibilité
d'une ère ayant un autre point de départ. Il convient dès lors de
rechercher si la base contient d'autres éléments de datation. La base
de Sex. Pullaienus offre au point de vue de la gravure des carac[-]
tères une ressemblance si frappante avec la base dédiée à Q. Marcius
Maximus, père de L. Marcius Simplex (cf. n° 130), qu'on est bien
tenté de l'attribuer au même graveur et à une époque très voisine ;
or le n° 130 paraît avoir été gravé à l'occasion de la construction
du Capitole entre 166 et 169. — D'autre part on remarquera
que la base de Pullaienus, si analogue aux autres bases trouvées
comme elle au théâtre, doit être ainsi qu'elles postérieure à la
construction de celui-ci, qui est d'une date voisine de 166 ;
l'hypothèse d'un transport est en effet peu vraisemblable, surtout
celle d'un transport collectif. — Enfin l'inscription est antérieure
à la transformation de Thugga en municipe qui se place probable[-]
ment entre 195 et 211. — Il paraît résulter de ces divers indices

---

[1] Une inscription de Vaga qui paraît de la fin du IIIe siècle porte ... C·IVL·
AVREL· ANT · KARTHAGINIS (*C.I.L.,* VIII, 1220). On a reconnu dans
C la fin de *felic(is)*. On pourrait encore songer à une lettre du surnom que nous
étudions ici, lettre qui ne serait point forcément l'initiale, si par exemple on
restituait *conc(ordia)*. La façon dont les surnoms impériaux sont abrégés ne
permet guère en effet de voir en c. une initiale soit de *c(olonia)*, soit d'un sur[-]
nom. — Il nous a paru que le texte de Vaga, dans son état actuel, était trop
incomplet pour qu'on pût en faire état dans l'étude du surnom de Carthage
indiqué par C· dans la base de Pullaienus.

que la base peut être attribuée avec quelque vraisemblance à la période 166-200, et même plutôt à la première moitié de cette période qu'à la seconde, à cause des remarques d'ordre paléographique faites plus haut.

Dr CARTON, *Le théâtre romain de Dougga*, p. 114, n° 2 (*Mém. présentés par divers savants à l'Acad. des Insc.*, XI, 2° partie, 1904). — L. P., 1901. Nouvelles lectures.

141. *Au sud du Capitole.* — Fragment de base qui a servi à boucher la brèche du mur sud d'une grande citerne dans la maison située immédiatement à l'est de l'exèdre.

```
. . . . . . . . . . ASIO · P A P · SOPA
. . . . . . . . . . hONORATO · EQ · R
. . . . . . . . aed ILICIO · IIVIRO
ob ejus multipl ICEM ET PROBA
tam semper in p ATRIAM ET CI
vitatem     affe CTIONEM ET
. . . . . . . . . . . M IN AEDILI
tate . . . . . ? ho N ESTAMEX
. . . . . . . . . . . . EM ORDO
decurionum . . . . . . . . . . . . . . . . . . . . .
```

Haut. 0 m. 53 ; larg. 0 m. 34 ; épaiss. 0 m. 64. — Lettres 0 m. 04. — La base est brisée à gauche et en bas, complète en haut et à droite. Il en manque à gauche environ la moitié. — La première lettre des *lignes 1, 2, 4, 5, 6, 7, 8 et 9*, et la dernière des *lignes 1, 2, 4, 8 et 9* sont endommagées.

A. MERLIN, *Les fouilles de Dougga en 1902* (*Nouv. archives des miss.*, XI, 1903, p. 57-58). — L. P., 1903. Revu.

142. *A l'ouest de Dougga.* — Dans le mur qui borde au sud-ouest le village arabe et le sépare des oliviers de Caelestis, entre le chemin qui conduit du Dar el-Acheb au temple de Caelestis, et de citernes situées près des ruines d'un édifice important (les Thermes ?).

Q·VETTIO·PAP·SA

FRVMENTI

IVLIVS·ROGATIA*nus*

Larg. o m. 4o; haut. o 20; épaiss. o m. 52. — Complet en haut,
à gauche, peut-être même à la partie inférieure qui est fort ré-
gulière. — Lettres o m. 07, à l'exception des lettres de *frumenti*
qui ont o m. o25.

Frumenti est-il un des *cognomina* du personnage à qui la base
est dédiée? On sait qu'à partir du IIIe siècle on fit précéder assez
fréquemment les dédicaces du *cognomen* le plus usité, mis au
génitif. *Frumenti* serait le génitif du nom *frumentius* dont il y a
d'autres exemples en Afrique. — Mais on peut songer peut-être
à d'autres explications.

L. POINSSOT, *Inscriptions de Dougga* (*Bull. arch. du Comité*, 1902,
p. 3gg, n° 9).

142 *bis.* *Au sud-est du temple de Caelestis.* — A côté du n° **142**
et dans la même muraille.

*M*ARCI·FII·*HA*

*N*ORATVS·CATAP

Haut. o m. 20; larg. o m. 24. — Lettres o m. 07, mais plus
grêles et plus contournées que dans le texte **142**. — Sauf éclats à
la partie épigraphe, complet en haut et, semble-t-il, en bas; brisé à
droite et à gauche.

Ligne 1. L'M initial et l'A final très incomplets. Toutes les
lettres sont en haut un peu mutilées. On ne peut voir à quelle
lettre appartenait la haste qui précède l'A final. — *Ligne 2.* Presque
rien de l'N. Après le premier T une haste inclinée; est-ce un V
dont la seconde partie n'aurait pas été gravée?

« . . . *Marci fil*(*io*) *P* (?)*a*. . . ., ... *Hon*[*oratus*] *Catap*[*ala*. . .] »

Le texte **161** mentionne un C. Julius Martialis Catapala.

L. P. 1906. Inédit.

143. *Au sud du Capitole.* — Dans les déblais près du bastion byzantin.

~~CEVL-I~~

LIBANI NO·EC

V E T

Haut. o m. 21; larg. o m. 22. — Lettres o m. o5 à l'exception des lettres de *libani* qui ont o m. o3. — Brisé à droite et en haut. — La cinquième lettre de la *ligne 1* est une haste verticale, peut-être le début d'une lettre brisée; à la fin de la *ligne 2*, O, G ou C.

On a rapproché ce fragment du précédent comme offrant une disposition et des dimensions analogues.

A. MERLIN, *Les fouilles de Dougga en 1902 (Nouv. archives des miss.,* XI, 1903, p. 63). — L. P., 1903. Revu.

144. Dans un jardin, auprès de la fontaine au sud du village.

vIBIO·AELio?

CVS·i

Haut. o m. 26; larg. o m. 35; épaiss. o m. 21. — Lettres o m. o8. — Complet seulement en haut [1].

Dʳ CARTON, *Découvertes épig. et arch. faites en Tunisie,* 1895, p. 177, nᵒ 322. — A. MERLIN, *Les fouilles de Dougga en 1902 (Nouv. archives des miss.,* XI, 1903, p. 98). — L. P., 1903. Revu.

145. *Au nord-ouest du Capitole.* — A l'ouest de la petite poterne. au pied de la muraille byzantine, fragment de base qui y avait été sans doute encastré.

ERVIO PRAEFECTO

RANAE · IN · SYRIA

C·C·I·k PATRONO PAGI

pAGVS·THVGG·EX·D·D·

FECIT

---

[1] C'est avec hésitation que l'on classe parmi les inscriptions publiques les textes **142, 142** *bis.* **143** et **144.**

Haut. o m. 75; larg. o. m. 31; épaiss. o m. 80. — Lettres :
ligne 1, o m. 07; *autres lignes*, o m. 06. — Blanc au-dessus de
la *ligne 1*, o m. 19, à la fin de la *ligne 2*, o m. 042, de la *ligne 4*,
o m. 042, de la *ligne 5*, o m. 21. — Le bloc paraît complet en haut,
à droite, et en bas, sauf à la surface épigraphe qui est légèrement
endommagée sur o m. 14 de haut; il est brisé ou plutôt scié, à
gauche.

Ligne 1. Peu de chose de l'E dont la lecture reste douteuse. —
Ligne 2. Il manque la haste droite de l'R. — *Ligne 3*. La première
lettre est un C non un G; il n'y a pas de doute possible. — *Ligne 4*.
L'A initial est mutilé. — *Ligne 5*. Les deux lettres précédant CIT
sont douteuses.

« [. . . *Min* ? ?]*ervio praefecto* [*coh*(*ortis*) *III Thracum vete*]*ranae
in Syria* [. . . . .] *c*(*oloniae*?) *c*. (?) *j*(*uliae*) *K*(*arthaginis*), *patrono pagi* [*thugg*(*ensis*), *p*]*agus thugg*(*ensis*) *ex d*(*ecreto*)
d(*ecurionum*) [*p*(*ecunia*) *p*(*ublica*)] *fecit*. »

Nous devons la restitution des deux premières lignes de l'inscription à M. Héron de Villefosse. — « *In Syria* » indique vraisemblablement que la *cohors* dont le nom manque était détachée
« extraordinairement » en Syrie. Si l'on observe que la *cohors tertia
Thracum veterana* était en 166 campée en Rhétie avec la *cohors
tertia Bracarum*, que d'autre part en 139 cette dernière était en
Syrie, on sera assez tenté de supposer que les deux cohortes
avaient été détachées simultanément en Syrie comme elles le furent
un peu plus tard en Rhétie; on restituera dès lors[*coh. III. Thracum
vete*]*ranae* (M. Héron de Villefosse, à son cours des Hautes-Études
de 1900, d'après des diplômes militaires comme *C.I.L.*, *III*, *Dip.
CIX*; cf. également *C.I.L.*, VIII, 8660).

On renvoie au commentaire de la base à Sex. Pullaienus (voir
texte **140**) pour l'exposé des difficultés soulevées par la formule
c. c. i. k.

A la fin de la *ligne 4*, on n'a point restitué comme dédicants
civitas et pagus thugg. parce que toutes les inscriptions complètes
de Thugga mentionnent toujours dans l'ordre inverse les deux
sections (?) de la cité.

On remarquera que les différentes lignes de cette restitution
sont très inégales. Comme le nombre des lettres de la seconde
ligne, la plus longue, ne peut être réduit, puisque les noms de
tout autre corps de troupe demanderaient sensiblement la même

place que ceux proposés, on peut en conclure qu'il existait aux autres lignes d'autres indications que celles restituées. — A la *ligne 1* il y avait sans doute avant le cognomen terminé en *crvius* non seulement le praenomen et le gentilice mais la filiation et la tribu. — On peut supposer, pour le début de la *ligne 4*, [*et civitatis thugg, p*]*agus.* — Enfin comme souvent entre *pp.* et *dd.*, il a pu y avoir à la *ligne 5* un grand blanc entre *pp.* et *fecit.*

Date. — Le texte est antérieur à la constitution de Thugga en municipe (entre 195 et 211?) et vraisemblablement du IIe siècle. — On peut noter d'une part que, si l'on admet la restitution proposée, le personnage a dû être envoyé en Syrie antérieurement à 166, que d'autre part, si comme il est possible la formule *c. c. i. k.* se rapporte à un état de choses de peu de durée, l'inscription est à peu près contemporaine de la base à Pullaienus et des inscriptions de Thignica et de Carthage attribuant à la capitale de la Proconsulaire un prénom commençant par un C, les unes et les autres paraissant dater du milieu ou de la seconde moitié du IIe siècle.

C. I. L., VIII, 15529. — L. P., 1903. Revu.

146. *A l'est du Capitole.* — Au nord de la place de la Rose-des-Vents dans les déblais.

M · TRIB · ḶEG · V̄ · MA*cedonicae*
T PRAEPOSIТO VE*xillationi*
 I ~~IN⊕CHVSVM~~

Haut. o m. 26; larg. o m. 33; épaiss. o m. 17. — Lettres o m. 055. — Brisé de tous côtés sauf à la partie supérieure qui est moulurée. — La lecture de la *ligne 3* est douteuse, le bas des lettres manquant.

La *legio quinta Macedonica* a existé pendant tout l'empire.

On peut rapprocher de ce texte un fragment trouvé dans les environs de Dougga, à Henchir-el-Hammadi [1].

---

[1] Dr CARTON, *Découvertes épig. et arch. en Tunisie,* 1895, p. 206, n° 387. « . . . . . *cedonicae* ‖ . . . . *xillationi* ‖ . . . . *castello* ‖ . . . . . . *hasta pura* ».

P. Gauckler, *Rapport épigraphique sur les fouilles de Dougga en 1904* (*Bull. arch. du Comité*, 1905, p. 305). — L. P., 1905. Nouvelle lecture.

147. *Au sud du Capitole.* — En démolissant un mur en pierres sèches à l'est de l'exèdre, on a trouvé la partie inférieure d'une base.

```
hONESTATEM IN REM
pub L·ET PATRIAM CVM
sui S·EXEGIT      ✿
res PVBLICA SPLENDI
di SSIMAE·COL·THVGG·
ex s VFFRAGIIS POPVLI
et DECRETO DECVRIO
na M             P·P
```

Haut. 0 m. 82; larg. et épaiss. 0 m. 46. — Lettres 0 m. 05.

A la fin de la *ligne 1* on distingue le bas du premier jambage de l'M; les premières lettres des *lignes 2, 4, 5, 7 et 8* sont coupées par la cassure de la pierre.

Date. — La dernière inscription datée mentionnant Thugga comme municipe est de 232; la première inscription mentionnant Thugga comme colonie est de 261.

A. Merlin, *Les fouilles de Dougga en octobre-novembre 1901* (*Bull. arch. du Comité*, 1902, p. 376). — L. P., 1903. Revu.

148. *A l'est du Capitole.* — Au nord de la place de la Rose-des-Vents, dans les déblais.

```
.........pATRONO·PAGI·ET·CIVITAT·
..........IMVS·OMNIVM·EXIMIAM
........e RGA·PAGVM·ET·CIVITATEM·EXE
.........e T·CONCORDIAM·DIVA
```

Haut. 0 m. 27; larg. 0 m. 38; épaiss. 0 m. 18 — Lettres (peintes en rouge) : *ligne 1*, 0 m. 04; *lignes 2-3*, 0 m. 03. — La pierre paraît avoir été sciée en haut à gauche; à droite peut-être est-elle brisée, en bas elle est mutilée. — Une partie de la surface épigraphe est trop usée pour qu'on puisse la lire : nous avons indiqué à gauche par des points les lettres illisibles; en haut il y avait sans doute au-dessus du texte reproduit deux autres lignes. *Ligne 2.* L'I initial douteux. Après M, amorce de lettre brisée. — *Ligne 3.* Après l'E final amorce d'une lettre, peut-être M. — *Ligne 4.* Il ne reste que le bas des lettres. La lecture des quatre dernières est tout à fait douteuse.

Date. — Antérieure à la conversion de Thugga en municipe qui paraît avoir eu lieu entre 195 et 211.

P. Gauckler, *Rapport épigraphique sur les fouilles de Dougga en 1904* (*Bull. arch. du Comité,* 1905, p. 301). — L. P., 1905. Nouvelle lecture.

149. *Au sud du Capitole.* — Auprès de la petite citerne de la maison qui est à l'est de l'exèdre, fragment de base honorifique.

```
pa GVS ET CIVITAS THVGGens
ob EGREGIVM EIVS IN SE AMOREm
    DD                PP
```

Brisé en haut, à gauche et à droite. — Haut. o. m. 28; larg. o m. 48; épaiss. o m. 70. — Lettres o m. 045.

La *ligne 1* est endommagée à sa partie supérieure; la première et la dernière des lettres qui ont subsisté à la *ligne 2* et le premier D de la *ligne 3* sont incomplets.

Date. — Antérieure à l'élévation de Thugga au rang de municipe qui paraît avoir eu lieu entre 195 et 211.

A. Merlin, *Les fouilles de Dougga en 1902* (*Nouv. archives des miss.,* XI, 1903, p. 58). — L. P., 1903. Revu.

150. Trouvé dans la démolition des maisons arabes situées entre le Dar el-Acheb et le Capitole.

```
re IPVBLICAE SEM per
    PROFVIT
res P MVN SEPT AV rel
lib ERI THVGG·P osuit
```

Haut. du fragment o m. 95 (la partie lisible n'a que o m. 28);
larg. o m. 37, épaiss. o m. 44. — Lettres o m. 06. — Complet en
bas seulement.

La partie supérieure, incomplète du reste, est si usée qu'on
n'y distingue que quelques jambages, à o m. 38 de la première
des lignes ici reproduites ƆV et, semble-t-il, le haut d'un E (peut-
être *que*), à la ligne précédente le bas de 2 ou 3 hastes droites.

La pierre a été retaillée sur les côtés de la même façon que le
texte **134** pour servir à basse époque d'architrave à un édifice.
Il manque deux ou trois lettres de chaque côté.

Date. — Thugga ne fut pas municipe antérieurement à 195,
postérieurement à 211.

A. MERLIN, *Fouilles à Dougga* (*Bull. arch. du Comité*, 1901, p. 395).
— L. P., 1903. Nouvelle lecture.

151. *Théâtre.*
Partie inférieure d'une base déposée sur un des gradins.

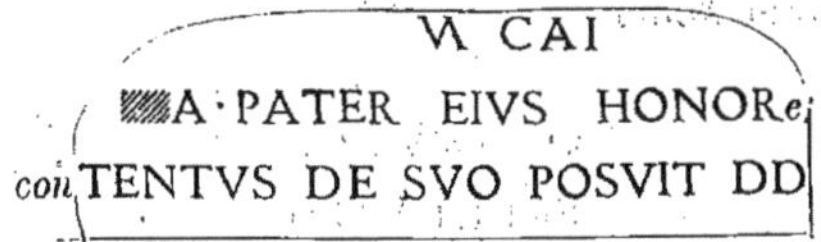

Partie épigraphe. Larg. o m. 40; haut. o m. 20. — Lettres
o m. o3. — Brisé en haut; un éclat de la partie épigraphe a enlevé
à gauche à la *ligne* 2 environ sept lettres, à la *ligne* 3 trois lettres.
— *Ligne 1.* Les lettres sont toutes incomplètes; la lecture en est
douteuse.

« . . . *pater ejus honore* [*con*]*tentus de suo posuit d. d.* »

L. P., 1901. Inédit.

152. *Au sud du Capitole.* — Entre la plate-forme à double colonnade qui est à l'est de l'exèdre et la place triangulaire qui est en avant
du Dar el-Acheb, fragment de base.

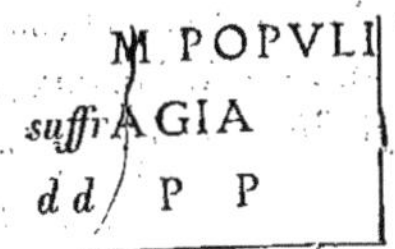

Haut. o m. 33; larg. o m. 25; épaiss. o m. 82. — Lettres o m. o45. — Brisé à gauche et en haut.

A. Merlin, *Les fouilles de Dougga en octobre-novembre 1901* (*Bull. arch. du Comité*, 1902, p. 378, n° 4). — L. P. 1903. Revu.

153. *Théâtre.* — Partie inférieure d'une base.

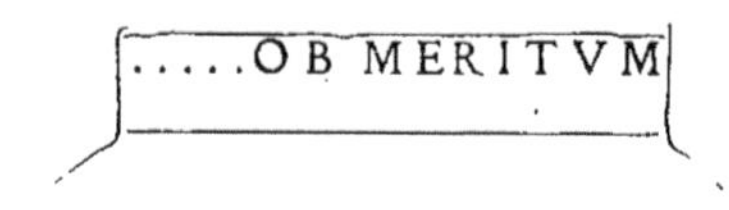

Haut. o m. 75; larg. o m. 67 et o m. 54; épaiss. o m. 55. — Lettres o m. o55. — Au-dessus des mots ici reproduits, bas de lettres peu distinctes. Avant *ob meritum* cinq lettres très endommagées.

L. P., 1901. Inédite.

154. Dans le mur d'une maison arabe maintenant démolie, en face du Dar el-Acheb.

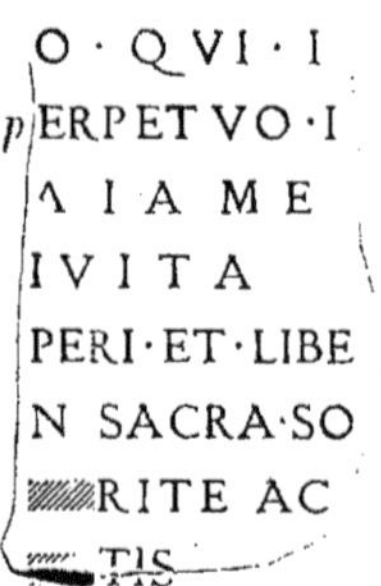

Haut. o m. 44; larg. o m. 16; épaiss. o m. 55. — Lettres : *ligne 1,* o m. o5; *ligne 2,* o m. o4; *ligne 3,* o m. o3; *lignes 4, 5, 6, 7,* o m. o25. — Brisé de tous côtés.

Peut-être *ligne 2,* [*flamini p*]*erpetuo; ligne 3,* [*propter exi*]*miam e*[*t..*]*; ligne 4,* [*erga c*]*ivita*[*tem*].

C. I. L., VIII, 1496. — Dr Carton, *Découvertes épig. et arch. en Tunisie,* 1895, p. 167, n° 304. — A. Merlin, *Fouilles à Dougga* (*Bull. arch. du Comité,* 1901, p. 396-397, n° 6). — L. P., 1903. Revu.

154 bis. Voir l'*Appendice*.

155. « *Dans la maison du Cheikh.* » (1895.)

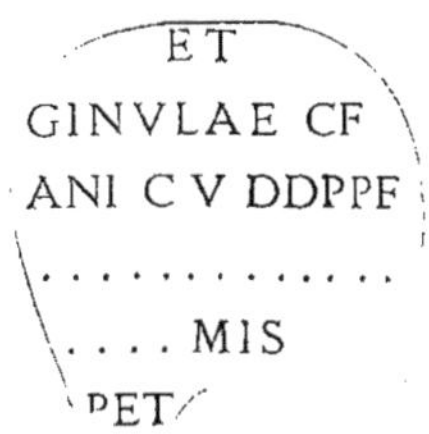

(?) . . *ginulae,* c(*larissimae*) f(*eminae*) [*et.*] . . . *ani* c(*larissimi*)
v(*iri*) d(*ecreto*) d(*ecurionum*) p(*ecunia*) p(*ublica*) f(*ecerunt*). (?).

Date. — *Clarissimus vir* est très rare avant Marc-Aurèle.

Dr Carton, *Découvertes épig. et arch. en Tunisie,* 1895, p. 156,
n° 286.

156. A 60 mètres environ à l'ouest du théâtre, en déblayant
une rue dirigée nord-sud.

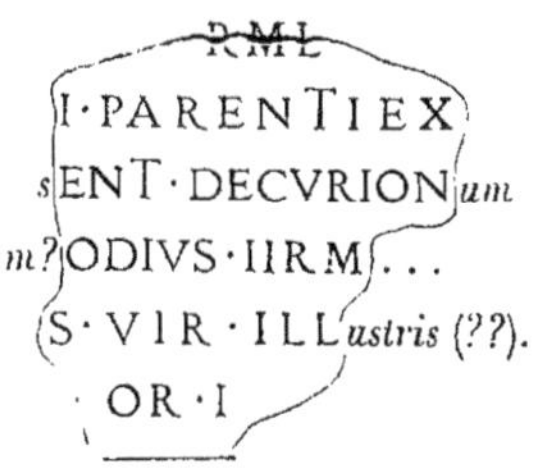

Haut. o m. 51; larg. o m. 17; épaiss. o m. 33. — Lettres :
o m. o3, sauf le T = o m. o4. — Brisé de tous côtés, sauf en
bas.

Ligne 1. Il ne reste que la partie inférieure des lettres, lecture douteuse.

Ligne 3. Les première et dernière lettres douteuses.

Ligne 4. Après *odius* (*maodius* ou *modius*) deux lettres à
haste droite, puis R, ensuite V ou M, serait-ce *firm*[*us*]?

Ligne 5. ILL douteux. — *Ligne 6.* [*curat*]*or*(*ibus*) . . . (??).

L. Poinssot, *Les fouilles de Dougga en 1903* (*Nouv. archives des miss.,*
XII, 1904, p. 430).

156 *bis*. Dans les déblais, au nord de la place de la Rose-des-Vents, fragment brisé de tous côtés.

Larg. o m. 15 ; haut. o m. 22. — Lettres o m. o5. — Entre les lignes blanc de o m. o3.

Ligne 1. Le bas d'une lettre, peut-être A. — *Ligne 2.* Peu de chose de la première et de la dernière lettre. — *Ligne 3.* Il ne reste que le haut du C. — *Ligne 4.* Le bas des lettres manque.

Peut-être « . . . . . *ano Dru[so, pagus et] civitas [thugg. decurionum decre]to pos]uerunt]* ».

L. P., 1905. Inédit.

157. A 3o mètres environ à l'est du temple de la Piété Auguste, en déblayant les maisons qui bordent la rue de la Piété, fragment de base brisé de tous côtés.

Haut. o m. 24 ; larg. o m. 19 ; épaisseur incomplète. — Lettres o m. o5. — *Ligne 1.* Le haut des lettres manque, lecture douteuse ; après la haste droite R ou O. — *Ligne 3.* L'R incomplet. — *Ligne 4.* Le haut de PO.

Peut-être peut-on songer à une restitution comme « *[qua uterque ordo] hon[oraverant statuam] resp. mu[n. sept. aur. lib. Thugg.] po[suit p. p.]* » ? (Cf. n° **123**).

L. Poinssot, *Les fouilles de Dougga en 1903* (*Nouv. archives des miss.*, XII, 1904, p. 430-431).

IV

MONUMENTS DIVERS ET FRAGMENTS [1].

158. *A l'est du Capitole;* à l'angle sud-ouest de la place à hémi-cycle.

Sur le beau dallage de la place on a gravé avec beaucoup de soin, à 3 m. 50 des degrés du temple de Mercure et à 3 mètres environ de l'escalier du Capitole, une rose des vents que l'axe est-ouest de la place coupe légèrement au sud. Elle se compose de trois circonférences concentriques, la première de o m. 425 de dia-mètre, la seconde de 7 m. 02 de diamètre, la troisième de 8 mètres de diamètre, et de deux diamètres perpendiculaires l'un à l'autre (nord-sud et est-ouest). Ces diamètres, partant non du centre mais de la périphéric de la plus petite des circonférences, coupent en biais les lignes du pavage parallèles aux façades du Capitole et de l'exèdre, du temple de Mercure et d'un édifice qui est peut-être un marché : ils rendent plus sensible l'orientation anormale de ce groupe d'édifices.

La zone formée par les deux plus grandes circonférences est par-tagée et par les diamètres plus haut décrits, et par de petites divi-sions convergentes de o m. 49 de haut, en vingt-quatre segments sensiblement égaux (ils ont de 1 m. 06 à 1 m. 02). Les différents traits marquent alternativement les limites et le centre de chacune des zones des vents; à côté des traits de la seconde catégorie, et à leur droite pour un observateur placé au centre de la Rose, sont gravés en lettres de o m. o65 les noms : SEPTENTRIO, AQVILO, EVROAQVILO, IVRNS (??), EVRVS, LEVCONOTVS,

---

(1) On a placé en tête de ce chapitre les textes qui, se rapportant à des édi-fices publics, ne contenaient pas de noms divins ou impériaux. — Dans une seconde partie (**168** à **224**), on a classé, en premier lieu, selon le nombre de lignes qu'ils contenaient, en second lieu, selon la hauteur des lettres, une grande quantité de fragments, en cherchant avant tout à faciliter le plus possible leur utilisation postérieure. Pour la plupart de ces fragments, leur qualité de textes publics ressort de leurs dimensions mêmes : le nombre des fragments pour les-quels il peut y avoir hésitation est si minime qu'on n'a pas cru devoir en faire une catégorie spéciale. — Dans une troisième partie (**225** à **237**), on a rassemblé selon leur épaisseur les fragments de plaques de marbre.

AVSTER, LIBONOTVS, AFRICVS, FAONI, ARGESTES[1],
CIRCIVS. Le mot situé entre *Euroaquilo* et *Eurus* est extrêmement
effacé; les lettres qu'il nous a semblé lire ne concordent nullement
avec les noms habituels du vent d'est (*Solanus* ou *subsolanus*, *Ape-*
liotes ou *Apheliotes*,...). Comme il n'est pas d'exemple de nom de
vent à cheval sur les traits séparatifs ou médians des zones, on ne
peut guère songer à restituer quelque chose avant ces lettres, qui
commencent immédiatement à gauche de la ligne est-ouest : d'où
l'exclusion des mots comme [*Vul*]*turnus.* On a pensé à lire *Eurinus*
(EVRNS); il y aurait eu entre Eurinus et Eurus le même dédou-
blement factice qui se fit entre *Corus* et *Caurus*, et *Eurinus*, considéré ordinairement comme un simple adjectif signifiant « de
l'Eurus », désignerait ici un vent distinct. Dans la même zone où
sont gravés les noms, on remarque six petites circonférences de
o m. 13 de diamètre, toutes tangentes à la circonférence de
7 m. 02 de diamètre. La ligne est-ouest passe par le centre de deux
de ces circonférences; les quatre autres sont réparties à droite et à
gauche des deux premières, à peu près au milieu des segments
contigus à ceux sur lesquels les premières sont pour ainsi dire à
cheval.

Si les cadrans solaires sont fréquents, il semble au contraire qu'il
ait subsisté peu d'exemples de roses des vents [2]. On doit s'en
étonner d'autant plus que Vitruve recommande instamment à tous
les constructeurs de villes de tracer ce qu'il appelle une *ventorum*
descriptio [3] pour orienter les rues de façon à ce que les vents do-
minants de la région ne puissent s'y engouffrer; il entre même
dans de longs détails sur la façon dont on établira ce tracé. On pouvait s'attendre à trouver à Dougga une application pure et simple
du texte de Vitruve : on sait combien au Capitole les principes de

---

[1] La boucle du G n'étant pas gravée, on peut hésiter entre *Arcestes* et *Ar-*
gestes. Nous ne connaissons pas d'exemple d'*arcestes*.

[2] Pour notre part, nous ne connaissons, en dehors de la Rose des Vents de
Dougga, que la Tour des Vents d'Athènes; encore peut-on dire qu'elle joue
plutôt le rôle de rose des vents qu'elle n'en est une proprement dite.

[3] On trouve dans VARRON (*De re rustica*, III, 5) *orbis ventorum*. C'est à tort
qu'on a parfois attribué au mot *amussium* le même sens. *Amussium marmoreum*,
qui ne se trouve, croyons-nous, que dans VITRUVE (*De arch.*, 1, 6), y désigne
une surface absolument plane (ce peut être aussi bien un dallage soigné
qu'une sorte de table) sur laquelle on a gravé la rose, mais qui pourrait aussi
bien, semble-t-il, servir à autre chose.

l'architecte latin ont été observés avec soin [1]. Il n'en est rien cependant, et la figure gravée devant le temple de Mercure se présente comme un monument tout à fait original Sans entrer ici dans une étude approfondie des textes d'époque latine qui traitent des vents, il y a lieu cependant de noter quelques-unes des particularités qui constituent cette originalité.

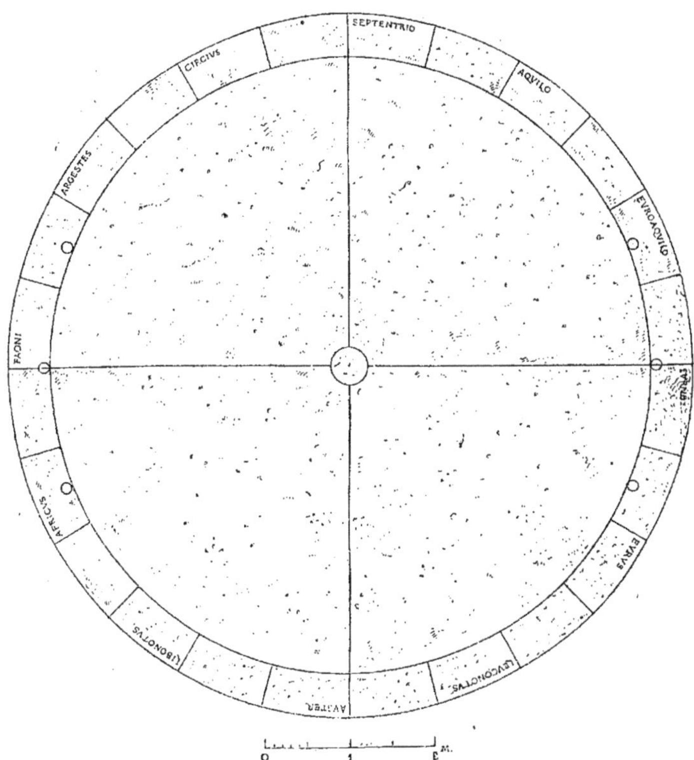

La Tour des Vents construite par Andronicus Cyrrhestes, aussi bien que la volière de Casinum, ne contenaient pas seulement une Rose des Vents; à celle-ci étaient joints, à Athènes, un cadran

[1] H. SALADIN, *Rapport sur la mission accomplie en 1885* (*Nouv. archives des miss.*, II, p. 505-514). — V. MORTET, *Recherches critiques sur Vitruve et son œuvre* (*Revue archéologique*, 1904, I, p. 390-392).

solaire et une horloge hydraulique; dans la villa de Varron, un mé-
canisme ingénieux indiquant les heures. Ici et là la Rose des Vents
elle-même était complétée par des dispositifs qui « inscrivaient » le
vent régnant, Triton de bronze tenant une baguette et girouette
ordinaire (Varron, *De re rustica*, III, 5; Vitruve, *De architectura*,
I, 6). A Dougga au contraire, il ressort nettement de l'aspect du
dallage et de la position de la Rose des Vents qu'elle n'était ni annexée
à une horloge ou à un cadran solaire, ni complétée par une girouette.

L'étude des noms et des signes qui accompagnent la figure de
Dougga révèle également diverses particularités. — Après avoir
établi, sans doute grâce à un gnomon mobile selon le procédé décrit par le *De architectura*, la ligne nord-sud et la ligne nord-ouest,
le graveur avait pour ainsi dire souligné les points de l'*oriens aequinoctialis* et de l'*occidens aequinoctialis* par deux petites circonférences; puis, par des circonférences semblables, il avait indiqué
l'*oriens* ou *exortus solstitialis* [1], l'*occidens* ou *occasus brumalis* ou
hibernus [2], l'*occidens solstialis* et l'*oriens brumalis*. On est d'autant
moins surpris de voir indiqués dans un *orbis ventorum* les points
équinoxiaux et solsticiaux que c'est toujours en fonction de ces
points que les auteurs anciens ont déterminé la direction respective
des différents vents [3]; il est vrai que, sans doute par souci de sim-
plification, ils identifiaient chacun de ces points avec la direction
de tel ou tel vent, ce qui, aussi bien chez ceux qui reconnaissent
huit vents que chez ceux qui en reconnaissent douze, écartait
trop des points équinoxiaux les points solsticiaux [4].

[1] C'est vers l'*oriens solstitialis* (orient du solstice d'été) que parfois les
arpentages sont « orientés »; c'est le cas des *decumani* de Carthage (A. Schulten,
L'arpentage romain en Tunisie, *Bull. arch. du Comité*, 1902, p. 134 et 148-151).
— Les centuriations du Mornak et d'El-Alia (territoire d'Hadrumète) sont des
exemples de l'orientation d'après l'*occidens brumalis* (*ibid.*, p. 164 et 169).

[2] Sur la synonymie d'*oriens* et d'*exortus*, d'*occidens* et d'*occasus*, cf. Pompo-
nius Mela, I, 1.

[3] Il est aussi des exemples où le nom du vent sert à désigner le point astro-
nomique d'où il souffle. C'est en associant les points solsticiaux et des points
désignés par des noms de vents que Varron explique les huit divisions de
l'année (*De re rustica*, I, 28 et suiv.; le passage contient du reste beaucoup
d'obscurités).

[4] Au solstice d'été le soleil se lève à Tunis à 30 degrés au-dessus de l'équa-
teur. Il serait intéressant de voir si dans l'*orbis ventorum* de Thugga on a placé

Quelque intérêt qu'offrirait une comparaison de la rose de Dougga avec les roses que l'on construirait à l'aide des différentes listes de vents que l'antiquité nous a transmises, on ne peut y songer ici, faute de place, et sans s'arrêter aux listes de quatre, de six, de huit ou de vingt-quatre noms [1], on ne reproduira que les deux principales listes de douze noms [2]. La première a été dressée d'après Sénèque : « *Septentrio, Aquilo,* Καικίας, *Subsolanus* (= Ἀφηλιώτης), *Vulturnus* (= *Eurus*), *Euronotus, Auster* (= *Notus*), *Libonotus, Africus* (= Λίψ), *Favonius* (= *Zephyrus*), *Corus, Thrascias* ». La seconde liste, qui a été extraite de Pline, est assez analogue : « *Septentrio, Aquilo, Caecias, Subsolanus, Vulturnus, Phoenicias, Auster, Libonotus, Africus* ou *Libs, Favonius, Corus, Thrascias* »; on y remarque néanmoins que des noms comme *Caecias* et *Libs* n'y sont plus transcrits en grec, ce qui indique peut-être qu'ils ne sont plus considérés comme aussi « exotiques ». La liste de Dougga paraît, comparée à ces deux listes, marquer un nouveau progrès dans le sens de l'hellénisation ; *Corus* et *Vulturnus* y sont définitivement remplacés par *Argestes* et *Eurus*.

La division duodécimale adoptée dans ces listes ne paraît pas s'être généralisée, bien qu'elle eût l'avantage de concorder avec la division de l'année en douze mois : on préférait, comme on le voit par Pline, adopter la rose de huit vents, que l'on trouvait moins compliquée (*subtilis*). L. Ampelius, obligé, pour expliquer la position des constellations du Zodiaque, de parler des douze zones des vents, emploie des périphrases comme « zone de l'Eurus et du Notus, zone de l'Auster et de l'Africus », qui trahissent la désuétude

exactement les points solsticiaux, ou si l'on s'est contenté d'adopter, sans l'adapter, une figure faite pour une autre latitude.

[1] Bien entendu, on ne comprend jamais dans ces listes les noms de vents particuliers à telle région ou à telle saison, dont presque toutes elles sont suivies. On remarquera que la rose de 36 rhombs paraît inconnue aux anciens.

[2] Varron, *De re rust.*, III, 5. — Strabon, I, 21. — Vitruve, I, 6. — Sénèque, *Quest. natur.*, IV, 16. — Pline, *Hist. Nat.*, II, 46. — Aulu-Gelle, II, 22. — L. Ampelius, *Lib. mem.*, 4 et 5. — Ces textes sont souvent contradictoires, mais il ne faut pas toujours conclure de ces contradictions la coexistence de systèmes différents sur la direction de tel ou tel vent. Il est des passages où il y a lieu de soupçonner des altérations, tel ce début du chapitre consacré aux vents par Strabon, où, par une sorte de chassé-croisé, l'Argestes a pris la place du Zéphyre, le Zéphyre celle de l'Argestes, l'Eurus celle de l'Apeliotes et l'Apeliotes celle de l'Eurus, et où l'on a d'autant plus lieu de suspecter une confusion qu'il est contredit à la fois par la suite du passage et par les autres auteurs.

de certains vocables et montrent ainsi l'abandon des listes de vents trop détaillées [1].

Parmi les noms que la rose de Dougga donne aux vents, quelques-uns, *Euroaquilo*, *Leuconotus*, *Faonius* et *Circius* demandent un commentaire succinct.

Euroaquilo. — Le mot se trouve dans la Vulgate, où il est une simple transcription de l'Εὐροακύλων des Actes des Apôtres (27, 14). Non seulement on ne pouvait conclure de ce passage sa latinité, mais l'existence du mot en grec restait elle-même douteuse. D'excellents manuscrits donnent en effet, au lieu de Εὐροακύλων, Εὐροκλύδων [2], mot qui comme lui ne se rencontre nulle part ailleurs. E. Renan, adoptant la lecture *euroaquilon*, avait identifié le mot avec *gregalia*, actuellement employé par les Levantins, et interprétait le passage de la façon suivante : « Tout à coup, un de ces ouragans subits venant de l'est, que les marins de la Méditerranée appellent *euroaquilon*, vint s'abattre sur l'île » (Saint Paul, p. 547 et suiv.). La Rose des Vents de Dougga vient à l'appui de la leçon *euroaquilon* et précise le sens du mot; elle nous montre qu'Euroaquilo désignait en latin, au moins dans certains pays, le vent du nord-est-est.

Leuconotus. — Le mot est rare, bien qu'on le rencontre à quatre siècles de distance dans Vitruve et dans Lucius Ampelius. Il signifie essentiellement vent du sud sec [3], comme l'*albus Notus* d'Horace et *lou mari blanc* de certaines régions du midi de la France, où les vents pluvieux sont qualifiés de *vents noirs*. Ce sens originaire explique à notre avis les opinions contradictoires des auteurs au sujet de sa direction, variable selon les pays. Dans certains auteurs, dans Aristote par exemple (*Meteor.*, 2, 5, 7 et 8), on

---

[1] L. Ampelius, *Liber Memorialis*, IV. A-t-on remarqué que ce passage ne nous est parvenu qu'assez altéré; c'est ainsi que par une erreur évidente le Bélier et le Scorpion sont tous deux placés dans la même zone. Sans doute, c'est le début « *Aries in Africum; Taurus in Circium* », qui doit être corrigé; on propose sous toutes réserves « *Aries in Apheliotem, Taurus in Caeciam.* »

[2] C'est même la leçon généralement adoptée (cf. par exemple les bibles de Robert Estienne, 1550, et de Griesbach, 1796 et 1806).

[3] Le *Leuconotus* est le vent qui souffle dans la région du Notus par un temps serein. « ...*Leuconotus, Noto, quum serenior flat* » (L. Ampelius, *Lib. mem.*, V). — On voit que dans ce passage il ne lui est pas attribué une direction particulière; et en effet, au chapitre précédent, quand L. Ampelius parle des douze zones des vents, il ne cite pas le *Leuconotus*.

explique λευκόνοτος (ou λευκόνοτοι) par vent sec du sud-sud-
ouest [1]; dans Vitruve, qui le place entre le *Vulturnus* et l'*Eurus*,
Leuconotus est un vent sec du sud-sud-est. Cette dernière signification, que ne donnent point les dictionnaires (celui de Forcellini
par exemple), est très heureusement confirmée par la Rose de
Dougga [2]. Il y a d'autant plus d'intérêt à le faire remarquer
qu'on avait trop vite conclu, de difficultés analogues à celle-ci,
que le chapitre du *De Architectura* consacré aux vents était très
altéré [3].

Faoni. — On ne s'explique guère pourquoi la finale *us* n'a pas
été gravée. Quant à la contraction *faonius* pour *favonius*, il en est
des exemples, sinon pour *Favonius* nom de vent, du moins pour
Favonius gentilice; on en rapprochera les formes analogues *faor*,
faorinus, *faorianus*, etc.

Circius. — Alors que la plupart des auteurs en font un vent
particulier à la Gaule, attribuant même au mot une origine gau-
loise, quelques-uns, à l'exemple de Théophraste, le considèrent
comme un des vents « généraux » [4] de l'univers. On voit par la Rose

[1] Strabon (I, 21) rapporte que Posidonius assimilait l'*Argestes-Notus*
d'Homère au *Leuconotus*; *Leuconotus* ne peut être dans ce passage qu'un des
vents du sud-ouest, l'*Argestes* étant toujours un vent d'ouest. — Dans Sénèque
(*Quest. nat.*, 16), on lit quelquefois *Leuconotus* au lieu de la leçon ordinaire
Libonotus. La lecture *Leuconotus* s'accorderait bien avec l'incidente « *qui apud
nos sine nomine est* », qui suit le mot contesté. *Libonotus* n'est cependant pas
impossible, puisque, si on le trouve parmi les noms de vents employés par
Vitruve, Pline semble le considérer comme peu latinisé et le donne sous la
forme grecque « *Libonoton* ». Si *Leuconotus* était adopté, on aurait là un nouvel
exemple du mot avec la signification de vent du sud-sud-ouest.

[2] Cette question des vents a été, croyons-nous, trop vite considérée comme
insoluble (voir par exemple les divers commentaires du *De Architectura*); on
se propose du reste d'y revenir dans une étude à la fois plus générale et plus
complète.

[3] Dans le Technopaegnion (Ausone, *Idyll. XII, VIII de dis*) on trouve
« *Velivolique maris constrator, leuconotus libs* ». Certains traducteurs ont vu dans
libs une simple épithète de *leuconotus* (quelques manuscrits portent *leuconotos*).
La composition même de la pièce s'oppose à cette interprétation, son originalité
consistant à ce que chaque vers soit terminé par le nom monosyllabique d'un
des « habitants du ciel » (*Sunt et coelicolum monosyllaba...*). Libs ne peut être
que le nom même du vent *Libs* (= *Africus*). Leuconotus n'est sans doute là,
comme l'indique l'édition Teubner (1886), en ne lui donnant pas de majuscule,
qu'un adjectif. On remarquera au reste que, quelle que soit sa nature gram-
maticale, le mot est ici apposé au nom d'un vent sud-ouest.

[4] Voir surtout, au sujet de ces divergences, Aulu-Gelle, II, 22. On trou-

de Dougga que la seconde opinion avait jusqu'à un certain point
triomphé dans la pratique, et que le mot usité, d'après certains
témoignages, en Sicile, en Espagne et à Rome, aussi bien qu'en
Gaule, l'était aussi en Afrique. Le moderne « mistral », qui y correspond, n'a pas eu la même fortune.

Date. — Aucune des particularités que nous venons de signaler
ne peut aider à fixer, même approximativement, l'époque où fut
gravée la Rose des Vents. Tout au plus pourrait-on conclure de
l'emploi de certains mots et surtout du remplacement des noms
latins par des noms grecs latinisés qu'il ne faut pas l'attribuer à
une époque bien ancienne. La paléographie du texte (voir en particulier l'allongement des lettres et la forme des A et des L) paraît
indiquer le IIIe siècle. D'autre part on a expliqué plus haut (voir
texte **22**) pour quelles raisons le temple de Mercure et la place dallée
qui le précède et fait corps avec lui ne semblent pas antérieurs à
185. C'est donc avec quelque vraisemblance qu'on peut attribuer
la Rose des Vents au IIIe siècle.

L. Poinssot (*Bull. des Antiquaires de France*, 1905, p. 269-270), et,
(*Bull. arch. du Comité*, 1905, p. CLXXVIII).

158 bis. *A l'est du Capitole.* — Au sud-est de la Rose des Vents,
on distingue sur le dallage de la place les traces d'un grand soubassement (dalles retaillées et non polies, restes de mortier, etc.).
Sur une dalle qu'il couvrait en partie avaient été gravées antérieurement à son érection deux lettres hautes de 0 m. 12 :

Λ F

La partie supérieure seule de ces lettres avait été recouverte par
le soubassement. Dans la partie qui était restée visible, on avait
très soigneusement introduit un peu de ciment pour restituer à la
dalle son aspect primitif.

L. P., 1906. Inédit.

159. *A l'est du Capitole.* — Dans la démolition des maisons
arabes accolées à l'édifice.

vera des renseignements sur les vents particuliers (*peculiares*) à telle saison ou
à telle région dans la plupart des auteurs plus haut cités.

A T R I V M · T H E R M A \rum
TORIS IN EoDEM LOCo SVM ptu suo ??
R V D E R I B V S FOEDATvM▨▨▨▨ ....
▨▨IGNoQ FELICISSIM E FIO ....

Haut. o m. 33; larg. o m. 42; épaiss. o m. 12. — Lettres :
ligne 1, o m. 07; *lignes 2, 3, 4*, o m. o6-o m. o65. — Complet
en haut et à gauche.

Ligne 1. L'A final est brisé. — *Ligne 2.* NEo endommagés.
— *Ligne 4.* La première lettre manque; il faut sans doute lire
n]IGNOQ_(*ue*) : le début du mot, qui était probablement *benigno*,
devait être à la fin de la *ligne 3*. Après l'M, on ne distingue plus
que le haut des lettres, et il est bien difficile de les identifier.

L'inscription est importante, car elle renferme la première mention, et la seule qu'on ait jusqu'ici, des Thermes de Thugga.

Malheureusement, elle ne peut nous fournir aucun renseignement sur la situation exacte de cet édifice, dont on a voulu voir les
ruines au-dessous du Dar el-Acheb.

Les mots employés à la dernière ligne semblent indiquer que
les réparations à l'*Atrium Thermarum, ruderibus foedatum*, dont il
est fait mention, ont dû être exécutées à une époque assez basse,
peut-être au ıv^e siècle.

A. MERLIN, *Les fouilles de Dougga en 1902* (*Nouv. archives des miss.*,
XI, 1903, p. 61-62). — L. P., 1903. Revu.

160. Dans le mur occidental des grandes citernes, situées à
l'ouest du grand édifice dans lequel on croit reconnaître les
Thermes, on avait creusé une cavité qui, après coup, a été bouchée
fort grossièrement par quelques pierres très inégales; sur une de
ces pierres :

▨▨▨▨I·LVI .

CIRCVS·ADVLO

Brisé en haut et à droite, complet à gauche et, sauf éclats à la
partie épigraphe, en bas. — Larg. o m. 68; haut. o m. 30; épaiss.
o m. 38. — Lettres de la *ligne 2* o m. 15; les lettres de la *ligne 1*
très incomplètes et de lecture douteuse paraissent plus petites. —
Les caractères assez grêles sont analogues à ceux des textes **103** et
104 contemporains à Gallien.

Il s'agit vraisemblablement du *circus* qui est au nord de Dougga et peut-être de ses deux *metae*.

Intéressante mention d'un *circus*.

L. Poinssot, *Inscriptions de Dougga* (*Bull. arch. du Comité*, 1902, p. 399, n° 10).

161. Au sud-est des oliviers qui entourent le temple de Caelestis, au sud-ouest du Dar el-Acheb, au nord de l'édifice présumé « Thermes », sont de grandes citernes. A quelques mètres au nord de ces citernes, un bloc de pierre, complet de tous côtés, sauf un éclat en haut, porte le texte suivant :

<pre>
C·IVLI·MARTIALIS·CATAPA
LAE·FL·PERP·NEPOTES·ET
HEREDES AVITA OPERA
CONSVMMAVERVN·ET·DED·
</pre>

Haut. o m. 70; larg. 2 m. 85; épaiss. 1 mètre. — Lettres o m. 125. — Il ne manque qu'un fragment insignifiant à gauche et en haut.

Les dimensions exceptionnelles du bloc et son éloignement du mur byzantin permettent de considérer l'inscription comme n'ayant pas été déplacée. On trouve du reste à quelques mètres un chapiteau corinthien carré qui semble provenir du même édifice, ayant la même épaisseur de 1 mètre, et présentant à sa face postérieure le même aspect non dégrossi.

L. Poinssot (*Bull. arch. du Comité*, 1905, p. clxxviii).

162. *Près du Capitole.* — Six fragments d'une grande frise architravée (haut. o m. 68-o m. 70; épaiss. o m. 43). L'inscription est gravée sur une seule ligne en lettres hautes de o m. 235, distantes entre elles d'environ o m. 20. A o m. 07 au-dessous d'elles se présente une moulure qui fait saillie de o m. 065 et a une hauteur de o m. 13. Sur la face postérieure, une autre moulure semblable, à la même hauteur.

a. Encastré dans le bastion sud du mur byzantin, au-dessus du plan incliné qui mène de l'ouest au portique à double colonnadé.

co|L V M NIS   ET|

Larg. 2 m. 70. — Bloc complet. — Le T est un peu endommagé à droite, en haut.

b. Au même endroit, sur la face ouest du bastion.

| A C V N A R I I|

Larg. 2 m. 70. — Bloc à peu près complet brisé en deux morceaux qui se raccordent exactement. — De la dernière lettre, il ne reste plus qu'une haste verticale.

c. A la suite et à gauche du fragment précédent.

|V S   O M N I Q|

Larg. 2 m. 65. — Il manque sans doute très peu de chose à gauche.

d. A l'intérieur d'une maison arabe, située à l'ouest du Capitole, dans le mur d'une chambre servant à renfermer le grain.

| S S A F|

Larg. 1 m. 35. — La pierre est probablement plus longue, mais la partie gauche est cachée par un mur perpendiculaire à celui où l'inscription est encastrée. La moulure est très endommagée. Le bloc semble avoir fini avec la lettre F.

e. Dans le massif de maçonnerie situé à droite et en avant de la porte sud du réduit byzantin.

|I L I S   S V|

Larg. 1 m. 40. — Le bloc de pierre, complet à droite, est brisé à gauche; la moulure n'existe presque plus.

f. A la partie supérieure du massif de maçonnerie accolé au mur byzantin, à gauche de la porte sud.

I S

Larg. 1 m. 40. — Le bloc est complet à gauche, et, semble-t-il, à droite; la moulure a été complétement arasée. — Après S, blanc d'au moins o m. 90.

Il faut noter aussi la présence, dans la fraction du mur byzantin comprise entre la porte byzantine et le bastion sud, d'un certain nombre de fragments de cette même frise architravée. La face visible est anépigraphe, mais celle qui est tournée vers l'intérieur du mur pourrait porter une partie du texte qui nous occupe.

L'inscription est trop incomplète pour une restitution : aussi propose-t-on sous toutes réserves les lectures suivantes : ˙.. . . [*cum co*]*lumnis et lacunari*[*b*]*us omniq(ue)* [*cultu ?*]. . . . . . . [*promi ?*]*ssa f(ecit)*. . . . . [*f*]*ilis suis*. . . . .

A. Merlin, *Les fouilles de Dougga en octobre-novembre 1901* (*Bull. arch. du Comité*, 1902, p. 378-379), et, *Les fouilles de Dougga en 1902* (*Nouv. archives des miss.*, XI, 1903, p. 58-60). — L. P., 1903. Revu.

163. *Au sud du Capitole,* auprès du portique à double colonnade.

E D
Q N · P A G I ·
A · S T R A V I T ·

L'inscription n'est incomplète qu'à gauche.

Haut. o m. 35; larg. en bas o m. 70, en haut o m. 35; épaiss. o m. 32. — Lettres : *ligne 1,* o m. 055; *ligne 2,* o m. 08; *ligne 3,* o m. 065. Le P et les T dépassent les autres lettres.

Ligne 1. Peut-être [*a*]*ed*(*ilis*). — *Ligne 2.* La première lettre est un Q, probablement par erreur pour un O : [*patr*]*on. pagi.* — *Ligne 3.* Peut-être [*lapide silice*]*a stravit.*

Date. — Antérieure à la transformation de Thugga en municipe, qui paraît avoir eu lieu entre 195 et 211.

A. MERLIN, *Les fouilles de Dougga en 1902* (*Nouv. archives des miss.,* XI, 1903, p. 62). — L. P., 1903. Revu.

164. *Au nord-ouest du Capitole.* — Au pied du mur byzantin dont elle provient, une base, brisée à sa partie supérieure, complète en bas, à gauche, et partiellement à droite.

```
VALERIVS FELIX . . . . . . . . .
FᵧTHVGGENSIS·S
IDEMQVE DEDICAVIT
```

Haut. 0 m. 75; larg. 0 m. 50; épaiss. 0 m. 64. — Au-dessous de l'inscription, blanc de 0 m. 55. — Un éclat de pierre a enlevé une partie de la surface épigraphe à droite. — Lettres 0 m. 045-0 m. 04.

Ligne 1. Une partie du V initial manque; il reste si peu de chose de FELIX que la lecture en est très douteuse. — *Ligne 2.* Au début, un F ou un E; à la fin une boucle, peut-être fragment d'un S. — Il peut manquer, à la *ligne 1,* environ une dizaine de lettres; à la *ligne 2,* cinq ou six.

C. I. L., VIII, 15531. — L. P., 1905. Nouvelle lecture.

165. *Théâtre.* — Fragment de base découvert dans la *cavea.*

```
ORVm
VETVSTATE
AVIT·D·D
```

« . . . .]vetustate [*dilapsam ?. . . . dedic*]avit, d(ecreto) d(ecurio-num). » (?).

Épaiss. 0 m. 30. — Lettres 0 m. 05.

Dʳ CARTON, *Le théâtre romain de Dougga,* p. 119, n° 9 (*Mém. présentés par divers savants à l'Acad. des Inscr.,* XI, 2ᵉ partie, 1904).

166. *Au sud du Capitole.* — Encastré dans le bastion byzantin sud, sur le flanc intérieur du mur est, en haut :

```
[de]DT E DED
```

[*de*]*dit et ded*(*icavit*).

L'inscription, gravée sur une seule ligne en mauvais caractères (le D final est à peine formé), est brisée à gauche. La pierre est endommagée en bas.

Haut. o m. 35 ; larg. o m. 65. — Lettres o m. 10. — A la suite de DED, un blanc de o m. 4o.

A. Merlin, *Les fouilles de Dougga en 1902* (*Nouv. archives des miss.*, XI, 1903, p. 62). — L. P., 1903. Revu.

167. *Nécropole nord.* — Sur un rocher sont gravées deux inscriptions funéraires (Dr Carton, *Découvertes épig. et arch. en Tunisie*, p. 152-153, n°s 278 et 279). Au pied de ce rocher, sur deux énormes blocs de pierre, on lit :

a.   P   H F S
          P F

b.   P H F S
          P F

Ces sigles indiquaient-ils une limite ou sont-ils simplement des marques d'assemblage ? Il convient de noter que les anciens ont extrait du banc de rochers où ces textes ont été vus un grand nombre de blocs de pierre.

Dr Carton, *Découvertes épig. et arch. en Tunisie*, 1895, p. 153-154, n°s 280 et 281.

168. Entre le Capitole et le Dar el-Acheb, trois fragments qui semblent provenir d'une même inscription : *a*, dans une maison arabe, démolie en 1901, au nord du Dar el-Acheb ; *b*, à l'est de l'exèdre, dans un pavage de basse époque, près d'une petite citerne ; *c*, dans les déblais au nord du Dar el-Acheb.

a. Haut. o m. 4o; larg. o m. 3g; sous le texte, blanc de
o m. 13.

b. Haut. o m. 38; larg. o m. 25; épaiss. o m. 18.

c. Haut. o m. 45; larg. o m. 26; épaiss. o m. 16.

Lettres o m. 065-o m. 06.

a et *b* ne sont complets qu'à la partie supérieure, bordée d'une
moulure à faible relief, haute de o m. 09; *c* est brisé de tous côtés.
— Dans *a*, ME et PA sont très effacés. Dans *b*, à la *ligne 1*, au
début fragment de haste droite, à la fin V est incomplet; à la
ligne 4, haut de trois hastes verticales. Dans *c*, à la *ligne 1*, après Q,
peut-être début d'un A; à la *ligne 2*, S incomplet; le blanc entre
les deux lignes est de o m. 10.

Dr Carton et lieut. Denis, *Notice sur des fouilles exécutées à Dougga*
(*Bull. arch. du Comité*, 1892, p, 174, n° 4o). — A. Merlin, *Fouilles à
Dougga* (*ibid.*, 1901, p. 3g3-3g4 et 4o7), et, *Les fouilles de Dougga en
1902* (*Nouv. archives des miss.*, XI, 1g03, p. 63). — L. P., 1go1
et 1g03. Revu.

169. Devant le Dar el-Acheb, dans les déblais.

Complet en bas. Semble complet en haut. — Larg. o m. 27;
haut. o m. 34; épaiss. o m. 14. — Lerttes o m. 06. — La première lettre de la *ligne 1* est douteuse.

Il semble bien qu'il faille comprendre aux *lignes 2* et *4 d(ecreto)
d(ecurionum) p(ecunia) p(ublica)*. — Peut-être à la *ligne 1* y avait-il
L(ucio ou ucii) N. . . . ., et à la *ligne 3 (p* ou *fr)atri L(ucii)
N. . . . . (?)*.

Découvert par moi en 1go1. — A. Merlin, *Fouilles à Dougga* (*Bull.
arch. du Comité*, 1go1, p. 3g6, n° 5).

170. *Au sud du Capitole.* — Auprès du bastion byzantin, dans les déblais.

<pre>
 M R   )
 O Һ O }(sic)
 ET PA)
 EPO
</pre>

Haut. o m. 33 ; larg. o m. 12. — Lettres o m. o5, o m. o55. — Brisé de partout.

A. Merlin, *Les fouilles de Dougga en 1902* (*Nouv. archives des miss.,* XI, 1903, p. 80). — L. P., 1903. Revu.

171. *A l'est du Capitole.* — Dans la démolition des maisons arabes.

<pre>
 N
 C
 T
</pre>

Haut. o m. o m. 31 ; larg. o m. 16 ; épaiss. o m. 12. — Lettres o m. o95. — Brisé de partout. — Le bas du T manque.

A. Merlin, *Les fouilles de Dougga en 1902* (*Nouv. archives des miss.,* IX, 1903, p. 82). — L. P., 1903. Revu.

172. *A l'est du Capitole.* — Dans la démolition des maisons accolées à l'édifice, un fragment qui a peut-être fait partie d'une inscription votive.

<pre>
sa? ₵
IERIIIcI
FECERuNt
</pre>

Brisé de partout, sauf en haut. — Haut. o m. 45 ; larg. o m. 5o ; épaiss. o m. 19-o m. 20. — Lettres o m. o8.

Ligne 1. Le C mutilé. — *Ligne 2.* Les lettres sont trop effacées pour qu'on puisse déchiffrer le sens.

A. Merlin, *Les fouilles de Dougga en 1902* (*Nouv. archives des miss.*, XI, 1903, p. 51). — L. P., 1903. Revu.

173. *Devant le Capitole.* — Fragment trouvé au sud de la plate forme dallée, près du mur byzantin.

N O D I O

CIVITAS *thugg.*

LO · PRO

Haut. o m. 3o; larg. o m. 6o. — Lettres o m. o8.
Date. — Sans doute antérieur à la transformation de Thugga en municipe qui paraît se placer entre 195 et 211.

L. Homo, *Le forum de Thugga* (*Mélanges de Rome,* 1901, p. 17). — L. P., 1901. Revu.

174. *Temple de Caelestis.* — Dans les déblais.

Fragment brisé de tous côtés. — Larg. o m. 45; haut. o m. 35; épaiss. o m. 3o. — Lettres o m. 075, à l'exception de TV de *Ritu,* lettres égales à o m. o9.

R. Cagnat, *Chronique d'épigraphie africaine* (*Bull. arch. du Comité,* 1894, p. 354). — L. P., 1901. Lecture nouvelle.

175. *A l'est du Capitole.* — Dans la démolition des maisons arabes.

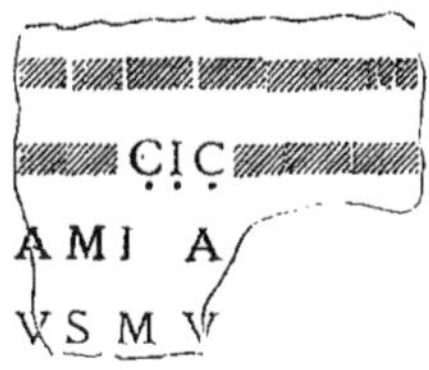

Haut. o m. 4o; larg. o m. 5o; épaiss. o m. 18. — Lettres o m. o6. — Brisé de partout. — Les deux premières lignes très endommagées ont peut-être été martelées ? — A la *ligne 3*, l'A final est douteux.

A. Merlin, *Les fouilles de Dougga en 1902* (*Nouv. archives des miss.*, XI, 1903, p. 83).

175 *bis. Près du temple de Mercure.* — Dans les déblais.

CIA.
EIVS
op TIMO

Fragment brisé de tous côtés. — Haut 0 m. 16; larg. 0 m. 15. — Lettres 0 m. 055.
Ligne 1. Peu de chose du C dont la lecture est douteuse.
Voir l'*Appendice*.
L. P., 1906. Inédit.

176. *Théâtre.* — Fragments trouvés dans la *cavea* et paraissant provenir d'une même base.

a.	b.	c.	d.
VSQII	OPTIM	P R A	A L
EFEMIN*ae*	IV	AVER	·SF·
MI			

Nous n'avons retrouvé que *a*, qui est actuellement déposé au Dar el-Acheb. — *a*. Haut. 0 m. 24; larg. 0 m. 19; épaiss. (incomplète) 0 m. 06. — Lettres 0 m. 05.
a. Ligne 1. Il ne reste que le bas des lettres. — *Ligne 2.* Avant F peut-être le haut d'un E. — *Ligne 3.* Après M une haste droite.

Dr Carton, *Le théâtre romain de Dougga*, p. 119 (*Mém. présentés par divers savants à l'Acad. des Inscr.*, XI, 2e partie, 1904). — L. P., 1906. Nouvelle lecture.

177. *Au sud du Capitole.* — Fragment très mutilé, trouvé au sud du mur byzantin, à l'ouest de l'exèdre, dans les déblais.

b.

G·
)P

Larg. o m. 34 ; haut. o m. 325 ; épaiss. o m. 024. — Complet
en haut et en bas.

Lettres : *ligne 1*, o m. 12 ; *ligne 2*, o m. 10. — Après le G,
blanc de o m. 13. Avant P il y a peut-être un fragment de D, de P
ou d'R.

A. Merlin, *Fouilles à Dougga* (*Bull. arch. du Comité*, 1901, p. 404,
n° 28). — L. P., 1901. Vu.

177 bis. Dans les déblais près du temple de Mercure un fragment de grande inscription.

$$L X P$$
$$A D$$

Brisé de tous côtés, sauf à gauche. — Larg. o m. 20 ; haut.
o m. 35 ; épaiss. o m. 19 (peut-être complète). — Lettres o m. 11.

Ligne 1. Au début le bas de E ou plutôt de L. — *Ligne 2*. Le
haut d'un D.

L. P., 1906. Inédit.

178. *Environs du Capitole.* — Fragment actuellement déposé
au Capitole.

$$M I S T I$$
$$I S I V$$

Larg. o m. 32 ; haut. o m. 27 ; épaiss. o m. 31. — Lettres, colorées en rouge, o m. 10. — *Ligne 2*. Au début la boucle d'un P,
d'un B ou d'un R.

L. P., 1901. Inédit.

179. Au nord du Dar el-Acheb, dans une maison arabe démolie en 1901.

$$I N$$
$$I D E$$

Haut. o m. 15 ; larg. o m. 10. — Lettres o m. 06.

A. Merlin, *Fouilles à Dougga* (*Bull. arch. du Comité*, 1901, p. 406,
n° 37). — L. P., 1901. Vu.

180. *Au sud du Capitole.* — Auprès du bastion byzantin.

ET

ET

Haut. o m. 47; larg. o m. 13; épaiss. o m. 3o. — Lettres o m. o9. — Complète à droite, brisée à gauche; l'inscription semble n'avoir eu que deux lignes. — A la *ligne 2*, une première lettre est indistincte, puis un E, enfin probablement un T.

A. MERLIN, *Les fouilles de Dougga en 1902* (*Nouv. archives des miss.*, XI, p. 8o). — L. P., 1903. Revu.

181. *Au sud du Capitole.* — Auprès de l'angle sud-est du mur byzantin.

AVG

PRAET·

Haut. o m. 4o; larg. o m. 35; épaiss. o m. 25. — Lettres o m. o8. — Complet à droite, et peut-être en bas. — Sous la deuxième ligne blanc de o m. 18.

A. MERLIN, *Les fouilles de Dougga en 1902* (*Nouv. archives des miss.*, XI, 1903, p. 64). — L. P., 1903. Revu.

182. *Environs du Capitole.* — Dans une maison arabe.

VITA ET

DEDIC

Lettres o m. o8.

Dr CARTON et lieut^t DENIS, *Quelques inscriptions latines de Dougga Bull. arch. du Comité*, 1892, p. 174, n° 39).

183. *Au nord du Dar el-Acheb.* — Au sud-ouest de l'exèdre, dans les déblais.

RAIA

TAD

Haut. o m. 215; larg. o m. 215; épaiss. o m. o4. — Lettres

o m. o8. — *Ligne 1.* Au début presque rien de l'R; l'A final in-complet. Serait-ce... *rata*...?. — *Ligne* 2. Le bas de TAD manque.

A. Merlin, *Fouilles à Dougga* (*Bull. arch. du Comité*, 1901, p. 405, n° 32). — L. P., 1901. Vu.

184. *Au nord-est du temple de Mercure.* — Dans les déblais.

Haut. o m. 30; larg. o m. 19; épaiss. o m. 11. — Lettres o m. 07. — Blanc entre les lignes o m. 055.

Ligne 1. Peu de chose de l'A qui n'est pas certain. Au-dessus de OR une barre indiquant sans doute une abréviation... *acorum?* — *Ligne* 2. L'O incomplet.

Cf. n° **192.**

L. P., 1906. Inédit.

185. Au Dar el-Acheb, dans les déblais.

Haut. o m. 13; larg. o m. 21; épaiss. o m. 16. — Lettres o m. 07. — Brisé de partout.

A. Merlin, *Les fouilles de Dougga en 1902* (*Nouv. archives des miss.*, XI, 1903, p. 81). — L. P., 1903. Revu.

186. *A l'est du Capitole.* — Dans la démolition des maisons arabes.

Haut. o m. 26; larg. o m. 18; épaiss. o m. 14. — Lettres o m. 07, l'O est un peu plus petit que les autres lettres. — Brisé de par-tout. — Après O, un C ou un G.

A. Merlin, *Les fouilles de Dougga en 1902* (*Nouv. archives des miss.*, XI, 1903, p. 82). — L. P., 1903. Revu.

187. *Au Dar el-Acheb.*

R˙ M
NI

Haut. o m. 15; larg. o m. 10. — Lettres o m. o6-o m. o65. —
Brisé de partout. — L'M est douteux.

A. Merlin, *Les fouilles de Dougga en 1902* (*Nouv. archives des miss.,*
XI, 1903, p. 81). — L. P., 1903. Revu.

188. Au sud de la place de la Rose-des-Vents, dans les déblais.

Haut. o m. 14; larg. o m. 14. — Lettres o m. o6.

L. P. 1905. Inédit.

189. Entre la plate-forme à double colonnade qui est au sud du
Capitole et la place triangulaire située au nord du Dar el-Acheb,
dans les déblais.

Haut. o m. 15; larg. o m. 14. — Lettres : *ligne 1* , environ o m. o6,
ligne 2, o m. o4. — *Ligne 1.* Après O blanc de o m. o8. — *Ligne 2.*
A la fin amorce d'une quatrième lettre arrondie.

A. Merlin, *Les fouilles de Dougga en octobre–novembre 1901* (*Bull.
arch. du Comité,* 1902, p. 382, n° 26). — L. P., 1903. Revu.

190. Auprès du palier dallé qui domine la place triangulaire devant le Dar el-Acheb.

Haut. o m. 35; larg. o m. 27; épaiss. o m. o6. — Lettres

o m. o55 - o m. o6. — L'inscription n'est complète qu'en bas où elle ornée d'une moulure.

En haut restes d'une ligne actuellement indéchiffrable. A la première des lignes données ici, la première lettre paraît être un L plutôt qu'un C, la deuxième lettre est un I ou un E; à la fin peut-être premier jambage d'un M.

A. MERLIN, *Les fouilles de Dougga en 1902* (*Nouv. archives des miss.*, XI, 1903, p. 63-64). — L. P., 1903. Revu.

190 *bis. A l'est du Capitole.* — Dans la démolition des maisons arabes.

S A
NAHAN

Haut. o m. 18; larg. o m. 15; épaiss. o m. 26. — Lettres o m. o5. — Brisé de partout.

Ligne 1. Lecture douteuse; le haut des lettres manque. — *Ligne 2. Nahan*[ius] ou *Nahan*[ia].

A. MERLIN, *Les fouilles de Dougga en 1902* (*Nouv. archiv. des miss.*, XI, 1903, p. 83). — L. P., 1903. Nouvelle lecture.

191. Au nord du Dar el-Acheb, dans les déblais.

O′MA
C

Haut. o m. o8; larg. o m. 10. — Lettres o m. o45.
A la *ligne 2,* courbe d'un C, d'un G, d'un O ou d'un Q .

A. MERLIN, *Fouilles à Dougga* (*Bull. arch. du Comité,* 1901, p. 4o6, n° 38). — L. P., 1903, Revu.

192. *Au temple de Caelestis.*

TIS PR
ANNO

Haut. o m. 15; larg. o m. 20. — Lettres : *ligne 1* , o m. o45, *ligne 2,* o m. o3. — Complet en haut seulement.

Au début de la *ligne 1*, l'extrémité d'une barre horizontale, qui paraît appartenir à un T.

Il est possible que ce fragment appartienne à une tombe.

A. Merlin, *Les fouilles de Dougga en 1902* (*Nouv. archives des miss.*, XI, 1903, p. 112). — L. P., 1903. Revu.

193. Dans une maison arabe, entre le Capitole et le Dar el-Acheb.

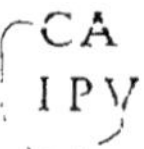

Haut. o m. 10; larg. o m. 13. — Lettres o m. 04.

A. Merlin, *Fouilles à Dougga* (*Bull. arch. du Comité,* 1901, p. 406, n° 35). — L. P., 1901. Nouvelle lecture.

194. Entre la plate-forme à double colonnade et la place triangulaire située au nord du Dar el-Acheb, dans les déblais.

Haut. o m. 11; larg. o m. 10. — Lettres o m. 03.
Ligne 1. Bas de deux lettres, un V (?) et un O. — *Ligne 2.* La troisième lettre paraît être un O.

A. Merlin, *Les fouilles de Dougga en octobre-novembre 1901* (*Bull. arch. du Comité*, 1902, p. 382, n° 27). — L. P., 1903. Revu.

195. A 10 mètres au nord du Dar el-Acheb, dans les déblais.

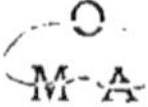

Haut. o m.09; larg. o m. 15. — Lettres o m. 03.

L. P., 1901. Inédit.

196. Dans les déblais, au nord du Dar el-Acheb.

V M
ות

Haut. o m. og; larg. o m. 15. — Lettres o m. o3.

A. Merlin, *Fouilles à Dougga* (*Bull. arch. du Comité*, 1901, p. 407, n° 39). — L. P., 1901. Vu.

197. *A l'ouest du Capitole.* — Dans la muraille byzantine construite dans le prolongement du mur de la *cella* qui est percé de trois niches.

G A

Haut. o m. 45; larg. o m. 38; épaiss. o m. 22. — La seconde partie d'un C ou plutôt d'un G, et le début d'un A. — Les lettres ont o m. 34, c'est-à-dire à peu près la dimension des lettres des grandes dédicaces du théâtre, mais sont plus grêles. — La pierre est complète en haut et en bas, brisée à droite et à gauche, le blanc au-dessus des lettres est de o m. o3, au-dessous de o m. o65.

L. Poinssot, *Les fouilles de Dougga en 1903* (*Nouv. archives des miss.*, t. XII, p. 437).

198. *Aux environs du Capitole.* — Pierre provenant du mur byzantin.

VRENEIV

Peut-être [a]urentiu. — Lettres o m. 21.

P. Gauckler, *Rapport épigraphique sur les fouilles de Dougga en 1904* (*Bull. arch. du Comité*, 1905, p. 295).

199. A 5o mètres environ au sud-ouest du temple de Saturne, dans un champ.

La lettre V ou A était de grande dimension, la partie qui reste des jambages (moitié environ) a o m. 20.

L. P., 1905. Inédite.

200. *A l'est du Capitole.* — Dans le mur byzantin, à la partie extérieure est encastré un bloc qui paraît complet de tous côtés.

HYDATI

Larg. o m. 84; haut. o m. 20. — Lettres o m. 15. — Avant l'H, blanc de o m. 25.

Deux inscriptions de Dougga portent, en grands caractères, l'une ASICI, l'autre FLORENTI[1]; elles paraissent toutes deux provenir de mausolées [1]. Il se pourrait bien qu'il en soit de même des textes **200**, **201** et **202**. Ce n'est donc que sous toutes réserves qu'on les classe ici parmi les fragments de textes publics [2].

P. GAUCKLER, *Rapport épigraphique sur les fouilles de Dougga en 1904* (*Bull. arch. du Comité,* 1905, p. 295). — L. P., 1905. Vu.

201. *Auprès du Capitole.* — Fragment déposé actuellement au Capitole et provenant des fouilles faites par M. Homo dans le voisinage.

HYDA

Complet en haut, en bas et à gauche, sauf quelques éclats à la surface épigraphe. — Larg. o m. 49; haut. o m. 18; épaiss. o m. 3o. — Lettres assez grêles de o m. 17. — L'A est brisé à droite. — Sans doute *Hyda*[ti].

L. P., 1901. Vu. — P. GAUCKLER, *Rapport épigraphique sur les fouilles de Dougga en 1904* (*Bull. arch. du Comité,* 1905, p. 295).

---

[1] *C. I. L.,* VIII, 1509 et 1516. — Cf. *ibid.,* 61.

[2] Nous devons cette observation comme plusieurs autres à M. Merlin qui a bien voulu revoir les épreuves de notre travail. Qu'il nous permette de le remercier ici de son amicale collaboration.

202. M. Sadoux a trouvé dans le mur byzantin contigu à la *cella* du Capitole, à l'ouest de la poterne, le texte suivant :

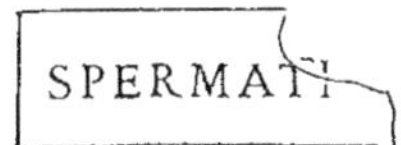

Haut. o m. 29; larg. o m. 48; épaiss. o m. 45. — Complet sauf un léger éclat à la partie épigraphe. — Lettres o m. 11. — Blanc avant l'inscription et après o m. 07; au-dessus et au-dessous o m. 08.

Les lettres sont grêles; pleins très renforcés et profondément taillés.

P. Gauckler, *Rapport épigraphique sur les fouilles de Dougga en 1904* (*Bull. arch. du Comité,* 1905, p. 295). — L. P., 1905. Nouvelle lecture.

203. *Au sud du Capitole.* — Auprès du portique à double colonnade qui est à l'ouest de l'exèdre.

Haut. o m. 32; larg. o m. 26; épaiss. o m. 07. — Lettres o m. 14. — Brisé à droite et à gauche.

Après l'E, début d'un V.

Le fragment paraît provenir de la dédicace d'un monument.

A. Merlin, *Les fouilles de Dougga en 1902* (*Nouv. archives des miss.,* XI, 1903, p. 80).

204. *A l'ouest du théâtre.* — Dans une des maisons arabes contiguës à l'édifice, un fragment d'entablement.

Brisé de tous côtés, sauf à la partie inférieure où figurent deux rainures peu profondes. — La première lettre est légèrement endommagée à la partie supérieure.

Haut. o m. 33; larg. o m. 45. — Lettres o m. 12. — Au-dessous des lettres partie anépigraphe large de o m. 17. — C'est sans doute la même inscription que M. Carton a publiée avec les lectures P·S·D·P et P·S·D·F.

Dr Carton et lieut. Denis, *Quelques inscriptions latines de Dougga* (*Bull. arch. du Comité*, 1892, p. 174). — Dr Carton, *Découvertes épig. et arch. en Tunisie*, 1895, p. 168, n° 307. — L. Poinssot, *Les fouilles de Dougga en 1903* (*Nouv. archives des miss.*, XII, 1904, p. 437).

205. *A l'est du Capitole.* — Dans les déblais.

Haut. o m. 19; larg. o m. 16. — Lettre o m. 115. — Brisé de tous côtés.

L. P., 1906. Inédit.

205 bis. *Devant le temple de la Piété Auguste.* — Dans le déblaiement de la maison qui est au nord de la rue, fragment brisé de tous côtés.

Haut. o m. 13; larg. o m. 21; épaiss. (incomplète) o m. 08. — Lettres o m. 11.

L. P., 1906. Inédit.

206. *Au sud du Capitole.* — Près des citernes qui sont à l'ouest de l'exèdre.

Haut. o m. 21; larg. o m. 25; épaiss. o m. 11. — Lettres environ o m. 11.

A. Merlin, *Les fouilles de Dougga en 1902* (*Nouv. archives des miss.*, XI, 1903, p. 81).

206 bis. *A l'est de la place de la Rose-des-Vents.* — Dans les déblais, entre le soubassement à bossages d'un grand édifice et la mosquée.

a. [S✩PA]   b. [IN]

Lettres o m. 10.

a. Complet seulement en bas. — Haut. o m. 17; larg. o m. 20; épaiss. (peut-être incomplète) o m. 38. — Blanc au-dessous des lettres o m. 06. — Peu de chose de la dernière lettre **A**.

b. Brisé de tous côtés. — Haut. o m. 19; larg. o m. 19; épaiss. incomplète o m. 32.

L. P., 1906. Inédit.

207. Entre le Capitole et le Dar el-Acheb, dans la démolition d'une maison arabe.

[A B]

Haut. o m. 30; larg. o m. 26. — Lettres o m. 10. — Brisé de tous côtés.

A. Merlin, *Fouilles à Dougga* (*Bull. arch. du Comité*, 1901, p. 405, n° 33). — L. P., 1901. Vu.

208. Entre le Capitole et le Dar el-Acheb, dans les déblais.

A B I

Haut. o m. 14; larg. o m. 20. — Lettres o m. 09. — Brisé de tous côtés.

A. Merlin, *Fouilles à Dougga* (*Bull. arch. du Comité*, 1901, p. 406 n° 34).

209. *A l'ouest du Dar el-Acheb.* — Dans une maison arabe.

[RET]

Larg. o m. 20; haut. o m. 15. — Lettres o m. 08.

L. P., 1901. Inédit.

210. Dans une maison arabe, au sud du Dar el-Acheb, on a trouvé un fragment actuellement déposé au Dar el-Acheb.

ARTI

Peut-être [p]arth[ic.] (?).

Haut. o m. 09 ; larg. o m. 12 ; épaiss. incomplète o m. 07. — Lettres o m. 07. — Brisé de tous côtés.

Les lettres sont grêles et ont des extrémités contournées. La haste finale paraît être le premier jambage d'un H.

L. Poinssot, *Les fouilles de Dougga en 1903* (*Nouv. archives des miss.*, XII, 1904, p. 437).

211. *En avant du Capitole.* — Fragment d'inscription sur plinthe trouvé au milieu de la place dallée, entre l'escalier du temple et le mur byzantin. — Déposé au Capitole.

P · P·P O S V I T · S · P · F

Larg. o m. 70 ; haut. o m. 11 ; épaiss. o m. 28. — Lettres o m. o65. — Au-dessous des lettres, blanc de o m. o3. — Semble complet en bas. La dernière lettre est soit un E soit un F.

L. Homo, *Le forum de Thugga* (*Mélanges de Rome*, 1901, p. 19). — L. P., 1901. Nouvelle lecture.

212. *A l'est du Capitole.* — Dans la démolition des maisons arabes.

Haut. o m. 16 ; larg. o m. 22 ; épaiss. o m. 25. — Lettres o m. o65.

Complet seulement en haut.

A. Merlin, *Les fouilles de Dougga en 1902* (*Nouv. archives des miss.*, XI, 1903, p. 82). — L. P., 1903. Revu.

213. *A l'est du Capitole.* — Dans la démolition des maisons arabes.

Haut. o m. 16; larg. o m. 20. — Lettres o m. o65.

A. Merlin, *Les fouilles de Dougga en 1902* (*Nouv. archives des miss.,* XI, 1903, p. 82). — L. P., 1903. Revu.

214. *Au sud du Capitole.* — Au voisinage de la porte sud de l'enceinte byzantine, un fragment de base honorifique (?) très mutilée, complet seulement à gauche à la partie inférieure.

Haut. o m. 45; larg. o m. 3o; épaiss. au moins o m. 45. — Lettres o m. o6.

Cette ligne était la dernière; au-dessous, un blanc d'au moins o m. 35 de hauteur.

Au début l'A est endommagé. A la fin une haste droite.

A. Merlin, *Les fouilles de Dougga en 1903* (*Nouv. archives des miss.,* XI, 1903, p. 58). — L. P., 1903. Revu.

215. *A l'est du Dar el-Acheb.* — Dans une maison arabe.

Haut. o m. 12; larg. o m. 25; épaiss. o m. 13. — Lettres o m. o6.

Complet en haut et à gauche.

Peut-être *pro* [*salute...*]

A. Merlin, *Les fouilles de Dougga en 1902* (*Nouv. archives des miss.,* XI, 1903, p. 112). — L. P., 1903. Revu.

216. *Au sud de la place de la Rose-des-Vents.* — Dans les déblais.

Haut. o m. 12; larg. o m. 10. — Lettres o m. o6. — Au-dessous des lettres, blanc de o m. o5. — Brisé de tous côtés.

Après R, une lettre à haste droite.

L. P., 1905. Inédit.

217. Entre la plate-forme à double colonnade et la place triangulaire située au nord du Dar el-Acheb, dans les déblais.

A D

Haut. o m. o9; larg. o m. o85. — Lettres o m. o6.

A. Merlin, *Les fouilles de Dougga en octobre-novembre 1901 (Bull. arch. du Comité,* 1902, p. 382, n° 25). — L. P., 1903. Revu.

218. *Théâtre.* — Encastré dans un des piliers qui supportent les voûtelettes de la scène du théâtre, un fragment de base (?).

C·CORENI EVP⁺EMı

C. Coreni Euphemi (?).
Haut. o m. 4o; larg. o m. 43; épaiss. o m. 20. — Lettres o m. o5.

P. Gauckler, *Note sur quelques inscriptions latines découvertes en Tunisie (Bull. arch. du Comité,* 1900, p. 102). — Dʳ Carton, *Le théâtre romain de Dougga,* p. 179 (*Mém. présentés par divers savants à l'Acad. des Inscr.,* XI, 2ᵉ partie, 1904).

219. Trouvé dans la démolition des maisons situées au nord du Dar el-Acheb.

M S I I

Haut. o m. 11; larg. o m. 11. — Lettres o m. o5. — Complet
en haut. — Il semble que la dernière lettre soit un P.

A. Merlin, *Fouilles à Dougga* (*Bull. arch. du Comité*, 1901, p. 406,
n° 36). — L. P., 1901. Vu.

220. *Au sud du Capitole.* — Entre la plate-forme à double colonnade qui est à l'ouest de l'exèdre et la place triangulaire située
au nord du Dar el-Acheb.

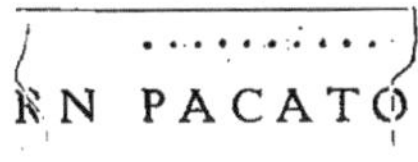

Haut. o m. 11; larg. o m. 23. — Lettres o m. o45-o m. o5.
— Brisé de tous côtés, sauf en bas, où existe une moulure.
Ligne 1. Partie inférieure de plusieurs lettres indistinctes. —
Ligne 2. La première lettre semble être un R; l'O final est in-
complet.

A. Merlin, *Les fouilles de Dougga en octobre-novembre 1901* (*Bull.
arch. du Comité*, 1902, p. 382). — L. P., 1903. Revu.

221. *A l'est du Capitole.* — Dans la démolition des maisons.

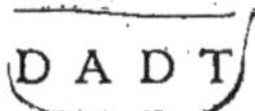

Haut. o m. 3o; larg. o m. 15; épaiss. o m. 38. — Lettres
o m. o4.— Complet seulement en haut. — Blanc de o m. 20 au-
dessus des lettres.

A. Merlin, *Les fouilles de Dougga en 1902* (*Nouv. archives des miss.*,
XI, 1903, p. 84). — L. P., 1903. Revu.

222. *A l'est du Capitole.* — Auprès du mur byzantin.

pop?<del>VLI R EIPVB</del>licae

Haut. o m. 12; larg. o m. 57; épaiss. o m. 39. — Complet en

bas. — Sous les lettres, qui sont brisées à mi-hauteur, un blanc de o m. o55.

A. MERLIN, *Les fouilles de Dougga en 1902* (*Nouv. archives des miss.,* XI, 1903, p. 64-65). — L. P., 1903. Revu.

223. « *Dugga* ».

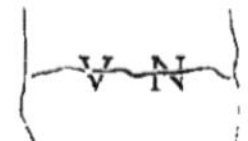

« *Litteris grandibus nunc dimiatis* ».

C. I. L., VIII, 15533.

224. Déposé actuellement au Capitole et découvert aux environs.

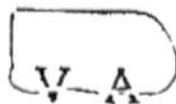

Haut. o m. 21; larg. o m. 22; épaiss. o m. 4o.

L. P., 1901. Inédit.

———

225. *Près du Capitole.* — Plaque de marbre blanc. — Au sud du mur byzantin, à l'ouest de l'exèdre, dans les déblais.

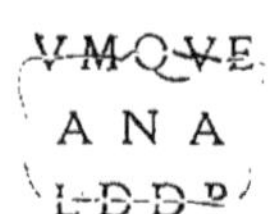

Larg. o m. 22; haut. o m. 15; épaiss. o m. o55.

Lettres de la *ligne 2* hautes de o m. o7. — Les lettres de la ligne supérieure plus petites sont trop mutilées pour qu'on puisse être sûr de la lecture *umque*.

A la dernière ligne, au début une haste droite, après DD fragment d'une lettre arrondie, sans doute D ou P. Peut-être y avait-il *l(oco) d(ato) d(ecreto) d(ecurionum)*.

A. MERLIN, *Fouilles à Dougga* (*Bull. arch. du Comité,* 1901, p. 4o5, n° 31). — L. P., 1901. Nouvelle lecture.

226. *Au sud du Capitole.* — Auprès du bastion byzantin, une plaque de marbre blanc épaisse de o m. o55.

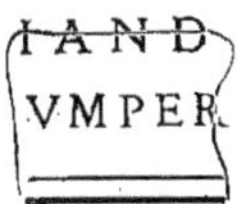

Haut. o m. 18; larg. o m. 17. — Lettres o m. o4. — Fragment brisé de partout, sauf en bas où il y a une moulure.

Ligne 1. Au début bas d'une haste verticale, à la fin bas d'un B ou d'un D.

A. Merlin, *Les fouilles de Dougga en 1902* (*Nouv. archives des miss.,* XI, 1903, p. 80-81). — L. P., 1903. Revu.

227. Entre la plate-forme à double colonnade et la place triangulaire devant le Dar el-Acheb.

Sur un fragment de plaque de marbre un S brisé à sa partie inférieure, hauteur probable de la lettre o m. 10.

Épaiss. de la plaque o m. o5; haut. o m. 13; larg. o m. 07.

A. Merlin, *Les fouilles de Dougga en octobre-novembre 1901.* (*Bull. arch. du Comité,* 1902, p. 383). — L. P., 1903. Revu.

227 bis. *Devant le temple de la Piété Auguste.* — Dans le déblaiement de la maison qui est au nord de la rue, fragment de marbre blanc brisé de tous côtés, épais de o m. o4.

$\overline{\text{I·S·I}}$

Haut. o m. 14; larg. o m. 27. — Des lettres, peintes en rouge, il ne reste que la partie supérieure qui est de o m. 07. — La première lettre est soit un L, soit un I; on ne peut déterminer la troisième, la brisure suivant le creux de la haste droite.

L. P., 1906. Inédit.

228. *Devant le temple de la Piété Auguste.* — Dans les déblais; parmi un grand nombre de débris de revêtements de marbre, deux fragments de marbre blanc d'une épaisseur de o m. o35.

a. Haut. o m. o8; larg. o m. 18. — *b.* Haut. o m. 14; larg.
o m. o8. — On a cru pouvoir rapprocher les deux fragments, bien
que le marbre n'en paraisse point tout à fait identique.

L. P., 1905. Inédit.

229. *Devant le temple de la Piété Auguste.* — Dans les déblais,
parmi un grand nombre de fragments de plaques de marbre, un
fragment de marbre bleu, épais de o m. o3.

Larg. o m. 13, haut. o m. 10. — Complet en bas seulement; la
lettre (O) présentant une courbe plus épaisse à gauche qu'à droite,
on a pu reconnaître le bord intact comme étant le bord inférieur
de la plaque.

L. P., 1905. Inédit.

230. *Près du temple de la Piété Auguste.* — Deux fragments de
marbre blanc bleuté trouvés dans les déblais, épais de o m. o3.

a. Haut. o m. o9; larg. o m. o9. — Complet en bas seulement;
entre la lettre et le bord de la plaque, blanc de o m. 55.
b. Haut. o m. 10; larg. o m. 10. — Brisé de tous côtés. —
Fragment de haste large de o m. o1, long de o m. o9. — Le revers a peut-être porté des lettres.

L. Poinssot. *Les fouilles de Dougga en 1903* (*Nouv. archives des miss.*,
XII, 1904, p. 431), et, 1905. Fragment inédit.

231. *Au sud du Capitole.* — Fragment de marbre blanc veiné de
bleu, trouvé au sud du mur byzantin, à l'ouest de l'exèdre.

C—I ⟡ PATE

Plaque complète en haut, en bas et à gauche.

Larg. o m. 45; haut. o m. 285; épaiss. o m. o25. — Lettres
o m. 175. — Blanc au-dessus des lettres o m. o95, au-dessous
o m. o85. — Le haut des deux premières lettres (C et T ou I)
manque.

A. Merlin, *Fouilles à Dougga* (*Bull. arch. du Comité*, 1901, p. 404-
405, n° 3o). — L. P., 1901. **Vu.**

232. *A l'est du temple de la Piété Auguste.* — A 3o mètres environ de l'édifice, dans les déblais, fragment de marbre blanc bleuté,
épais de o m. o25.

V I

Haut. o m. 115; larg. o m. 16. — Complet seulement d'un côté
(haut ou bas selon qu'on lit TA ou IA, ou bien VI). — La partie
visible de la haste droite a o m. o15 de large et o m. o6 de haut.
Les lettres devaient avoir environ o m. 11. — Entre les lettres et
le bord de la plaque o m. o5.

L. Poinssot, *Les fouilles de Dougga en 1903* (*Nouv. archives des miss.,*
XII, 1904, p. 431).

233. *Au sud du Capitole.* — Dans la grande citerne située à l'ouest
du portique à double colonnade et de l'exèdre, sur une plaque de
marbre blanc, épaisse de o m. o25.

R I

Haut. o m. 12; larg. o m. 11. — Lettres o m. o5. — Brisé de
partout, sauf en haut où il y a une moulure.

A. Merlin, *Les fouilles de Dougga en 1902* (*Nouv. archives des miss.,*
XI, 1903, p. 81). — L. P., 1903. **Revu.**

234. *A l'est du Capitole.* — Dans la démolition des maisons arabes, fragment de marbre blanc brisé de tous côtés, épais de o m. o25.

Haut. o m. o8; larg. o m. o6. — Partie du dernier jambage d'un M, et sommet d'un I, affectant une forme contournée. La partie existante de l'I a o m. o45.

A. Merlin, *Les fouilles de Dougga en 1902* (*Nouv. archives des miss.,* XI, 1903, p. 83, n° 117). — L. P., 1903. Revu.

235. *Au sud du Capitole.* — A l'ouest de l'exèdre, au pied du mur de soutien ouest du portique à double colonnade, fragment de marbre épais de o m. o23, brisé de tous côtés.

Haut. o m. o85; larg. o m. o65, — Le fragment de haste a o m. o2 de large sur o m. o6 de haut. — M. Merlin l'avait rattaché à un texte qui paraît dédié à Marc-Aurèle (n° **78**); mais le marbre n'y a pas la même épaisseur.

A. Merlin, *Les fouilles de Dougga en 1902* (*Nouv. archives des miss.,* XI, 1903, p. 52, n° 19, c). — L. P., 1903. Revu.

235 bis. *Devant le temple de la Piété Auguste.* — Dans le déblaiement de la maison qui est au nord de la rue, fragment de marbre blanc, épais de o m. o2, brisé de tous côtés.

Haut. o m. 10; larg. o m. 11. — Les lettres sont très grêles. — Il reste o m. o45 de la première lettre de la *ligne 2.*

L. P., 1906. Inédit.

236. *Devant le temple de la Piété Auguste.* — Dans les déblais, parmi un grand nombre de morceaux de marbre, on a retrouvé 11 fragments d'un même texte qui était gravé sur une plaque de marbre de o m. o18 d'épaisseur; 5 seulement ont pu être utilisés, des 6 autres, 3 sont complets à leur partie inférieure.

a. ⟨R-E⟩   b. ⟨E-A⟩

a. Trois fragments se raccordant exactement. — Ils mesurent ensemble o m. 34 de large et o m. 24 de haut.

b. Deux fragments se raccordant. — Haut. o m. 24; larg. o m. 34. — La partie inférieure est complète et il y a un blanc de o m. 125 entre les lettres et le bas de la plaque.

Les lettres devaient avoir environ o m. 195.

L. P., 1905. Inédit.

237. *Au sud du Capitole.* — Dans les déblais, à l'ouest de l'exèdre, près d'une petite citerne, sur un morceau de marbre brisé de tous côtés.

Q̃⟨P⟩

Haut. et larg. o m. 065. — Un O incomplet, puis B, P, ou R.

A. Merlin, *Les fouilles de Dougga en 1902* (*Nouv. archives des miss.*, XI, 1903, p. 81). — L. P., 1903. Revu.

APPENDICE.

———

238 (= 1). — *Complément.* — Il faut renoncer à se servir du fronton pour la datation de l'inscription. Si, ce qui est contestable, il représente bien l'apothéose d'un empereur déterminé, il est plus naturel d'y voir l'apothéose d'Antonin que celle de L. Vérus. Cf. une base « *Divo Antonino.. patri imp. Caes. M. Aureli... et imp. Caes. L. Aureli Veri...* » précisément contemporaine du Capitole (n° **68**).

239 (= **13** *bis*). — *Au sud du temple de Caelestis.* — A 150 mètres environ du temple, entre un *colombarium* et un édifice

cruciforme, près du soubassement à bossages d'un édifice rectangulaire, on a trouvé la base suivante qui n'était pas en place.

EX·PRAECEPTO·DEAE·CAELESTIS·AVG·
SIMVLACRVM·IVNONIS·REGINAE·
CVM · EXHEDRA · SVA ·
L·MAGNIVS·FELIX·REMMIANVS·
SACERDOS·EXCOLVIT·

Haut. o m. 55; larg. o m. 67; épaiss. 1 m. 28 dont o m. 075
de moulures. — Lettres aux extrémités contournées o m. 05. —
La base est complète, la partie supérieure est décorée sur trois
faces d'une moulure; la face postérieure qui n'est pas moulurée
était sans doute adossée à un mur.

Cette dédicace est un exemple bien caractéristique de la confusion qui s'était faite entre les deux Junons d'origine si différente,
la déesse latine et la déesse sémitique [1]. — Il convient, comme
nous l'a fait remarquer M. Merlin, de rapprocher de la base de
Dougga des inscriptions de Rome où la piété des fidèles associe
dans un culte en quelque sorte commun l'antique Junon romaine
et Jupiter Dolichenus [2]. De même qu'à Dougga Tanit-Caelestis
était devenue Juno Regina, à Rome la déesse dont le temple remon-
tait à Camille était devenue la divinité parèdre du dieu syrien, une
véritable Baalit.

Il est probable que la statue de Juno Regina s'élevait sinon
dans le temple de Caelestis, du moins dans l'une des constructions
qui y étaient annexées. La déesse était représentée assise; c'est
du moins ce qui paraît résulter des proportions de son piédestal.
L'exèdre qui l'entourait ne répondait peut-être qu'à un besoin
décoratif. On pourrait pourtant se demander s'il n'y avait pas là
comme dans le portique demi-circulaire du temple une allusion à
la forme lunaire de la déesse.

Le donateur de la statue de Juno Regina n'est mentionné par
aucun autre texte. On a quelque raison de le supposer parent de
Q. Gabinius Rufus Felix Beatianus, le constructeur du temple de

[1] Cf. A. Audollent, *Carthage romaine*, 1901, p. 370-392.
[2] *C. I. L.*, VI, 365, 366, 367.

Caelestis. On a trouvé en effet dans la même exploitatiou rurale à côté des tombes de « *Magnia* » *Prima* « *Remmiana* » et de « *Magnia* » *Puxcinis* une tombe dédiée à un personnage dont le nom manque par ses frère et sœur « *Gabinius Felix* » et « *Gabinia Beata* » [1], et l'analogie des *gentilicia* et des *cognomina* dans l'un et l'autre cas ne peut guère être l'effet du hasard. Si l'on admet le rapprochement, les bienfaiteurs du temple de Caelestis étaient sans doute en même temps ses voisins, puisque le domaine où étaient ensevelis leurs homonymes est situé à l'ouest de la nécropole qui entoure le sanctuaire [2]. — Il convient de remarquer qu'on a à Dougga un certain nombre de Magnii et que tous ceux dont le prénom a été conservé s'appelaient *Lucius* comme le *sacerdos Caelestis;* le surnom de l'un d'eux, *Lucinus,* est peut-être dû à la dévotion des siens pour Junon [3].

L. Poinssot (*Bull. arch. du Comité,* 1906, comptes rendus des séances, juin).

240 (= **20** *bis* et **57**). Deux fragments de frise : *a* au sud-ouest du Capitole, dans les déblais, à quelques mètres de la double colonnade qui est à l'ouest de l'exèdre; *b* dans le mur d'enceinte qui est à l'ouest du village et le sépare des oliviers plantés autour du temple de Caelestis.

a e S̲C̲V̲L̲ *pi* O AVG SACR

Lettres o m. 15. — Blanc au-dessous des lettres o m. 15.

a. Haut. o m. 40; larg. o m. 62; épaiss. (incomplète) o m. 15. — Complet seulement en bas. — S et A sont mutilés.

b. Haut. o m. 45; larg. 1 m. 35. — Complet en haut, en bas

____

[1] Dr Carton, *Découvertes épig. et arch. en Tunisie,* 1895, p. 233-234, n°s 414, 416 et 417.

[2] Le territoire où fut construit le temple pouvait du reste dépendre de ce domaine. On sait qu'en effet le temple de Caelestis ne fut pas construit comme celui de Saturne sur l'emplacement d'un ancien sanctuaire mais *solo privato dedicato* (cf. texte **5**). Le sanctuaire primitif de Tanit était peut-être sur le plateau voisin où sur une sorte de plate-forme rocheuse convenant bien à un « haut lieu » nous avons retrouvé plusieurs ex-votos à la déesse.

[3] Cap. Espérandieu, *Inscriptions romaines du Kef, de Teboursouk et des environs* (*Bull. arch. du Comité,* 1890, p. 487, n° 181, 182 et 183).

et à droite. — Blanc au-dessus des lettres o m. 15, après *sacr.* o m. 27.

On notera que le fragment *b* n'est pas très éloigné du temple de Caelestis dans les déblais duquel on a trouvé un beau torse d'Esculape [1]. Il serait assez naturel de voir associés les cultes de Tanit et d'Eschmoun; on a du reste à Henchir-el-Ust un *sacerdos publicus deae Caelestis et Aesculapi* [2].

On voit d'après cette dédicace que le *sacerdotium Aesculapi* dont il est question dans les textes **127** et **128** a pu aussi bien être exercé à Dougga que, comme on l'avait d'abord supposé, à Carthage [3].

C. I. L., VIII, 1476. — A. Merlin, *Les fouilles de Dougga en octobre-novembre 1901* (*Bull. arch. du Comité*, 1902, p. 378, n° 5). — L. P., 1906. Nouvelle lecture.

241 (= **32**). — *Complément.* — On peut rapprocher des cippes **31** et **32** une stèle trouvée dans le voisinage d'Aïn-Tounga à Henchir m'ta Oued Djedra : « *M. Aug. sacr. Q. A. N. v. per. s.* » [4].

242 (= **41** *bis*). On a utilisé pour la construction de la *cella* centrale du temple de Mercure une stèle consacrée à Pluton; elle constitue la première assise d'un des angles extérieurs de l'édifice.

A la partie supérieure de la stèle le dieu (?) vu de face, nu et casqué, tient une lance de la main gauche, une patère de la main droite. Au-dessous

---

[1] R. Cagnat et P. Gauckler, *Les temples païens*, 1898, p. 30. — La Blanchère et P. Gauckler, *Catalogue du musée Alaoui*, 1897, p. 49, n° 14. — M. Carton a proposé de reconnaître dans un édifice situé près du cirque un sanctuaire d'Eschmoun « adoré sous un vocable emprunté au Panthéon romain, Adonis ou *Esculape*. » (Dr Carton. *Un édifice de Dougga en forme de temple phénicien*, *Mém. des Antiquaires de France*, LVI, 1895, p. 60).

[2] *C. I. L.*, VIII, 16417. — Cf. L. Poinssot, *Les stèles de la Ghorfa* (*Bull. arch. du Comité*, 1905, p. 397).

[3] Texte **127**, [*sacerdoti*] *Aesculapi;* texte **128**, *sa[cer]d[oti] Ae[s]c[ul]api et Jovis.* Il n'est pas certain que les deux textes se rapportent au même personnage. Aussi pourrait-on admettre que, comme semble l'indiquer la place donnée à Esculape, le sacerdoce mentionné par le texte **128** ait été exercé à Carthage où Eschmoun-Esculape était le plus grand des dieux sans qu'il s'imposât une conclusion semblable pour le sacerdoce mentionné par le texte **127**.

[4] Dr Carton, *Découvertes épig. et arch. en Tunisie*, 1895, p. 96, n° 134.

ٮPLVTONIٮSACٮ
ٮATERIVSٮ
ٮVٮSٮMٮ

Haut. de la stèle 1 m. 05; larg. 0 m. 40; épaiss. 0 m. 50. —
Lettres : *lignes 1* et *2,* 0 m. 035; *ligne 3,* 0 m. 04.

Date. — La stèle est antérieure à la construction du temple de
Mercure attribuée à la fin du iie siècle (cf. n° **22**), car la partie
de l'édifice où elle est encastrée ne paraît avoir été ni remaniée,
ni restaurée. On remarquera du reste que le dédicant n'y a pas les
tria nomina, ce qui fait présumer une époque antérieure à la conversion de Thugga en municipe.

L. Poinssot (*Bull. arch. du Comité,* comptes rendus des séances, juin).

243 (= **49** *bis*). *Temple de Saturne.* Stèle actuellement déposée
au Dar el-Acheb.

L · A

l(ibens) a(nimo)

Larg. 0 m. 17; haut. 0 m. 65. — Lettres 0 m. 03.
Au-dessus des caractères le bélier et le symbole triangulaire.

L. P., 1906. Inédite.

244 (= **55**). — *Complément.* — *Ligne 1.* Avant N fin d'une
lettre, R ou A; N incomplet en haut. — *Ligne 2.* M incomplet à
gauche. Après l'I final blanc de 0 m. 04. — *Ligne 3.* Peu de
chose de l'I initial. — *Ligne 4.* R incomplet. — *Ligne 5.* O incomplet; après X blanc de 0 m. 03. — *Ligne 6.* L'V est incomplet.
— La partie inférieure du texte est usée et les lettres des *lignes 5*
et *6* peu distinctes.

La restitution suivante a paru vraisemblable :

« [*Deo Satur*]*no Aug(usto)*, [*pro salute imp(eratoris) Caes(aris)*]
M(arci) Aureli(i) [*Commodi Anton*]*ini Aug(usti), pii,* [*fel(icis),*
german(ici), sarmat(ici), b]*ritann(ici),* [*pont(ificis) max(imi) tribu-*
n(icia) p]*otest(ate) X,* [*co(n)s(ulis) IIL, p(atris) p(atriae)), civitas*
Th]*ugga.* »

Le fragment de lettre qui est au début de la *ligne 1* permettant de rejeter *Neptuno*, il y avait lieu d'hésiter entre *Vulcano* et *Saturno* : *Saturno* a paru plus probable. — On a reconnu dans les noms impériaux qui suivent ceux de Commode. Caracalla était en effet déjà revêtu de la *tribunicia potestas XIII* lorsqu'il prit le surnom de *britannicus* qu'avec Commode il est seul à porter parmi les empereurs du nom de *M. Aurelius*. — En supposant *Commodi* gravé en caractères un peu plus grands que les autres mots, on a restitué un plus grand nombre de lettres aux *lignes 2, 4* et *5* qu'à la *ligne 3*. — On a cru devoir omettre à la *ligne 6* l'indication de la salutation impériale et le surnom *aurelia*. La petite dimension des lettres permettait de supposer à cette ligne beaucoup plus de lettres qu'aux autres, mais il convenait de laisser au début de la ligne un blanc symétrique à celui qui la termine. Au reste il est d'autres exemples de l'omission de la salutation impériale dans les inscriptions africaines de Commode (Cf. *C. I. L.*, VIII, 2495), et, d'autre part il n'est pas certain que la civitas Thugga ait reçu avant 185 le surnom d'*Aurelia* (cf. n° **126**).

Date. — La *tribunicia potestas X* de Commode est de la période 10 décembre 184 — 10 décembre 185.

245 (= **62**). — *Complément.* — M. Carton a vu, dans le voisinage, semble-t-il, du *trifolium* qui est au nord du mausolée punique, une pierre de taille sur laquelle est gravée en creux une petite croix dont les bras ont 0 m. 07 [1]. — On a trouvé d'autre part en 1906 au milieu des débris de toute sorte qui encombraient le *trifolium* un fragment de colonne de 0 m. 38 de diamètre sur lequel est gravée une croix de 0 m. 07 sur 0 m. 06. — Il y a lieu de noter les dimensions identiques des trois croix, les seuls vestiges du christianisme qui aient été jusqu'à présent retrouvés à Dougga [2].

246 (= **69**). — *Compléments.* — Le fragment *e'* a été à tort rapproché de *e''*, en voici une description plus exacte :

---

[1] Dr CARTON, *Découvertes épig. et arch. en Tunisie*, 1895, p. 175.

[2] Le *trifolium* voisin du mausolée punique n'est en effet selon toute apparence qu'une pièce d'une riche maison romaine et l'édifice parfois appelé basilique qui est au sud-ouest du temple de Caelestis n'est peut-être qu'un *columbarium*.

aa

Larg. o m. 65. — Brisé à droite et à gauche. — Avant N la queue d'une lettre (R?); après N le bloc est très usé, il semble qu'il y ait deux hastes droites, la seconde incomplète en haut, et le début d'un A.

Un fragment inédit a été découvert dans un mur du Dar el-Acheb.

bb

Larg. o m. 3o. — Brisé à droite, à gauche et en haut. Il ne reste que le bas de la haste droite (T ou I).

La frise sur laquelle est gravé le texte **69** — **246** appartient vraisemblablement au portique qui entourait sur trois faces le Dar el-Acheb.

c, qui était le second ou le troisième bloc de la frise selon que l'on suppose ou non un bloc anépigraphe au début de l'inscription, a 2 m. 83. Précisément les deuxième et troisième entrecolonnements de la face orientale du portique ont l'un 2 m. 80, l'autre 2 m. 79. — La largeur du soubassement correspond à l'épaisseur des blocs. — Enfin la longueur du portique est proportionnée à la longueur de l'inscription. Il présentait une surface épigraphe de 63 mètres; en y supposant gravés des caractères identiques à ceux du n° **69**, la dédicace qu'il portait devait avoir environ 4oo lettres. Or les différentes restitutions que l'on peut proposer pour le n° **69** donnent un total analogue.

On remarquera que si l'on ne suppose pas de bloc anépigraphe au début de la dédicace, au premier entrecolonnement du portique correspondent *a* et *b,* au second *c,* au troisième *d* et *e,* au quatrième *f* et *g,* au cinquième *h* et au sixième *i.*

— Il y a lieu de rapprocher du fragment *z* lu très hypothétiquement [*quattu*]*or tri*... (*quattuor tribunalia ?*) les quatre enclos dont on distingue encore les rainures sur le pavage du Dar el-Acheb.

L. P., 19o6. Fragment inédit et nouvelle lecture.

247 (= **90** et **115**). — *Compléments.*

Le fragment publié sous le n° **115** doit être rattaché au fragment *a* du n° **90**. On doit ainsi modifier la description de *a* :

a. Deux fragments (*a'* et *a"*) se raccordant exactement, tous deux trouvés à l'est du Capitole, *a'* dans le déblaiement de la place de la Rose-des-Vents, *a"* dans la démolition des maisons arabes.

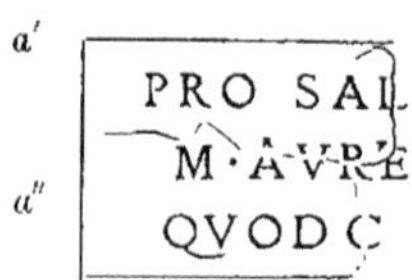

Complet en haut, en bas et à gauche. — A gauche, un blanc de o m. 3o à la *ligne 1*, de o m. 33 aux *lignes 2 et 3*.

a'. Larg. o m. 78. — *a"*. Larg. o m. 65.

Ligne 1. Le bas de L manque en partie. — *Ligne 2*. Le haut de AVRE sur le fragment *a'*; le bas d'AV et d'une partie seulement de R sur le fragment *a"*. — *Ligne 3*. La plus grande partie de la cinquième lettre manque; on pourrait lire C, G, O ou Q.

Un fragment inédit conservé au Dar el-Acheb et trouvé dans les environs de cet édifice vient se placer entre les fragments *b* et *c* du n° **90**.

Complet seulement à gauche. — Haut. o m. 23; larg. o m. 15. — La restitution de l'inscription doit dès lors se modifier ainsi :

Ligne 1. « *Pro salute Imp. Caes*....... »

Ligne 2. « *M. Aureli Antonini pii felicis* [*Aug. parthici maximi, britannici maximi, ge*]*rm*[*anici maximi et Juliae*..... »

Ligne 3. « *Quod C*[*o*]*sinia Hermiona testamen*[*to suo fieri praeceperat a solo extru*]*ctu*[*m dedicavit itemque q*]*uodannis*.... »

L. P., 19o5 et 19o6. Fragments inédits.

247 *bis* (= **93**). — *Complément* — La lecture adoptée *tri*[*b. pot.*] *III cos. p. p.* est la plus vraisemblable. Pourtant on pourrait aussi restituer en supposant un caractère de plus sur le bloc qui manque *tri*[*b. pot I*]*III cos. p. p.* La quatrième puissance tribunice d'Alexandre Sévère correspond à la période 10 déc. 224-10 déc. 225.

248 (= **103**). = *Complément.* — M. d'Hérisson accompagne la copie qui fait l'objet d'une des notes d'indications qui n'ont pas été reproduites par le *C. I. L.*, et qui rendent l'identification proposée absolument certaine. Il dit expressément que l'inscription est dans le même mur que le fragment reproduit par nous sous la lettre *c* et il en donne la description suivante : « Pierre de 2 m. 35 de long, o m. 55 de haut. Lettres de o m. 20 [1]. »

249 (= **117** et **175** *bis*). — *Compléments.* — Il faut réunir à la base d'Asicius Adjutor un fragment décrit comme indéterminé. Les *lignes 5, 6* et *7* de la base doivent se lire.

l. 5.	*t* IANVS ET ASICIA	
l. 6.	*v* ICTORIA · EIVS	*b*
l. 7.	*filia patri op* TIMO	

Ligne 5. Le haut du premier I d'*Asicia* se retrouve sur le fragment supérieur, le bas sur le fragment inférieur (*b*). — *Ligne 6.* Très peu de chose de l'A. Après *ejus*, blanc de o m. o4. — *Ligne 7.* Le bas des lettres manque.

Le fragment *b* qui a été trouvé dans les déblais, près du temple de Mercure, n'est complet qu'à droite.

250 (= **154** *bis*). M. Merlin a mis au jour en 1902 une base, qui paraît municipale, trop fruste pour qu'on en puisse donner une lecture certaine. Comme le texte **134** elle a été retaillée à basse époque pour servir de frise à un portique. La copie suivante

---

[1] D'Hérisson, *Relation d'une mission archéologique en Tunisie*, 1881, p. 259-260.

contient trop de parties douteuses pour qu'une restitution puisse être utilement tentée :

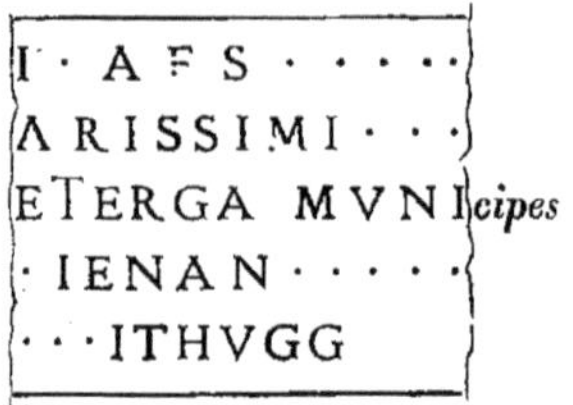

Haut. o m. 45; larg. o m. 35. — Lettres : *ligne 1*, o m. 07; *lignes 2-3-4-5*, o m. o5. — Blanc au-dessus de la *ligne 1*, o m. 1o.

A. Merlin, 1906. Lecture qu'il a bien voulu nous communiquer. — L. P., 1906. Revu.

INDEX ANALYTIQUE[1].

N. B. — Les nombres qui suivent chaque article renvoient, non aux pages, mais aux numéros qui accompagnent chaque inscription.

I. Noms et surnoms.

[1] En général on n'y fera pas figurer les mots incomplets dont la restitution est douteuse.

Primus, 21.
Prisca, 14.
Sex. Pullaienus Sex. f., Arnensi, Florus Caecilianus, 140.
L. Pullaienus Gargilius Antiquus, 136.
Quadratus, 15, 70, 71, 73.
Regillianus, 1, 2, 134.
Remmianus, 239.
Restitutus, 66.
Rogatianus, 142.
Rogatus, 40.
Roscianus, 42.
Rufinianus, 138.
Rufus, 5, 7, 8, 9, 10, 63, 137.
Rustica, 13.
Rusticus, 13, 131, 132.
P. Sabidius Exoratus, 35.
Sallustius Datus, 140.
Sallustius Julianus, 130, 132.
Saturnius (?), 5.
Saturus, 22, 23, 24, 64.
Secudulus, 30.
Sejanus, 21.
P. Selicius, 34.
Sergius Firmus Junianus, 37.
Severus, 21.
Silvanus, 136.

Simplex, 1, 2, 130, 131, 132, 134.
Simplex Regillianus, 1, 2.
Sopa..., 141.
Spermatius (?), 202.
Stratonianus. 37.
Suavis, 39.
Sufetianus, 126.
L. Terentius Luxurius, 49.
Thinoba, 64.
Tyrannus, 14, 63.
Valerius Felix, 164.
Venusta, 5.
Venustus, 64.
L. Vergilius P. f., Arnensi, Rufus, 63.
Q. Vettius, Papiria, Sa...., 142.
Vibia Asicianes, 118, 119.
Vibius Aelius, 144.
M. Vibius Felix Martianus, 117.
Victor, 42.
Victoria, 23, 117, 118, 119, 120, 175 *bis*, 249.
Victorianus, 22.
M. Vinicius H...., 26.
Ulala (?), 3.
Ulalanaelia (?), 4.
Zeno, 76.

II. Dieux.

Aequitas. Aequitas Augusta, 34 (cf. Mercurius).
Aesculapius. Aesculapius Augustus, 240.
  sacerdos Aesculapi et Jovis, 128.
  sacerdos Aesculapi, 127.
Caelestis. Caelestis Augusta, 7, 8, 11. 13.
  ex praecepto deac Caelestis Augustae, 2, 39.
  deae caelestes argenteae, 5.
  (templum) cum statuis ceterisque, 5.
  sacerdos, 239.
Ceres. Ceres Augusta, 14.
  Ceres Prata... Augusta, 15.

  cella cum porticibus et columnae lapideae, 14.
  sacerdos Cererum anni CLXX, 140.
Concordia. Concordia, 21 (cf. Fortuna).
  Concordia Augusta, 18.
  templa Concordiae, Frugiferi, Liberi Patris... cum exemplis (?) et xystis, 16, 17.
Fortuna. Fortuna Augusta, Venus, Concordia, Mercurius Augustus, 21.
  templum, 21.
Frugifer. Frugifer, 16 (cf. Concordia).
Genius Patriae. Templum Genii Patriae, 37.

III. Empereurs.

---

[1] Pour les flaminats, v. § III et V de l'*Index analytique*.

Aug. Armeniaci et Imp. Caes. L. Aureli Veri Aug. Armeniaci, **68.**

divus Antoninus Aug. Pius, **70.**

Imp. Antoninus Aug. Pius, **71**, **131**, **132** (textes postérieurs à sa mort).

...Antoninus Aug. Pius, **73** (postérieur à sa mort).

...Antoninus Pius, **76** (postérieur à sa mort).

liberi (Antonini Pii), **4.**

— Imp. Caes. M. Aurelius Antoninus Aug. Armeniacus et Imp. Caes. L. Aurelius Verus Aug. Armeniacus, **68.**

Imp. Caesar M. Aurelius Antoninus Augustus Armeniacus et Imp. Caesar L. Aurelius Verus Augustus Armeniacus, **69.**

Imperatores M. Aurelius Antoninus et L. Verus Augusti Armeniaci Parthici Max., **121**, **122.**

Imp. Caes. M. Aurelius Antoninus Aug. et L. Aurelius Verus Aug. Armeniaci Med. Part. **70, 72.**

Imp. Caes. M. Aurelius Antoninus Aug. et L. Verus Aug. Armeniaci Med. Part. Max., **1.**

M. Aurelius et Faustina, **76.**

liberi (M. Aurelii Antonini), **69.**

domùs divina (M. Aurelii et L. Veri), **70.**

— Imp. Caes. M. Aurelius Commodus Aug. Pius Sarmaticus Germanicus Max., **80.**

Imp. Caes. M. Aurelius Commodus Antoninus Aug. Pius Felix German. Sarmat. Britann. pont. max. trib. pot. X cos. III p. p.. **55** et **244.**

Imp. Caes. M, Aurelius Commodus Aug. Sarmaticus Germanicus Britannicus, **79.**

Imp. Caes. M. Aurelius Commodus Antoninus Pius Aug., **126.**

— Imp. Caesar L. Septimius Severus Pertinax Aug. Parthicus Arabicus

Parthicus Adiabenicus pont. max. trib. pot. III cos II p. p. et L. Clodius Septimius Albinus Caesar et Julia Augusta mater castrorum, **42.**

— Imp. Caes. divi M. Antonini Pii Germ. Sarm. filius divi Commodi frater divi Pii nepos divi Hadriani pronepos divi Traiani Parthici abnepos divi Nervae adnepos L. Septimius Severus Pius Pertinax Aug. ....Julia Domna Aug. mater castrorum conjux Imp. Caes. L. Septimi Severi Aug. et M. Aurelius Antoninus Severus Imp. Caes. L. Septimi Severi Pertinacis Aug. f...., **82.**

Imp. Caes. divi M. Antonini Pii Germ. Sar. fil. divi Commodi frater divi Antonini Pii nepos divi Hadriani pronepos divi Traiani Parth. abnepos divi Nervae adnepos L. Septimius Severus Pius Pertinax Aug. Arab. Adiab. Parth. Max. pont. max. trib. pot. X..I imp. XII cos. III procos. p. p. et Julia Aug. Imp. Caes. L. Septimii Severi Pii Pertinacis Aug. Arabici conjux, **83.**

L. Septimius Severus..... L. Septimii Severi Pii Pertinacis... part. max. pont. max...., **84.**

Imp. Caes. M. Aurelius Antoninus Pius Felix Aug. cos. II, **85.**

Julia Domna Augusta mater Augustorum et castrorum, **86.**

Imp. Caes. divi M. Antonini Pii Germ. Sarm. filius divi Commodi frater divi Antonini Pii nepos divi Hadriani pronepos divi Traiani Parthici abnepos divi Nervae adnepos L. Septimius Severus Pius Felix Pertinax Aug. Arab. Adiab. Parth. Max. pont. max. trib. pot. XVI imp..., **88.**

Imp. Caesar L. Septimius Severus Pius Aug., **89.**

rius Valerius Maximianus nobi-
liss. Caess. , **37.**
Imp. Caes. M. Aurelius Valerius
Maximianus semper Aug., **108.**
tota domus divina   , **108.**
— Ddd. nnn. Valens Gratianus et Va-
lentinianus Auggg., **109.**
— Theodosius, **110.**

———

Flamen perpetuus, **22, 23, 24, 103,
128, 154, 161.**
flamen perpetuus C. C. I. K., **141.**
flaminica perpetua, **3** (?), **21, 24, 117.**
flamin. i. k. p. i (?), **3.**
flaminatus perpetuus, **4, 70, 71, 73,
132.**

flamonium perpetuum, **5, 22, 109,
149.**
flamonium, **118.**

———

Imp. Caes. M. Aur.... Antoninus
.... Parthicus ...., **78.**
Imp. Caes..... Antoninus Aug et
tota domus divina, **29.**
..·... Aurelius ...., **25.**
..... Aug. p. p. pont. max. trib. pot.
III...., **111.**
Imp. Caes ....., **114.**
imp...., **113.**
pont. max...... cos...., **116** *bis.*
trib. pot...., **116.**
numen majestasque.·..., **112.**

IV. Honneurs du peuple romain. — Armée.

Adlectus in quinque decurias, **70,
71, 73, 128, 131, 132.**
aedilicia ornamenta (cf. SV).
clarissimus vir, **37, 105, 109, 155.**
clarissima femina, **155.**
consul, **136.**
eques romanus, **103, 125, 141.**
equo publico ornatus, **126**; equo publico exornatus, **124.**
illustris (vir), **156.**
praefectus fabrum, **66, 121.**
proconsul II, **108**; vice sacra judi-

cans, **109, 112**(?); proconsulatus,
109.
proc., **76.**   ———

Praefectus coh. III Thracum (?) vete-
ranae in Syria, **145.**
praepositus vexillationi, **146.**
tribunus militum, **65, 66.**
tribunus legionis V Macedonicae, **146.**
tribunus militum legionis XII fulmi-
natae, **137.**
...... in Germania, **66.**

V. Organisation municipale[1].

Thugga.

Thugga, **6, 41, 103.**
Thuggenses, **117, 137.**
respublica Thuggensium, **5.**
respublica, **37, 103, 118, 147.**

Pagus et civitas Thuggensis, **68, 130**;
pagus et civitas thugg., **132**; pagus
et civit. thugg., **131**; pagus et civitas,
148, 149. — Cf. patronus pagi et
civitatis.
pagus et civitas Aurelia Thugga, **127.**

———

[1] Le classement adopté dans ce chapitre de l'Index a un caractère essentiellement
provisoire. On se réserve de préciser et de corriger dans l'histoire municipale de Thugga
les indications sommaires données ici.

pagus Thuggensis, **16, 18, 21, 42, 63, 136**; pagus Thuggens., **128**; pagus Thugg., **145**; pag. Thugg., **135**; pagus, **64**; pag...., **79**. — Cf. patronus pagi.

civitas Thugge, **67**; [civitas] Thugga, **55** et **244**; civitas Thugg., **16, 18, 21, 42, 63, 136**; civitas, **64, 69, 109, 154, 156** *bis*, **173**; locus a civitate datus, **28**; suffragium civitatis et plebis, **64**.

civitas Aurelia Thugga, **80, 126**.

Municipium Septimium Aurelium liberum Thugga, **97, 99, 100**; muni..., **250**.

respublica municipii Septimii Aurelii liberi Thuggensis, **87, 92, 111, 119, 123, 150**; resp. mu......, **157**; [resp. municipii] Thugg., **101, 119, 250**.

Colonia Thugga, **105, 129**.

respublica col. Liciniae Sept. Aurel. Alex. Thugg., **102**; respublica col. Thugg., **107, 112** (?), **147**.

curiae, **4, 119**.

curia Lucusta, **64**.

decuriones, **22, 69, 70, 103**; condecuriones, **37**.

decuriones utriusque ordinis, **22, 118, 119, 124**.

sententia decurionum, **156**.

decreto decurionum, **42, 67, 68, 111, 118, 127, 128, 130, 131, 132, 134, 136, 140, 145, 147, 149, 151, 155, 165, 190, 225**.

ordo, **141**.

uterque ordo, **119, 123** (cf. decuriones utriusque ordinis).

plebs. — senatus et plebs, **64**; a civitate et plebe suffragio creatus, **64**.

populus. — universus populus, **22, 69, 93, 94**; populi suffragia, **152**; ex suffragiis populi, **147**.

publice decreta (statua), **117**.

portae. — omnium portarum sententiis, **64**.

senatus, **64**.

senatusconsultum, **26**.

aedilis, **93**.

aedilicius, **129, 141**.

aedilitas, **141**.

curator reipublicae, **37, 103, 112** (?).

defensor causae publicae, **124**.

def....., **66**.

duumvir, **141**.

duoviri (?), **26**.

(duumvir) quinquennalis, **5**.

duoviratus, **110**.

du(u)mviralicius, **129**; duumvirali..., **103**.

duumvir cur. Lucustae, **64**.

flamen divi Augusti, **64, 70, 71, 73, 126, 128**.

flamen perpetuus, **22, 23, 24, 103, 154, 161**.

flamen, **5**.

flaminica perpetua, **3** (?), **21, 24, 117, 119** (?).

flaminica, **118**.

flamonium perpetuum, **5, 22, 109, 119**; summa honoraria flamonii perpetui, **119**.

flamonium, **118**.

flaminatus perpetuus, **4, 70, 71, 73, 132**.

honoribus peractis, **64**.

patronus pagi et civitatis, **16, 21, 140, 148**.

patronus pagi Thuggensis, **65**; patronus pagi, **64, 66**; patronus (pagi), **128, 136**.

patronus pagi..., **63, 145, 163**.

patronus, **123, 124**.

sacerdos (Caelestis), **239**.

sufes II, **64**; ornamenta sufetis, **64**.

...f. (?) thuggensis, **164**.

Carthage.

Karthago, **6**.

augur C. l. K., **24**.

flamen divi Augusti C. I K., **132**.

VI. Particularités dignes d'être signalées.

TABLE DES MATIÈRES.

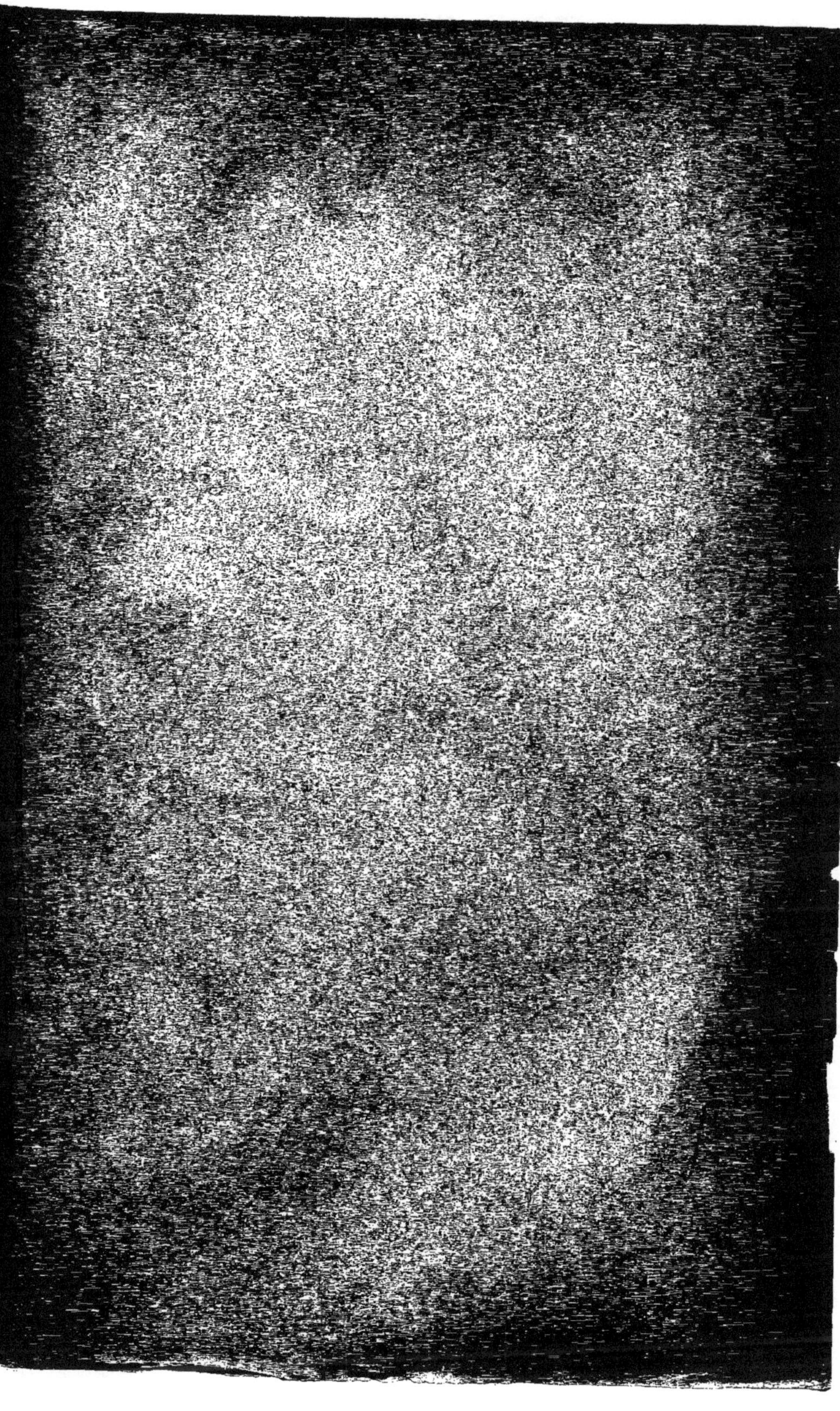